두 다리보다는 마음으로 걷는 길 제주
올레에, 사랑 가득한 사진작가의 시선이
닿은 두모악의 사진들에, 밤바다에 배를 띄
우고 마주한 야경에, 거침없이 내달렸던 어
린 시절의 추억을 간직한 채 관광객과 함께
초원을 유람하는 제주마의 순한 걸음에, 구멍
숭숭 난 현무암 담벼락을 훑고 지나는 바람결
에, 제주도는 천일야화의 주인공 세헤라자데가
되어 다채로운 이야기를 풀어 놓습니다.

낭만에서
스릴까지~ 내 생애 최고의
제주여행 최신 개정판

지은이 권명희 노진수 정규찬 김성중
펴낸이 정규도
펴낸곳 황금시간

초판 발행 2011년 4월 11일
개정판 1쇄 발행 2013년 6월 20일

편집 권명희 정규찬 김성중
디자인 김나경 이승현 조영남
지도 일러스트 김문수

황금시간 Golden Time

주소 경기도 파주시 문발로 211
전화 (02)736-2031(내선 361~362)
팩스 (02)732-2036

출판등록 제406-2007-00002호
공급처 (주)다락원
구입문의 전화: (02)736-2031(내선 250~252)
　　　　　팩스: (02)732-2037

값 16,500원
ISBN 978-89-92533-52-2 13980

http://www.darakwon.co.kr

• 다락원 홈페이지를 통해 주문하시면 자세한 정보와 함께 다양한
　혜택을 받으실 수 있습니다.
• 기타 문의사항은 황금시간 편집부로 연락 주십시오.

낭만에서 스릴까지~

내 생애 최고의 제주여행

최신 개정판

편집부 지음

황금시간
Golden Time

그대, 어떤 제주여행을 꿈꾸나요?

제주도에는 내륙 어디에서도 본 적 없는 낯설고 신비한 자연이 가득합니다. 남국의 꿈결을 풀어 놓은 듯한 옥빛 바다, 바다와 용암이 냉랭하게 인사를 나눈 주상절리, 아름다운 실루엣을 완성하는 한라산과 오름, 까마득한 원시의 기운 곶자왈 숲….

어디 자연뿐이겠어요. 제주도에는 수많은 이야기가 있습니다. 두 다리보다는 마음으로 걷는 길 제주올레, 사랑 가득한 사진작가의 시선이 닿은 두모악의 사진들에, 밤바다에 배를 띄우고 마주한 야경에, 거침없이 내달렸던 어린 시절의 추억을 간직한 채 관광객과 함께 초원을 유람하는 제주마의 순한 걸음에, 구멍 숭숭 난 현무암 담벼락을 훑고 지나는 바람결에, 제주도는 천일야화의 주인공 세헤라자데가 되어 다채로운 이야기를 풀어 놓습니다.

여행자들에게 제주도가 가장 들려주고 싶은 이야기는 무엇이었을까. 여행자의 꿈속에 놓인 제주도는 어떤 모습일까. 〈내 생애 최고의 제주여행〉을 위한 취재 여행은 그렇게 시작되었습니다. '제주여행'에서 기대하는 제주의 매력을 낱낱이 찾아보고 제주도가 나지막하게 속삭이는 이야기까지 놓치지 않고자 했습니다. 그렇게 제주도 땅을 걷고 달리고 누비고, 바다를 유영하고 하늘을 날았습니다.

이 책에는 산과 오름과 숲과 올레, 해안도로와 중산간의 길들, 변화한 시내, 수많은 박물관과 테마공원을 두 발과 자전거, 자동차로 누비며 체크한 '꼭 가보아야 할 곳'들은 물론, 초콜릿 만들기에서 돌고래 스킨십까지 흥미로운 '체험여행 정보'가 빼곡

합니다. 깊은 바닷속에서 제주도 생물들과 눈빛을 나누고, 패러글라이더에 몸을 싣고 제주도의 하늘과 하이파이브를 하며 짜릿한 '레저여행'의 순간들을 모두 기록했습니다. 테마여행별 상세 지도, 숙소와 맛집 정보는 물론 대중교통 정보도 챙겼습니다. 별책부록에는 지도와 함께 렌터카 운전자를 위한 내비게이션 검색어 목록을 담아 여행길에 별책만 챙겨가도 어려움 없이 돌아다닐 수 있도록 했습니다.

특히 〈내 생애 최고의 제주여행〉 개정판의 가장 큰 특징은 제주올레 전 코스를 수록한 점입니다. 길이 생기기 전이어서 초판에서 빠졌던 제주올레 18~21코스 정보가 추가됐습니다. 모든 여행지의 바뀐 내용이나 오류 등을 바로잡고 지번 주소와 도로명 주소를 함께 표기했습니다. 전화번호 등도 최신 정보로 바뀌었습니다. 또한 최근 제주도에 급격하게 늘어난 게스트하우스 정보를 대폭 보강해 합리적인 숙소 선택에 도움 되도록 했습니다.

그대의 첫 제주여행이 잘 알아보지 않고 선택한 여행사 투어 프로그램 같지는 않았으면 합니다. 몇 해 전 봄날 제주여행을 다녀왔던 그대가 올해 다시 꾸는 제주여행의 꿈속에 유채꽃만 가득하지는 않았으면 합니다. 지난해 초록빛 올레를 걸었던 그대가, 올해에는 요트에 앉아 노을 지는 제주 바다를 바라봤으면 합니다. 최고의 제주여행을 위한 레시피를 가득 담아 이 책을 내놓는 이유입니다.

2013년 6월
편집부

목차

Section 1
제주도 땅에서 즐기는 레저와 체험

Section 2
제주도 바다와 물에서 누리는 여유로운 시간

Section 3

제주도 **하늘**의 짜릿한 선물

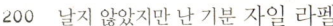

Section 4 권역별 추천 여행지

Section 5 인사이드 제주

Section 1

땅에서 놀자

제주도 **땅** 에서 즐기는 레저와 체험

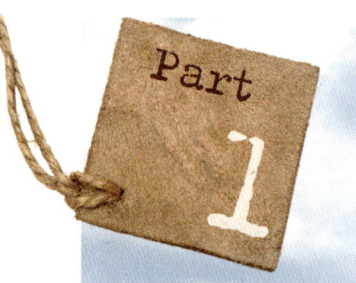

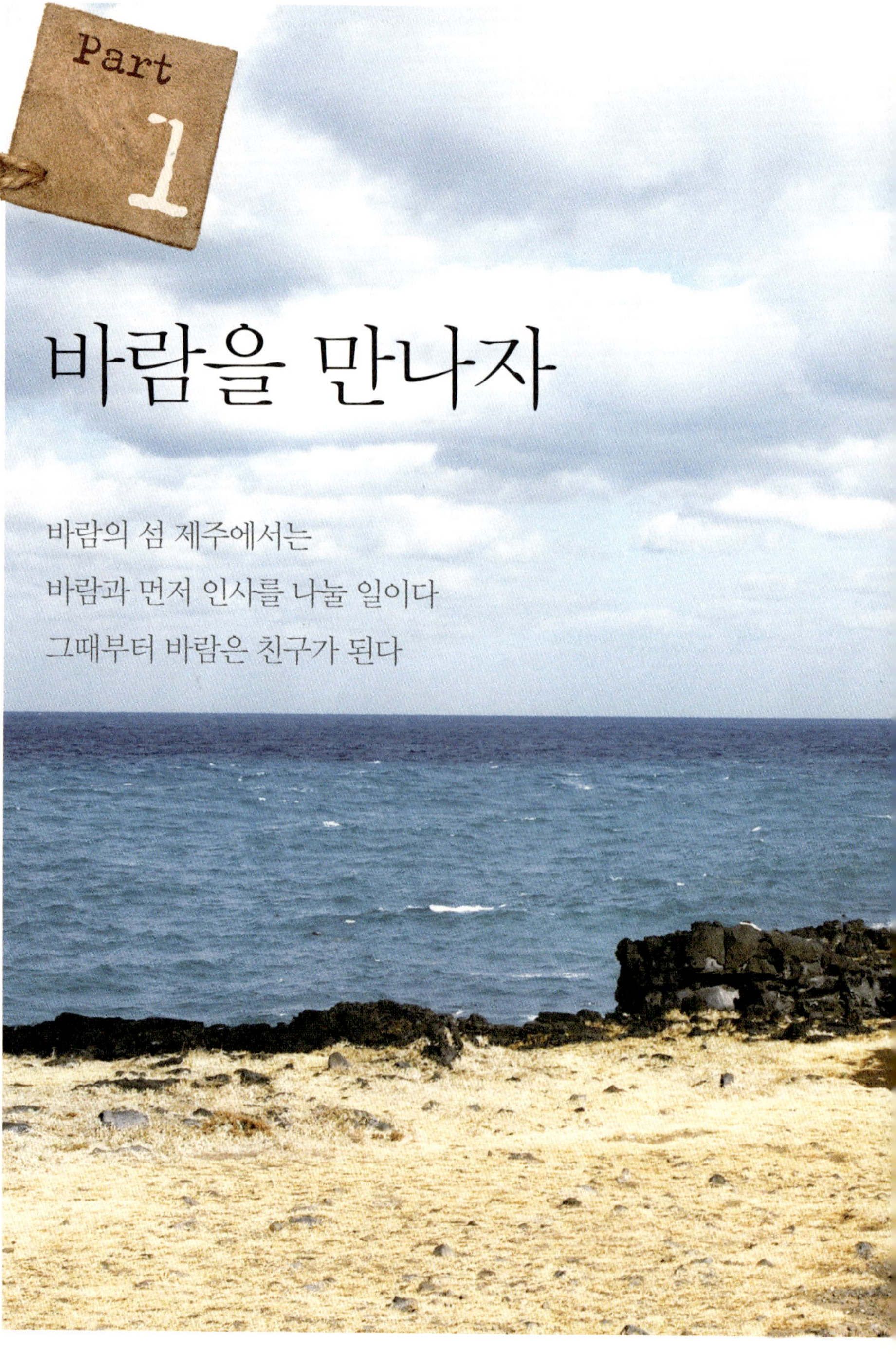

Part 1

바람을 만나자

바람의 섬 제주에서는
바람과 먼저 인사를 나눌 일이다
그때부터 바람은 친구가 된다

그림 속을 누비듯, 미끄러지듯
드라이브

겉멋 좀 부려야겠다. 선글라스를 쓰고 차창을 활짝 연다. 도심만 벗어나면 교통체증이나 앞차에서 뿜어 나오는 매연 따위는 아득히 먼 어느 나라의 이야기다. 시디에 골라 담은 음악은 버튼만 누르면 들을 수 있게 오디오에 꽂아둔다. 부드럽게 액셀 페달을 밟아 바닷바람이 얼굴 간질이는 해안도로를 달리고, 맑고 싸한 숲 공기 가득한 산간도로에도 머문다. 그 길에서 만나는 명소들은 덤이다. 분명 드라이브라면 이 정도는 되어야 한다. 제주도이기에 가능한 일이다.

해본 이는 많지 않지만 누구나 하고 싶은 드라이브가 있다. 빨간 스포츠카, 푸른 바다, 물처럼 투명한 하늘, 초록과 갈색을 섞은 듯한 숲, 뻥 뚫린 도로…. 제주도라면 이 모든 것이 가능하다. 만약 옆자리에 미녀 · 미남이라도 앉았다면 금상첨화.

제주에서의 드라이브가 매력적인 것은 뭐니 뭐니 해도 여유로운 도로와 풍경을 오롯이 접하기 때문이다. 제주시내만 벗어나면 교통체증이 사라진다. 한적한 도로에서 남국의 정취를 보여주는 바다, 하늘, 숲을 만난다. 풍경은 하나같이 트였다. 광활한 들판을 달리면 오름만 볼록볼록 솟아있을 뿐, 딱히 시야를 막을 만한 게 등장하지 않는다. 이런 광경을 보는 기쁨은 바닷가와 숲 속을 달리는, 해안도로와 산간도로에서다.

해안도로는 작은 포구나 제법 큰 항만을 따라서 길거나 짧게 이어진다. 하루 동안 모두 달려보려고 작정한다면 드라이브답지 않다. 성산일출봉, 철새도래지, 송악산, 용두암, 민속촌박물관 같은 관광명소가 속한 해안도로를 미리 확인 후 찾아가는 것이 무난한 방법.

제주공항에서부터 일주도로(1132번 도로)를 타고 섬 둘레를 돌다보면 해안도로 쪽으로 향하는 진입로를 어렵지 않게 찾을 수 있다.

산간도로는 제주시와 서귀포시 쪽의 한라산 자락에 위치한 제1~2산록도로, 제주시와 서귀포를 연결하는 5·16도로(1131번 도로)와 1100도로(1139번 도로)가 대표적인 드라이브 코스다. 한라산 자락의 울창한 난대림과 삼나무·편백나무 숲 사이로 닦인 이 길은 깊고 아늑한 분위기를 가졌다. 이곳에서는 한라산의 변화무쌍한 날씨가 흥을 돋우기도 한다. 비가 흩뿌리면 뽀얀 안개가 길에 가득 차고, 맑은 날 오후에는 이글이글 석양으로 타오르는 서귀포의 주황빛 바다와 하늘을 고갯마루에서 볼 수 있다.

드라이브 [drive] : 기분 전환을 위해 자동차를 타고 다니는 일. 사전의 해석대로, 드라이브는 최단 시간 내에 목적지까지 도착하는 '단순 이동행위'가 아니다. 가장 대중적인 이동수단인 자동차를 이용해, 편리함과 자연의 아름다움을 함께 누리는 여가생활이다.

거린사슴 전망대에서 바라본 오후의 서귀포 앞바다

가장 긴 해안도로에서 만나는 명소

제일 긴 해안도로를 골라 '드라이브'하기로 했다. 약 26km에 이르는 '월정리~성산리' 구간으로 풍력발전단지, 제주해녀박물관, 철새도래지와 유네스코에 등재된 세계자연유산인 성산일출봉까지 여러 절경을 품었다.

제주공항에서 1132번 일주도로를 타고 동쪽으로 30분쯤 가면 김녕 입구 삼거리가 나온다. 여기서 바다와 가까운 도로로 방향을 돌리면 해안도로의 시작. 현무암 때문에 거뭇해 보이는 얕은 바다가 수평선 쪽으로 멀어질수록 짙푸르게 변하고 오른쪽 돌담 너머에는 갈아엎은 밭이 가지런하다. 볼 때마다 새삼 느끼는, 다리미질을 해놓은 듯이 판판한 세상이다.

김녕해수욕장을 지나고 나면 벌판에 드문드문 솟은 하얀 풍력발전기가 눈길을 끈다. 이곳은 1997년 국내최초로 조성된 행원풍력발전단지. 15개의 발전기가 10MW의 전력을 생산해 인근가정에 공급하고 있다.

세화리에 이르면 잠시 마을 쪽으로 방향을 돌려 제주해녀박물관(입장료 1천100원)에 들러보자. 과거 제주도의 각 가정과 지역경제에서 엄청난 역할을 했던 해녀의 공덕과 노고를 기리기 위해 2006년 개관한 박물관이다. 3개의 전시실에 해녀의 집, 어촌마을 등을 재현해 놓았다. 마을을 돌아보다 아무 식당에나 들어가도 합리적인 가격에 꽤 괜찮은 밥을 먹을 수 있다.

하도해수욕장에 이르러서는 하도철새도래지를 구경해야 한다.

조간대(만조에는 바닷물이 차고 간조에는 물이 모두 빠지는 얕은 해안가)와 갈대 무성한 연안습지가 발달해 있어 철새들이 찾기 좋은 조건을 갖추었다. 차를 잠시 세워 두고 갈대밭 사이를 거닐어도 좋다.

월정리~성산리 구간의 해안도로가 끝나는 곳은 성산항에서다. 드라이브의 대미를 장식하듯 이곳에 제주의 대표적인 명소가 기다리고 있다. 성산일출봉이다. 분화구 둘레로는 커다란 바위가 이어져 있는데 이 모습이 성(城)처럼 보인다고 해서 성산, 그 옆으로 솟는 아침 해가 아름다워 일출봉이란 이름이 붙었다. 얕은 바다에서 폭발한 화산섬으로 몸체 대부분은 침식되어 사라졌고 지금의 모습은 정상 부분만 남은 것이라고 한다. 지질학적 가치와 아름다움을 인정받아 2007년 유네스코 세계자연유산으로 등재되었다. 입장료 (성인 2천 원)를 내고 전망대까지 올라가 볼 수 있다.

동귀리 해안가

한라산 넘어 중문으로 가는 산간도로

어쩌면 마주치는 자동차를 단 한 대도 못 볼 수 있다. 난대림이나 침엽수림 울창한, 또는 그 둘이 섞인 제주의 산간도로는 늘 여유롭고 아늑하고 맑은 공기로 가득 차 있다.

산간도로 중에서 제주시 쪽의 한라산 자락을 횡으로 가로질러 평화로까지 이어지는 제1산록도로와 중문 방향으로 남진하는 1100도로(1139번 도로)를 택해 달린다. 이 산간도로에서 드라이브하면 5개의 한라산 등산 코스 중 3개의 입구를 지나치고 거린사슴 전망대에서 중문일대와 그 앞바다를 한눈에 볼 수 있다.

제주시에서 5·16도로를 타고 서귀포 방향으로 가다가 '산록북로'라는 이정표가 서 있는 삼거리에서 방향을 돌리면 21km가량의 제1산록도로가 시작된다. '산록'이라는 이름답게 난대림과 침엽수림이 뒤섞여 도로 양쪽을 빼곡하게 채웠다. 중간에 '신비의 도로'를 알리는 이정표가 나온다. 실제로는 내리막인데 착시현상에 의해 오르막으로 보여 도깨비도로라고도 불린다. 처음 이런 현상이 발견된 곳은 제주시 노형동의 1100도로 입구였고 이곳은 나중에 알려져 제2도깨비도로라고 한다.

한라산 등산 코스 중 하나인 관음사 입구를 지나치면 막힌 삼거리에 이른다. 바로 1100도로와 교차하는 지점. 왼쪽으로 가야 서귀포 중문 방향이다. 그리고 산간도로는 한라산국립공원 경계에 접어들어 또 다른 한라산 등산 입구인 어리목을 지나고 이 도로에서 가장 높은 1100고지(해발 1천100m)를 향해 달려간다. 1100고지를 지나면 행정구역이 서귀포시로 바뀐다. 내리막으로 바뀐 도로에서 속도를 내다가는 모든 기억이 지워질 수 있으니 조심할 것. 커브가 자주 급하게 나타나 과속은 위험하다.

산간도로의 숲에 짙은 오후의 햇살이 물들었다. 영실 입구(한라산 등산로)를 지나서도 한참을 달리면 바다가 한눈에 내려다보이는 장소에 도착한다. 거린사슴 전망대다. 구름은 눈높이에 있고 그 사이로 저무는 태양이 서귀포 중문의 하늘과 바다를 뜨거운 주황빛으로 바뀌가고 있다. 한동안 그 모습을 바라보다 기쁜 마음으로 다시 시동을 건다. 그 바다 바로 앞이 산간도로의 끝이기 때문이다.

1100 도로

그 밖의 추천 드라이브 코스

비자림로 : 대한민국에서 가장 아름다운 도로 중 하나로 평가받는 도로. 27.3km에 이르는 산간도로로 제주시 봉개동에서 구좌읍 평대리까지 이어진다. 길 양쪽으로 빽빽하게 들어선 삼나무가 달리는 내내 눈길을 끈다.

제2산록도로 : 한라산 남쪽 자락을 횡으로 가로지르는 총연장 43.9km의 산간도로. 드라이브를 하다 보면 주변으로 골프장이 많이 보이는데 이는 언덕이 심하지 않고 평야가 잘 발달되어 있는 산록도로의 특성 때문이다. 무난하게 운전할 수 있다.

하귀~애월 해안도로 : 공항에서 서쪽으로 가다가 제주 시내를 벗어나면 처음으로 만나는 10km 거리의 해안도로. 바다와 바짝 붙은 이 도로는 제주 서북부해안의 아름다움을 잘 간직하고 있다. 바다 반대편에 무성히 자란 억새밭도 볼거리. 해질 무렵 찾으면 더 놀라운 풍경이 기다린다.

렌터카 이용하기

자동차 대여는 대부분 운전면허를 딴 뒤 1년이 지나야
가능하다. 차를 빌릴 때는 계약서 쓸 때 필요하므로 운
전면허증을 꼭 챙긴다. 차를 인수할 때는 렌터카 직원
과 함께 외관을 확인하도록 한다. 제대로 보지 않고 빌
릴 경우 렌터카를 반납할 때 미처 확인하지 못한 흠집
에 대해 보상을 요구 받으면 반박할 길이 없어 난감해
진다.
렌터카는 자차보험을 별도로 들어야 한다. 자차보험은
차종과 대여기간에 따라 금액이 다르다. 1만~7만 원
선(24시간 기준).
운전은 반드시 렌터카 계약서에 표기된 사람만 한다.
그래야 만약 사고가 나도 불이익이 없다. 인수 받은 차
의 연료량도 확인해두자. 같은 양을 채워 반납해야 하
기 때문이다.
렌터카 비용은 24시간 기준으로 소형 이하 2만~3만
원, 중형 3만~4만 원, 외제차 7만~8만 원선이다.

제주도 렌터카 업세

제주렌트카 www.jejurentcar.co.kr
(064) 735-3355 제주시 용문로 8(용담2동 1531-1)

KT금호렌터카 www.kumhorent.com
(064) 751-8000 제주시 용해로 80-21(용담2동 870-4)

AJ렌터카 www.ajrentacar.co.kr
(064) 726-3322 제주시 공항로 2(용담2동 2002)

한진렌터카 rentacar.hanjin.co.kr
1588-1717 제주시 용문로 16(용담2동1524)

동아렌트카 www.dongarent.co.kr
(064) 743-1515 제주시 용문로 88(용담2동 2739)

제주OK렌트카 www.jejuokrent.co.kr
(064) 743-4000 제주시 용문로 64(용담2동 737)

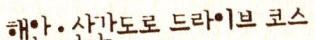

해안·산간도로 드라이브 코스

김녕성세기해변
함덕서우봉해변 [1132]
[1132] 신양·성산
제주국제공항 제주항 구좌읍 [1136]
제주도청 [97] 조천읍
애월읽자귀 제주시 [1112] 성산항 성산일출봉
곽지과물해변 [1136] 비자림로 성산읍
금능 애월읍 제1산록도로 [1119]
비양도 [1117] 표선면 [1118]
형재 한림항 [1135] [1131] 성방꿀자레
한림읍 한라산 5·16도로 [1136]
한경면 [1116] 표선해비치해변
귀도 1139 남원읍 하구옥자레
[1120] 제2산록도로 1115 위미항
[1132] 대정읍 안덕면 서귀포시 남원
[1132] [1136]
화순항 강정포구 서귀포항
모슬포항 하모자레
가파도

마라도

정보톡톡

스쿠터 드라이브는 어떨까?

꼭 차만 타고 드라이브하란 법은 없다. 최고시속 50~
60km 내외, 크기가 작고 운전이 편한 스쿠터는 경쾌
한 달리기의 즐거움이 있다. 자동차에 비해 대여료가
싼 편이며 기름 값은 비교할 수 없을 정도로 적게 들어
근래에 제주여행 방법 중 하나로 자리잡았다.
스쿠터는 제주도에서 대여하면 된다. 운전면허증과 스
쿠터 운전능력(?)이 필요하다. 자전거를 탈 줄 안다면
조작법만 간단하게 익히면 되는 수준이다. 스쿠터는
아무래도 크기가 작고 운전자의 몸이 노출되기 때문에
안전이 제일 중요하다. 반드시 헬멧을 쓰고 낮에만 주
행하도록 한다. 귀중품은 스쿠터에 두지 말고 항상 몸
에 지닌다. 업체들이 영세해서 종합보험 가입이 되지
않은 경우가 많다. 규모 있는 업체에서 스쿠터를 빌리
고, 보험가입 유무를 확인하도록 한다. 요금은 24시간
기준 2만~5만 원, 한두 시간 빌려 타는 값은 1만5천
~2만 원선. 인터넷예약 시 할인해 주는 업체가 많다.

제주도 스쿠터 대여 업체

한라하이킹 www.hallahiking.com
(064) 712-2678~9 제주시 용두암길 52(용담2동 368-3)

제주스쿠터여행 www.jejuscooter.co.kr
(064) 722-3700 제주시 탑동로 134(용담1동 26)

제주바이커스 www.jejubikers.com
(064) 711-4979 제주시 산지로 31(일도1동 1185-3)

제주스쿠터투어 www.jejuscooter.com
(064) 743-3331 제주시 용화로 4(용담2동 861-10)

우도 스쿠터 대여 업체

우도나린섬투어 www.narintour.co.kr
(064) 783-0995
제주시 우도면 우도해안길 344(연평리 2396-2)

우도스쿠터여행 www.udoscooter.co.kr
(064) 783-0456
제주시 우도면 우도해안길 348(서광리 2395-5)

두 바퀴로 제주를 품에 안는 법
자전거 해안도로 일주

    자전거 타기에 관심 있는 사람이면 자전거로 제주의 해안 길을 달리고 싶다는 생각을 한번쯤 해보았을 것이다. 제주 해안도로 일주는 자전거 마니아가 아니더라도 실행에 옮겨볼 만한 꿈이다. 제주의 멋진 바다 풍경을 내내 감상하며 달릴 수 있고 자전거전용도로가 잘 정비되어 있어 다른 지역보다 안전한 편이다. 아이와 함께 해안도로 일주에 나서는 가족들도 늘고 있다.

    중요한 건 체력이다. 일주 코스를 5개 구간으로 나눌 경우 하루에 4~5시간은 달려야 완주할 수 있다. 날씨도 관건이다. 강풍이 몰아칠 때도 있고 하루 종일 강렬한 햇빛과 싸울 각오도 해야 한다. 중간 중간 해안도로와 이어지는 1132번 일주도로는 자동차가 쌩쌩 지나는 길이어서 안전에 특히 주의해야 한다.

맛보기로 해안도로 일주의 1구간에 해당하는 길(용두암~한림항)을 달려보았다. 시작점은 용두암. 제주공항에서 가깝기도 하고 용담해안도로와 바로 이어진다. 해안 일주는 어느 방향으로 달리나 걸리는 시간이 엇비슷한데, 반시계 방향으로 도는 것이 태양과 '맞장 뜨는 사태'를 피할 수 있어 좋다. 목적지는 한림항. 여유 있게 달려도 4시간이면 갈 수 있는 거리다.

3박4일이나 4박5일 일정으로 해안도로 일주를 계획할 경우, 보통 제주에 도착한 첫날 1구간을 달리기 때문에 주행거리를 다른 날보다 짧게 잡는 것이 좋다. 공항 도착과 이동, 이것저것 준비물 챙기기에 시간이 필요하기 때문이다.

용담해안도로

3~5일 일정 잡고 첫날은 짧게

용담해안도로는 자전거 동호인, 관광객, 올레꾼 모두 좋아하는 길이다. 경관이 아름답고 주변에 해안공원이 잘 조성되어 있어 쉬엄쉬엄 가기에 좋다. '제주사이클' 동호회 회원들과 함께 길을 나섰다. 용담해안도로로 들어서자마자 강풍이 분다. 맞바람이다. 해안의 검은 바위들을 사정없이 후려친 파도가 도로까지 넘본다. 잠시 주춤거리는 사이 회원들이 "재기재기 오라(빨리 와라)!"며 손짓을 한다.

용담해안도로를 지나 도두항 해안으로 들어선다. 올레 17코스를 걸으며 보았던 낯익은 풍경들. 부둣가에서 달콤한 휴식에 취해 있던 어선들이 빠르게 스쳐 지나간다. 둥실 떠 있는 뭉게구름이 수평선을 향해 느릿느릿 움직인다. 배도 구름도 바다의 품에서 한없이 자유로워 보인다.

이호테우해변 모래사장에 조각하듯 바퀴자국을 남기고 1132번 일주도로로 진입한다. 하귀·애월해안도로까지 지나는 차량이 많아 주의해야 한다. 일주도로를 달리다가 빼놓지 말고 들러야할 곳이 항포구구로 이어지는 해안길. 철썩이는 파도와 제멋대로 생겨난 바위, 짙푸른 바다가 멋진 길이다.

해안길을 지나 다시 일주도로를 달리다보면 해안도로 중 으뜸으로 꼽는 하귀·애월해안도로와 만난다. 다른 곳보다 굴곡이 있어 오르기가 수월하지는 않지만 경치 하나는 기막히다. 힘겨운 페달링

준비물

헬멧
두건(모자)을 쓴 상태로 착용한 후 딱 맞는 사이즈를 고른다. 대여 가능

의류
긴팔티셔츠(또는 반팔티셔츠+토시), 긴바지, 방풍재킷(방수재킷), 일회용 비옷

배낭
15~2L 정도의 배낭, 배낭 커버, 포켓가방

선크림
80~100mL 용량(4박5일)

코스 지도
구간별 설명, 숙소, 식당 정보까지 상세하게 담고 있는 지도. 미리 준비하지 못할 경우 현지 자전거 대여점에서 무료로 제공하는 자전거 지도 이용

기타
고글(선글라스), 두건, 마스크, 장갑, 의약품 등

끝에 언덕바지에 올라섰다. 커다란 별장이 있는 언덕에서 오르막이 끝나고 애월항까지 죽 내리막길이다.

소박한 항구 모습을 간직한 애월항부터는 길이 두 갈래다. 지루하지만 빨리 갈 수 있는 일주도로를 달릴까, 아니면 바닷물이 좀 튀더라도 경관 좋은 한담마을 해안산책로를 달릴까. '제주사이클' 회원들의 선택은 주저 없이 해안산책로. 자전거에 튄 바닷물쯤이야 금방 씻어내면 될 터, 풍광 좋은 해안산책로의 손을 들어준다.

총 1.2km의 한담마을 해안산책로는 곽지과물해변까지 이어진다. 절벽 아래로 길이 나 있는데 풍랑이 심할 때는 파도가 산책로를 덮친다. 바다와 가장 근접한 해안길을 달린다는 데 의미를 두며 목적지를 향해 힘차게 페달을 밟는다. 곽지과물해변을 지나 10분쯤 일주도로를 달리면 한림항으로 이어지는 귀덕·한림해안도로. 경사가 완만하고 지나다니는 차가 거의 없어 한적하게 달릴 수 있다.

한림항에 도착하자 해가 뉘엿뉘엿 저문다. 지나온 거리는 33km. 해안도로 일주를 마치려면 앞으로도 200km 이상 달려야 한다.

"폭삭 속았수다(고생 많았어요)!" 함께 1구간을 달려준 동호회 회원들이 작별인사를 하며 돌아간다. 마음만 먹으면 아무 때나 이 멋진 길에서 자전거 페달을 밟을 수 있는 그들이 부럽다.

용담해안도로 잔디공원

예상 일정표 (4박5일)

자전거 해안도로 일주는 평균시속 10~15km로 하루 5~6시간 달릴 경우 적어도 4일은 걸린다. 주변 관광지 등을 둘러보며 조금 더 여유롭게 돌고 싶다면 하루나 이틀쯤 추가해야 한다.

4박5일 기준으로 달릴 코스를 잡아보면 아래와 같다. 첫날은 제주공항 도착과 자전거 대여시간 등을 감안해서 달릴 거리를 조금 짧게 했다(거리 옆에 표시한 시간은 순수 자전거 라이딩에 걸리는 시간이다).

1일차

용두암~용담해안도로~하귀 · 애월해안도로~귀덕 · 한림해안도로~한림(33km, 3시간)

해안 절경이 뛰어난 용담해안도로를 달린다. 전망 좋은 해안공원이 많아서 쉬엄쉬엄 가기 좋다. 하귀 · 애월해안도로는 굴곡이 심한 편이지만 해안 경관은 둘째가라면 서러울 정도. 귀덕 · 한림해안도로는 완만하고 지나다니는 차가 적어 한적하게 달릴 수 있다.

2일차

한림~고산 · 일과해안도로~하모 · 사계해안도로~중문관광단지~서귀포 시내(71km, 6시간)

바다와 어우러진 산방산의 아름다운 절경을 감상할 수 있는 구간이다. 구간이 길고 관광명소가 모여 있는 중문관광단지를 지나기 때문에 아침 일찍 출발해야 여유롭게 돌아볼 수 있다. 달리는 동안 체력적으로 부담을 느낀다면 중문관광단지에서 라이딩을 마친다.

3일차

서귀포 시내~남원 · 태흥해안도로~표선해안도로~신산해안도로~성산(59km, 5시간)

해안도로를 따라 신영영화박물관, 제주민속촌박물관, 김영갑갤러리 등 관광명소를 둘러볼 수 있는 구간이다.

특히 섭지코지와 성산일출봉은 놓치지 말 것. 유채꽃이 필 무렵이면 주변이 온통 노란색으로 물들어 장관을 이룬다. 성산쪽은 숙박시설과 식당이 많아 라이딩을 끝내고 쉬기 좋다.

4일차

성산~우도 천진항~하고수동~우도봉~천진항~성산(15km, 2시간)

해안도로 일주 코스에 속하지는 않지만 하루쯤 시간을 내어 우도에 다녀오는 것을 '강추'한다. 우도는 투명한 옥빛 바다와 우도봉의 비경. 한적하면서 아름다운 마을과 멋진 돌담길이 인상적인 아름다운 섬이다. 성산에서 배를 타고 20분이면 갈 수 있고 2시간이면 자전거로 우도를 한 바퀴 돌 수 있다.

5일차

성산~성산해안도로~종달해안도로~세화 · 김녕해안도로~조천해안도로~용두암(57km, 5시간)

마지막 날 달리는 해안도로는 제주 해안도로 중 가장 아름다운 코스들이 모였다고 해도 지나친 말이 아니다. 관광지를 찾아들어가지 않고 해안도로를 달리는 것만으로도 충분히 꿈결 같은 시간을 보낼 수 있다.

자전거 해안도로 일주 코스

숙박 및 기타 정보

예상 일정표 기준

지역번호 (064)

	첫날 (제주~한림)	둘째 날 (한림~서귀포)	셋째 날 (서귀포~성산)	넷째 날 (성산~우도~성산)	다섯째 날 (성산~제주)
민박 (2만~3만 원)	강원민박 796-4960	장원민박 738-1110	굿모닝민박 782-7774 청산민박 782-2308	등머을쉼터 784-3878	청수민박 758-7485
게스트하우스 (만5천~2만 원)	마레 796-6116	쿨쿨 767-5000	성산 010-9541-3342	시드 784-7842	예하(제주시청점) 756-5506
찜질방 (7천~9천 원)	-	중문찜질방 738-6390 건강나라찜질방 732-5300	워터월드 739-1930 아리나찜질방 784-5579	한방찜질방 782-5552	해수랜드 742-7000
야영장 무료(샤워실 이용 료 1천 원)	금능으뜸원해변 현재해수욕장	중문색달해변	신양섭지코지해변 하도해수욕장	하고수동해수욕장	함덕서우봉해변
자전거 수리점	한림 대영자전차 796-3411	대정 삼천리자전거 794-2114 서귀포 스마트 자전거 733-4577	표선 선경스마트 자전거 787-3918 삼천리자전거 동남대리점 782-4672	우도스쿠터여행 783-0456	구좌 세화삼천리 자전거 783-2253

정보톡<

내 자전거 갖고 가기

비행기를 타고 갈 때는 자전거를 규격에 맞게 박스 포장을 해서 위탁수하물로 보내야 한다. 사이즈 제한은 제주항공 기준으로 가로X세로X높이 230cm 이내다. 15kg 이하는 무료이며 1kg 초과할 때마다 2천 원씩 추가된다.

포장 사이즈와 무료 위탁수하물 기준, 무게 초과 수하물 비용은 항공사별로 다르다. 자전거를 포장하기 전 반드시 해당 항공사 홈페이지를 참고한다. 개인이 박스 포장을 하기가 쉽지 않으므로 김포공항 1층 수하물센터에서 자전거 포장 서비스를 이용한다. 가격은 2만5천 원이며, 제주공항에서 돌아올 때는 1만 원이 추가된다. 김포공항 수하물보관소 (02)2666-1054, 제주공항 수하물보관소 (064)725-0114.

배를 타고 갈 때는 이러한 복잡한 절차가 필요 없다. 자전거 그대로 배에 실을 수 있고 대개는 추가 선적 비용도 들지 않는다. 배 타고 제주 가는 방법은 168쪽 참조.

현지에서 대여하기

자전거 대여 요금은 1일 7천~1만5천 원. 해안도로를 일주하려면 가볍고 기어 변속이 잘 되는 고급형 자전거가 편하다. 고급형은 업체마다 조금씩 차이가 있으나 1만3천~1만5천 원에 빌릴 수 있다.

대부분의 자전거 대여점들이 제주공항에서 픽업을 해준다. 헬멧, 캠핑 장비를 빌릴 수 있고 비옷, 비닐, 관광지 할인권, 식수, 지도 등을 제공하는 대여점도 많다. 제주도에 가기 전에 전화나 인터넷 검색을 통해 가까운 자전거 대여점에 대해 찾아보고 관련 정보를 얻도록 한다.

주요 자전거 대여 업체

제주도자전거여행 www.jejuhiking.co.kr
(064) 711-2200 제주시 용해로 3(용담3동 1029-3)

용두암하이킹 www.jeju8253.com
(064) 711-8256 제주시 북성로 18(삼도2동 14-3)

스마트자전거 www.jejubikers.com
(064) 711-4979 제주시 산지로 31(일도1동 1185-3)

제주OK하이킹 www.okhiking.com
(064) 755-1134 제주시 서광로 164(오라1동 2440-5)

제주탑동하이킹 www.jejutopdong.com
(064) 751-0946 제주시 임항로 60(건입동 1308)

하이킹제주도 www.hikingjejudo.co.kr
(064) 721-4802 제주시 중앙로 283(이도2동 1058-9)

우도스쿠터여행 www.udoscooter.co.kr
(064) 783-0456 제주시 우도면 우도해안길 348(연평리 2395-5)

위안 같은, 때로 선물 같은
제주올레

제주올레는 우리나라 걷기 열풍의 성지다. 한때 동남아에 밀려 주춤했던 제주 관광이 올레 덕분에 다시 살아났다고 해도 지나치지 않다. 제주 방언으로 '집으로 돌아가는 골목길'이란 뜻을 지닌 올레 는 제주도의 해안과 중산간을 넘나들며 제주 사람들이 숨겨왔던 비 경을 아낌없이 열어 보인다. 야트막한 돌담과 오묘한 색감의 들판, 깊은 숲과 산홋빛 바다가 말 없는 친구처럼 동행하는 길. 눈으로 보 고 즐기는 관광 못지않게 마음을 들여다보는 여유로운 시간도 귀하 다고, 그 길이 나지막하게 속삭인다.

우도 양귀비 꽃밭

올레 코스는 반나절이나 하루 안에 걸을 수 있도 록 나뉘어 있고 이정표가 잘 되어 있어 길을 헤 맬 염려가 거의 없다. 21코스를 끝으로 전 코스 가 개장되어 있으니 한 번의 여행으로 다 걷기는 어렵다. 기회가 될 때마다 천천히 걸으며 제주올 레가 들려주는 이야기에 귀 기울여 보자.

아름다운 시흥초교에서 첫발을 내딛는다. 돌담과 밭담들을 지나 말미오름에 오르면 성산일출봉과 우도가 파노라마처럼 펼쳐진다. 알오름에서는 지미봉~섭지코지에 이르는 제주 동부의 풍광이 그림 같다. 종달리 소금밭과 바닷가를 지나 만나는 성산일출봉은 경이로움 자체다. 수마포에서는 일제강점기의 흔적인 진지동굴을 볼 수 있고 광치기해안은 검은 모래톱을 걷는 재미가 크다.

코스 정보 : 시흥초교 → 말미오름 → 알오름 → 성산일출봉 → 수마포 → 광치기해안

거리 : 15.4km   **시간** : 5~6시간   **난이도** : 무난해요

패스포트 스탬프 : 시작-시흥 제주올레안내소, 중간-목화휴게소, 종점-광치기해안물촌

찾아가기 : 제주시외버스터미널에서 동일주 노선버스를 탄 후 시흥리에서 하차

돌아가기 : 광치기해안에서 동일주 노선버스를 탄 후 제주시외버스터미널에서 하차

추천 음식 : 반건조 오징어(목화휴게소 064-782-2077), 전복죽(시흥해녀의 집 064-782-9230)

종달~시흥 해안도로

성산일출봉

1-1코스 ▶ 우도 올레

'섬 속의 섬' 우도를 걷는 올레다. 천진항에서 시작한 길은 해안을 따라 우도산호해변과 하고수동해변을 거쳐 우도봉으로 향한다. 중간 중간 들판과 돌담이 호젓한 느낌을 더한다. 우도봉에 오르면 1906년에 만든 제주도 최초 등대인 우도등대가 서 있고, 우대등대 공원으로 내려가려면 기암절벽과 푸른 바다가 어우러진 해안길이다. 붉은 입술 같은 양귀비꽃밭이 피날레를 장식한다.

코스 정보 : 천진항 → 우도산호해변 → 하우목동항 → 하고수동해변 → 우도봉 → 천진항

거리 : 15.3km   시간 : 4~5시간   난이도 : 무난해요

패스포트 스탬프 : 시작–천진항, 중간–하고수동해변, 종점–천진항

찾아가기 : 제주시외버스터미널에서 동일주 노선버스를 타고 성산항에서 내린 다음 성산항 여객터미널에서 우도행 배를 탄 후 천진항에서 하차

돌아가기 : 〈찾아가기〉의 역순

추천 음식 : 삼선짬뽕(소섬반점 064–782–5683)

우도봉의 우도등대

2코스 ▶ 광치기~온평 올레

난대림의 보고인 식산봉과 철새들의 낙원인 통밭알저수지가 만나는 곳은 수석정원처럼 아름답다. 습지에서는 물결과 갈대, 검은 현무암이 어울려 독특한 풍광을 연출한다. 성산에서 가장 높은 대수산봉에서는 제주 동부해안이 한눈에 들어온다. 제주 삼신인이 혼례를 치뤘다는 혼인지와 외적의 침입에 대비해 쌓았다는 환해장성을 지나면 아담한 분위기의 온평포구다.

코스 정보 : 광치기해안 → 식산봉 → 대수산봉 → 혼인지 → 환해장성 → 온평포구

거리 : 16.5km   시간 : 5~6시간   난이도 : 무난해요

패스포트 스탬프 : 시작-광치기해산물촌, 중간-홍마트, 종점-혼인지 정보센터

찾아가기 : 제주시외버스터미널에서 동일주 노선버스를 탄 후 광치기해안에서 하차

돌아가기 : 온평리에서 동일주 노선버스를 탄 후 제주시외버스터미널에서 하차

추천 음식 : 소라내장볶음밥(쫑이네해산물 064-784-8766)

식산봉 가는 길에 만난 망아지

식산봉 아래 습지

3코스 온평~표선 올레

　제주 중산간의 풍경을 만끽할 수 있는 올레다. 온평포구를 지나면 첨성대 모양의 전통등대인 도댓불이 나온다. 완만한 길이 계속되는 난산리마을을 거쳐 사철 꽃밭을 이루는 통오름에 오른다. 독자봉을 넘어 김영갑갤러리에서 아름다운 제주를 사진으로 만난다. 중산간 지대부터는 이 길의 최고 풍경으로 꼽는 신풍·신천 바다목장이 펼쳐지고, 길 끝에서 표선해비치해변이 반긴다.

코스 정보 : 온평포구 → 독자봉 → 김영갑갤러리 → 신풍·신천 바다목장 → 표선해비치해변
거리 : 21.3km　　　　　시간 : 7~8시간　　　　　난이도 : 조금 힘들어요
패스포트 스탬프 : 시작-혼인지 정보센터, 중간-김영갑갤러리, 종점-표선 제주올레안내소
찾아가기 : 제주시외버스터미널에서 동일주 노선버스를 타고 온평리에서 하차
돌아가기 : 표선해비치해변에서 번영로 노선버스를 타고 제주시외버스터미널에서 하차
추천 음식 : 올레국수(고정화할망집 010-7474-3888), 돈까스(우물안개구리 064-784-9300)

통오름의 풍경

온평포구 도댓불

4코스 ▷ 표선~남원 올레

　제주 설문대할망의 전설이 깃든 당케포구를 벗어나 바닷가 습지인 갯늪, 예전 해녀들이 다니던 가마리 해녀올레, 거친 현무암들이 깔린 가는개 해병대길, 휘파람 절로 나오는 샤인빌리조트 산책로를 차례로 지난다. 아름드리 소나무 숲을 이룬 망오름과 미로 같은 거슨새미를 거쳐 만나는 중산간의 느낌이 아늑하고 평화롭다. 바다 가까이 놓인 해안길이 남원포구까지 이어진다.

코스 정보 : 표선해비치해변 → 당케포구 → 가는개 해병대길 → 거슨새미 → 남원포구

거리 : 22.7km　　　　시간 : 7~8시간　　　　난이도 : 조금 힘들어요

패스포트 스탬프 : 시작-표선 제주올레안내소, 중간-남쪽나라횟집, 종점-남원포구

찾아가기 : 제주시외버스터미널에서 번영로 노선버스를 탄 후 표선해비치해변에서 하차

돌아가기 : 남원리에서 남조로 노선버스를 탄 후 제주시외버스터미널에서 하차

해병대길

5코스 ▶ 남원~쇠소깍 올레

꽃향기 짙은 만리향 군락지를 지나면 성벽처럼 길게 늘어선 기암들과 울창한 숲이 어우러진 남원큰엉 산책로가 펼쳐진다. 이 길에서는 해녀들이 물질하는 모습도 종종 볼 수 있고 동백나무와 부채선인장 군락지도 감상할 수 있다. 선인장 군락지를 지나면 소박한 항구의 풍경을 담은 망장포구. 그윽한 숲으로 이어지던 길은 예촌망을 거쳐 쇠소깍의 비경 속에서 잠시 숨을 고른다.

코스 정보 : 남원포구 → 위미리 → 넙빌레 → 공천포 → 망장포구 → 예촌망 → 쇠소깍
거리 : 14.5km   시간 : 4~5시간   난이도 : 무난해요
패스포트 스탬프 : 시작–남원포구, 중간–곤내골 올레점방, 종점–쇠소깍휴게소
찾아가기 : 제주시외버스터미널에서 남조로 노선버스를 탄 후 남원리에서 하차
돌아가기 : 쇠소깍에서 15분쯤 걸어 두레빌라 앞에서 동일주 노선버스 이용
추천 음식 : 한치물회, 소라물회(공천포식당 064–767–2425)

남원큰엉

쇠소깍

6코스 ▸ 쇠소깍~외돌개 올레

쇠소깍을 출발해 울창한 숲을 이룬 제지기오름에 올랐다가 '보목 자리'로 유명한 보목포구를 지난다. 소정방폭포와 정방폭포의 시원한 폭포수를 감상한 후 서귀포 시내로 들어서면 화가 이중섭의 거주지와 미술관, 재래시장 골목의 정겨운 활기와 만난다. 울창한 난대림을 이룬 천지연폭포와 서귀포 앞바다가 펼쳐지는 외돌개에 이르면 아름다운 경관에 반쯤 넋을 잃게 된다.

코스 정보 : 쇠소깍 → 제지기오름 → 정방폭포 → 이중섭 거주지 → 천지연폭포 → 외돌개
거리 : 15.6km   시간 : 5~6시간   난이도 : 무난해요
패스포트 스탬프 : 시작-쇠소깍휴게소, 중간-제주올레사무국, 종점-외돌개 제주올레안내소
찾아가기 : 남조로 노선버스를 타고 두레빌라에서 하차. 쇠소깍까지 걸어서 15분
돌아가기 : 외돌개에서 8번 시내버스를 타고 서귀포시외터미널에서 내린 다음 중문고속화버스로 갈아타고 제주시외버스터미널에서 하차
추천 음식 : 쉰다리(올레쉼터), 고등어회(천지식당 064-733-0763)

소정방폭포 앞바다

삼매봉에서 바라본 풍광

7코스 ▶ **외돌개~월평 올레**

　외돌개를 거쳐 돔베낭길로 이어진 해안은 서귀포 70리 중에서도 가장 걷기 좋고 아름답다. 일강정 바다올레를 거쳐 해안에서 보이는 썩은섬(서건도)은 하루에 두 번 물이 빠지면 건너갈 수 있다. 풍림리조트 앞 바닷가우체국에서 엽서 한 장 쓰고 길을 재촉하면 강정마을 사람들이 해군기지 반대운동을 펼치는 중덕바닷가다. 길은 아담한 월평포구를 지나 아왜낭목에서 마무리된다.

코스 정보 : 외돌개 → 돔베낭길 → 법환포구 → 풍림리조트 → 강정포구 → 월평마을 아왜낭목

거리 : 14.4km　　　　**시간** : 5~6시간　　　　**난이도** : 무난해요

패스포트 스탬프 : 시작–외돌개 제주올레안내소, 중간–풍림리조트 바닷가우체국, 종점–송이슈퍼

찾아가기 : 제주시외버스터미널에서 중문고속화버스를 타고 서귀포시외버스터미널에서 내린 다음 8번 시내버스로 갈아탄 후 외돌개 버스정류장에서 하차

돌아가기 : 아왜낭목에서 8코스 방향으로 15분쯤 걸어 나오는 약천사 입구에서 600번(공항리무진) 버스를 타고 제주공항에서 하차

추천 음식 : 생선회, 성게국(막숙횟집 064-739-1234)

외돌개

7-1코스 월드컵경기장~외돌개 올레

　제주월드컵경기장에서 시작한 길은 감귤밭을 지나 짙은 녹음 사이 자리한 엉또폭포로 이어진다. 엉또폭포는 비가 70mm 이상 내려야 시원하게 쏟아지는 폭포수를 감상할 수 있다. 한적한 오솔길 따라 고근산에 올라서면 바다에서 불어온 바람이 발끝부터 머릿속까지 시원하게 훑고 간다. 부드러운 논길이 이어지는 하논분화구를 지나 실개천을 건너면 바다에 외로이 서 있는 외돌개에 닿는다.

코스 정보 : 제주월드컵경기장 → 엉또폭포 → 고근산 → 서호마을 → 하논분화구 → 외돌개
거리 : 15.4km　　　　**시간** : 5~6시간　　　　**난이도** : 무난해요
패스포트 스탬프 : 시작-제주월드컵경기장, 중간-제남보육원, 종점-외돌개 제주올레안내소
찾아가기 : 제주공항에서 600번(공항리무진) 버스를 타고 제주월드컵경기장에서 하차
돌아가기 : 8번 시내버스를 타고 서귀포시외터미널에서 내린 다음 중문고속화버스로 갈아탄 후 제주시외버스터미널에서 하차

엉또폭포 가는 길

8코스 월평~대평 올레

약천사 구경을 한 후 한적한 선궷내를 거친다. 작은 언덕을 올라 숲으로 들어서면 멋진 주상절리가 보인다. '별이 내리는 내' 베릿내 오름과 중문색달해변을 지나면 원래 올레에 포함되었다가 걸을 수 없게 된 해병대길을 놔두고 우회하게 된다. 꽃들이 지천으로 피어난 대왕수천 생태공원의 호젓함을 뒤로 하고 논짓물, 하예포구, 박수기정의 해안절벽을 차례로 지나면 대평포구에 다다른다.

코스 정보 : 월평마을 아왜낭목 → 베릿내오름 → 중문색달해변 → 논짓물 → 대평포구

거리 : 19.2km   시간 : 6~7시간   난이도 : 무난해요

패스포트 스탬프 : 시작-송이슈퍼, 중간-대포주상절리 관광안내소, 종점-대평포구

찾아가기 : 제주공항에서 서귀포 방면 600번(공항리무진) 버스를 타고 약천사 입구에서 하차. 아왜낭목까지 걸어서 15분

돌아가기 : 10분쯤 걸어 나오는 버스정류장에서 100번 시내버스를 타고 중문에서 내린 다음 중문고속화버스로 갈아 탄 후 제주시외버스터미널에서 하차

갯메꽃

중문색달해변

9코스 대평~화순 올레

　　대평포구에서 바라보는 박수기정이 장관이다. 몰질을 거쳐 기정 길과 볼레낭길을 차례로 밟으면 예전 코스와 달라진 길로 이어진 다. 변경된 길은 월라봉의 허리를 타고 돌다가 울창한 난대림 속에 자리한 안덕계곡으로 들어선다. 원시의 기운을 담고 유유히 흐르는 안덕계곡은 한동안 눈을 뗄 수 없을 만큼 아름답다. 황개천의 물줄 기를 지나 만나는 화순금모래해변은 검은 모래가 인상적이다.

코스 정보 : 대평포구 → 몰질 → 볼레낭길 → 월라봉 → 올랭이소 → 화순금모래해변

거리 : 8.2km　　　　　시간 : 3~4시간　　　　난이도 : 조금 힘들어요

패스포트 스탬프 : 시작-대평포구, 중간-황개천 삼거리, 종점-바당올레횟집

찾아가기 : 제주시외버스터미널에서 중문고속화버스를 타고 중문에서 내린 다음 100번 시내버 스로 갈아탄 후 대평리에서 하차

돌아가기 : 화순금모래해변에서 15분쯤 걸어 나오는 화순농협에서 평화로 노선버스 이용

안덕계곡

대평리 마늘밭

10코스 화순~모슬포 올레

화순금모래해변을 가로질러 수억 년 세월을 쌓아온 퇴적암 지대를 지난다. 아담한 주상절리 해안을 따라 곳곳에 인적 드문 백사장도 만난다. 산방연대까지 펼쳐진 해변에서 길은 하멜 전시관이 있는 용머리해안으로 죽 뻗는다. 사계해안에서는 '발자국 화석'도 볼 수 있다. 바닷바람 시원한 송악산을 지나면 일제강점기의 흔적인 알뜨르 비행장. 너른 들판이 하모해수욕장까지 이어진다.

코스 정보 : 화순금모래해변 → 산방연대 → 용머리해안 → 사계포구 → 송악산 → 하모체육공원
거리 : 15.0km   시간 : 5~6시간   난이도 : 무난해요
패스포트 스탬프 : 시작-바당올레횟집, 중간-송악산휴게소, 종점-하모체육공원 올레안내소
찾아가기 : 제주시외버스터미널에서 평화로 노선버스를 탄 후 화순농협에서 하차. 화순금모래해변까지 걸어서 10분
돌아가기 : 모슬포 버스터미널에서 평화로 노선버스를 탄 후 제주시외버스터미널에서 하차

송악산 해안길

10-1코스 가파도 올레

제주도와 마라도 사이에 있는 가파도를 걷는 올레다. 올레 코스 중 가장 길이가 짧지만 걷는 맛은 어느 올레에 못지않다. 바람에 출렁이는 청보리와 푸른 하늘, 소박한 마을 풍경이 어우러져 여유롭고 느슨한 시간을 보낼 수 있다. 거친 현무암이 길게 늘어선 해안길도 걷기 좋다. 청보리밭축제가 열리는 4월초나 노랗게 물드는 5월 말쯤 찾으면 가파도의 가장 아름다운 한때를 볼 수 있다.

코스 정보 : 상동포구 → 청보리밭 B코스 → 청보리밭 A코스 → 하동포구 → 상동포구

거리 : 6.6km   시간 : 1시간 30분   난이도 : 쉬워요

패스포트 스탬프 : 시작-상동포구, 중간-하동포구, 종점-상동포구

찾아가기 : 제주시외버스터미널에서 평화로 노선버스를 타고 모슬포에서 내린 다음 모슬포항에서 가파도행 배를 타고 상동 선착장에서 하차

돌아가기 : 〈찾아가기〉의 역순

추천 음식 : 백반정식, 해산물 모둠(가파도 바다별장 064-794-6885)

가파도의 보리밭

11코스 모슬포~무릉 올레

2010년 7월 코스가 일부 바뀌었다. 하모체육공원에서 용천수가 흘러나오는 산이물을 지나 갈대들이 출렁이는 해안으로 간다. 모슬봉의 너른 대지에 채소들이 푸르고, 구불구불 오름길은 상쾌한 숲의 향기가 온몸을 감싼다. 모슬봉 정상에서 바라보는 산방산~송악산~모슬포의 해안 풍경이 아름답다. 정난주 마리아의 묘소를 지나면 '생명 공존의 숲' 신평~무릉 곶자왈이 열린다.

코스 정보 : 하모체육공원 → 모슬봉 → 정난주 묘소 → 신평~무릉 곶자왈 → 무릉생태학교
거리 : 17.7km   시간 : 6~7시간   난이도 : 조금 힘들어요
패스포트 스탬프 : 시작-하모체육공원 올레안내소, 중간-모슬봉 정상, 종점-무릉생태학교
찾아가기 : 제주시외버스터미널에서 평화로 노선버스를 타고 모슬포에서 하차. 하모체육공원까지 걸어서 10분
돌아가기 : 무릉보건소에서 읍면순환버스를 타고 모슬포에서 내린 다음 평화로 노선버스 이용

모슬봉에서 바라본 제주 남서부의 풍경

part 1 바람을 만나자 **45**

12코스 ▶ 무릉~용수 올레

무릉생태학교에서 그윽한 솔숲을 이룬 녹남봉을 지나면 수월이의 슬픈 전설이 전하는 수월봉으로 이어진다. 수월봉 정상에서 바라보는 제주 서부의 풍경이 시원시원하다. 엉앙길로 들어서면 제주 생성과정의 단면을 보여주는 화산 퇴적층과 만나고, 차귀도 전경이 펼쳐지는 자구내포구를 지나 당산봉의 허리를 타고 돌 때는 아찔한 절벽을 이룬 생이기정길도 걷게 된다.

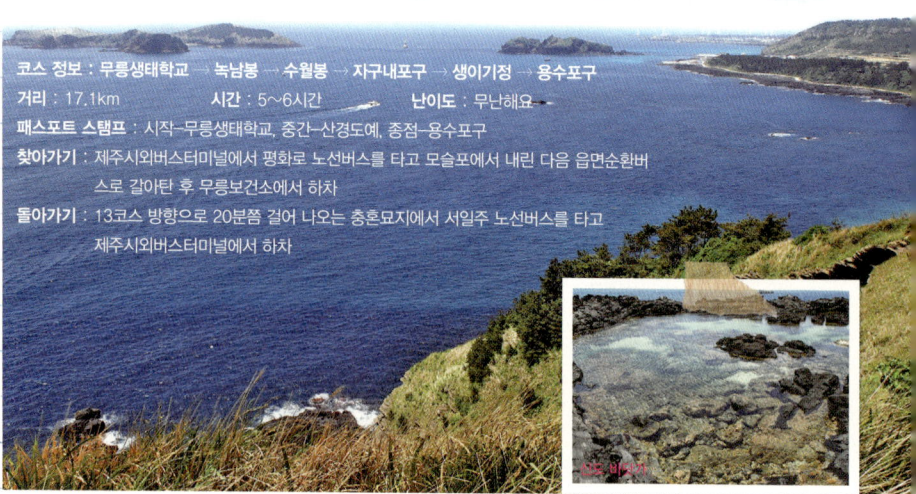

코스 정보 : 무릉생태학교 ▶ 녹남봉 ▶ 수월봉 ▶ 자구내포구 ▶ 생이기정 ▶ 용수포구
거리 : 17.1km   **시간** : 5~6시간   **난이도** : 무난해요
패스포트 스탬프 : 시작–무릉생태학교, 중간–산경도예, 종점–용수포구
찾아가기 : 제주시외버스터미널에서 평화로 노선버스를 타고 모슬포에서 내린 다음 읍면순환버스로 갈아탄 후 무릉보건소에서 하차
돌아가기 : 13코스 방향으로 20분쯤 걸어 나오는 충혼묘지에서 서일주 노선버스를 타고 제주시외버스터미널에서 하차

수월봉에서 본 차귀도 앞바다

용수~저지 올레

용수포구를 떠나 백로들이 한가롭게 날아드는 용수저수지에서
잠시 머물다 특전사 숲길, 고사리 숲길, 하동 숲길을 구불구불 돌아
낙천리 아홉굿마을로 간다. 낙천리마을 공원에 놓인 천여 개의 의
자는 쉼터이자 거대한 미술작품이다. 돌담이 예쁜 낙천잣길과 아리
랑길을 지나 '아름다운 전국 숲 대회'에서 대상을 차지한 저지오름
의 품에 안긴다.

코스 정보 : 용수포구 → 특천사 숲길 → 낙천리 아홉굿마을 → 저지오름 → 저지마을회관

용수포구 올레길

거리 : 15.4km   시간 : 5~6시간   난이도 : 무난해요
패스포트 스탬프 : 시작-용수포구, 중간-아홉굿마을, 종점-저지마을회관
찾아가기 : 제주시외버스터미널에서 서일주 노선버스를 타고 용수리 충혼묘
　　　　　지에서 하차. 용수포구까지 걸어서 15분
돌아가기 : 저지리마을회관에서 읍면순환버스를 타고 신창에서 내린 다음 서
　　　　　일주 노선버스로 갈아탄 후 제주시외버스터미널에서 하차
추천 음식 : 보리비빔밥, 보리샌드위치(낙천리 아홉굿마을 064-773-1946)

14코스 저지~한림 올레

저지마을에서 아름드리 소나무가 자라는 큰소낭 숲길을 지나 아늑하고 평화로운 오시록헌 농로에 들어선다. 조금은 지루한 무명천 산책로가 끝날 무렵 옥빛 바다와 어우러진 선인장 군락지가 펼쳐진다. 돌담길을 지나 해녀콩 서식지로 들어서면 계속해서 해안 풍경. 비양도를 친구 삼아 금능으뜸원해변과 이국적인 풍광을 지닌 협재해수욕장을 연이어 지나면 바다 냄새 물씬한 한림항이다.

월령포구

코스 정보 : 저지마을회관 → 큰소낭 숲길 → 협재해수욕장 → 한림항 비양도 선착장
거리 : 19.1km　　　　　　**시간** : 6~7시간　　　　**난이도** : 조금 힘들어요
패스포트 스탬프 : 시작-저지마을회관, 중간-월령포구, 종점-한림항 비양도 선착장
찾아가기 : 제주시외버스터미널에서 고산 방면 읍면순환버스를 탄 후 저지리마을회관에서 하차
돌아가기 : 한림수협에서 서일주 노선버스를 탄 후 제주시외버스터미널에서 하차
추천 음식 : 해물뚝배기, 갈치조림(재암식당 064-796-2858)

14-1코스 저지~무릉 올레

 자연의 푸른 기운에 흠뻑 젖을 수 있는 저지~무릉 곶자왈을 걷는다. 전원 풍경의 문도지오름에서는 한가롭게 풀을 뜯고 있는 말들을 볼 수 있다. 저지 곶자왈로 들어서면 때 묻지 않은 자연이 위로처럼 따뜻하다. 광대한 녹차밭을 이룬 서광다원에서는 초록 물결이 장관을 이룬다. 무릉 곶자왈의 오솔길을 거닐다 마을로 접어들면 보리와 마늘 밭이 한참 동안 길동무가 되어 준다.

무릉생태학교

코스 정보 : 저지마을회관 → 저지 곶자왈 → 서광다원 → 무릉 곶자왈 → 무릉생태학교

거리 : 18.0km　　　　시간 : 5~6시간　　　　난이도 : 조금 힘들어요

패스포트 스탬프 : 시작-저지마을회관, 중간-오설록티뮤지엄, 종점-인당내 풀내음

찾아가기 : 제주시외버스터미널에서 한림~고산 방면 읍면순환버스를 탄 후 저지리마을회관에서 하차

돌아가기 : 무릉보건소에서 읍면순환버스를 타고 모슬포에서 내린 다음 평화로 노선버스 이용

서광다원(오설록티뮤지엄)

15코스 ▶ 한림~고내 올레

  '언덕을 넘으면 어떤 풍경이 기다릴까?' 끊임없이 기대하게 하는
코스다. 수원리마을을 떠나 귀덕 농로와 버들못 농로를 차례로 지
나고, 눈부신 유채꽃밭과 들길을 거닌다. 납읍난대림지대로 들어
서면 울창한 숲이다. 난대림이 벽을 이룬 납읍초교의 담장을 따라
가다 상록수림이 빽빽하게 자란 과오름으로 들어선다. 걷기 좋은
길과 아름다운 풍경이 고내포구까지 이어진다.

납읍올레 보리밭

코스 정보 : 한림항 비양도 선착장 → 귀덕 농로 → 납읍초교 → 고내봉 → 고내포구

거리 : 19.2km   **시간** : 6~7시간   **난이도** : 조금 힘들어요

패스포트 스탬프 : 시작-한림항 비양도 선착장, 중간-납읍고교, 종점-고내포구

찾아가기 : 제주시외버스터미널에서 서일주 노선버스를 타고 한림항에서 하차

돌아가기 : 고내포구로 들어서기 전 큰길 버스정류장에서 서일주 노선버스를 탄 후 제주시외버스터미널에서 하차

추천 음식 : 고등어구이, 보말된장찌개(화연이네 식당 064-799-7551)

16코스 ▶ 고내~광령 올레

고내포구와 신엄포구를 지나면 걸어서만 가볼 수 있는 해안단애 산책로가 펼쳐진다. 제주의 전통등대인 도댓불이 보이고 전사자를 추모하는 충혼탑도 만난다. 제주에서 몇 손가락 안에 들 만큼 거대한 수산지부터 중산간으로 접어들게 된다. 삼별초의 최후항쟁지였던 항파두리 항몽유적지를 지나 중산간의 한적한 도로를 몇 분 걸으면 바람에 일렁이는 황금빛 호밀밭이 반긴다.

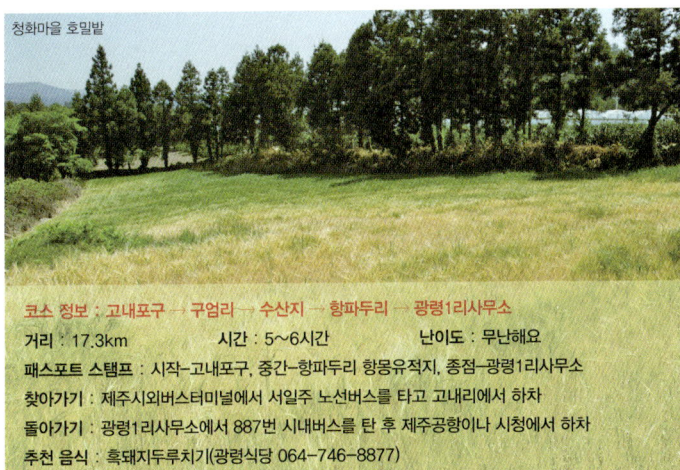

청화마을 호밀밭

다락쉼터에서 본 바다직박구리

코스 정보 : 고내포구 → 구엄리 → 수산지 → 항파두리 → 광령1리사무소
거리 : 17.3km   **시간** : 5~6시간   **난이도** : 무난해요
패스포트 스탬프 : 시작-고내포구, 중간-항파두리 항몽유적지, 종점-광령1리사무소
찾아가기 : 제주시외버스터미널에서 서일주 노선버스를 타고 고내리에서 하차
돌아가기 : 광령1리사무소에서 887번 시내버스를 탄 후 제주공항이나 시청에서 하차
추천 음식 : 흑돼지지두루치기(광령식당 064-746-8877)

17코스 광령~산지천 올레

2010년 9월 새로 열린 올레다. 무수천을 지나 해송과 팽나무들이 자라는 월대를 거친다. 소박한 어촌 풍경이 마음을 건드리고 고운 소리 내는 알작지해안이 여운을 남긴다. 이호테우해변을 지나면 도두항 추억애(愛)거리. 도두봉을 내려와 해안을 한참 걷다보면 용두암과 용연에 닿는다. 관덕정부터는 제주 시내. 제주도민의 삶을 엿볼 수 있는 동문시장에는 정겨운 인심이 넘친다.

코스 정보 : 광령1리사무소 → 무수천 → 이호테우해변 → 용두암 → 관덕정 → 산지천마당

거리 : 18.3km 　　시간 : 5~6시간 　　난이도 : 무난해요

패스포트 스탬프 확인 장소 : 시작─광령1리사무소, 중간─닐모리동동, 종점─산지천마당

찾아가기 : 제주공항이나 시청에서 887번 시내버스를 타고 광령1리사무소에서 하차

돌아가기 : 동문시장에서 100번 버스를 타고 제주시외버스터미널이나 제주공항에서 하차

추천 음식 : 백반정식(광령맛집 064-748-5392)

동문시장

용연

18코스 ▶ 산지천~조천 올레

  산지천~조천 올레는 제주 도심에서 출발해 제주 동부 해안으로
향하는 길이다. 사라봉에 올라 제주항을 바라다보고, 해녀가 자맥
질 하는 작은 포구를 지나면 4.3사건 때 양민들이 학살당한 곤을동
마을 터에 도착한다. 돌담만 쓸쓸히 남은 마을을 지나서는 해변과
오름을 걸어가며 말없이 아름답기만 한 제주 풍경을 가슴에 담는다.
바다가 부르는 노래 같은 파도 소리를 들으며 닭머르 해안을 걸어
가면 코스의 끝인 조천만세동산이 멀지 않다.

삼양검은모래해변

코스 정보 : 산지천마당 → 사라봉 → 삼양검은모래해변 → 대섬 → 연북정 → 조천만세동산
거리 : 18.3km   시간 : 5~6시간   난이도 : 무난해요
패스포트 스탬프 : 시작-산지천마당, 중간-삼양검은모래해변, 종점-조천만세동산
찾아가기 : 제주시외버스터미널이나 제주공항에서 100번 버스를 타고 동문로터리에서 하차
돌아가기 : 조천만세동산 정류장에서 제주시외버스터미널로 가는 읍면순환버스나 동일주 노선
          버스(20분 간격)를 이용. 동문로터리로 가려면 10번, 38번 시내버스 이용

사라봉 장수산책로

18-1코스 추자도 올레

우도와 가파도에 이은 '섬의 올레'로 2010년 6월 개장했다. 아담한 추자항을 출발해 추자초교를 지난다. 최영 장군 사당을 둘러본 후 시원한 바다 풍경을 보며 걷는다. 봉글레산과 추자등대, 바랑케길 쉼터와 추자교까지 때로 숨이 차지만, 신양리부터 몽동해안까지는 길이 편하다. 아름다운 기정길을 지나 돈대산에 오르면 정상에서 보는 추자도 풍경이 쉽게 잊지 못할 만큼 아름답다.

추자교에서 본 일몰

다무래미
봉글레산 정상
최영 장군 사당
대서리
면사무소 앞
출발·도착
추자항
순효각
상추자도
처사각
나바론 절벽
영흥리
추자등대
바랑케길 쉼터
묵리 고갯길 입구
묵리
추자교
수원지 쉼터
돈대산능선
취수장
묵리 교차로
돈대산 정상
하추자도
억새밭 시작
신양리
섬생이
마을회관
제주시
추자면
예초리 포구
신대산 전망대
학교 가는 샛길
예초리
신대해변
황경헌의 묘
추자중
모진이 몽돌해안
신양항

0   400m

코스 정보 : 추자항 → 봉글레산 → 추자교 → 신양항 → 돈대산 → 기정길 → 추자항
거리 : 18.4km   시간 : 7~8시간   난이도 : 꽤 힘들어요
패스포트 스탬프 : 시작-추자항 대합실, 중간-묵리마을회관, 종점-추자항 대합실
찾아가기 : 제주항에서 핑크돌핀호(09:30)를 타고 추자항에서 내리거나, 한일카훼리3호(13:40)를 타고 신양항에서 내린 후 마을버스를 타고 추자항으로 이동
돌아가기 : 추자항에서 핑크돌핀호(16:15)나 신양항에서 한일카훼리3호(10:30) 이용

몽돌해안

바다 반, 숲 반. 조천~김녕 올레는 제주의 바다와 숲을 모두 품어, 개성 있는 풍경을 차례대로 보여준다. 어쩌면 거기서 거기일 듯한 올레의 풍경이 지겹지 않은 이유를 조천~김녕 올레에서 알게 될지 모른다. 조천만세동산에서부터 시작한 해안 길은 북촌포구부터 얼굴을 바꾼다. 신비한 분위기의 숲을 지나 햇살마저 잠든 듯 평화로운 김녕농로를 지난다. 길의 끝은 다시 바다. 제주 동쪽 하늘과 바다가 일렁이는 김녕 서포구다.

코스 정보 : 조천만세동산 → 함덕서우봉해변 → 서우봉 → 북촌포구 → 김녕농로 → 김녕 서포구
거리 : 18.7km   시간 : 6~7시간   난이도 : 무난해요
패스포트 스탬프 : 시작–조천만세동산, 중간–동복리 마을운동장, 종점–김녕 서포구
찾아가기 : 제주시외버스터미널에서 읍면순환버스나 동일주 노선 버스(20분 간격)를 타고 조천
              만세동산 정류장에서 하차
돌아가기 : 김녕 백련사 앞 정류장에서 조천만세동산을 경유하는 동일주 노선 버스(20분 간격)를
              이용

함덕서우봉해변

북촌리 앞바다

20코스 김녕~하도 올레

지평선과 수평선이 하나인 듯 눈앞에 놓였다. 김녕~하도 올레에서 평평한 해안과 벌판, 제주의 바람을 그대로 보고 듣고 느낀다. 한가로이 요트가 떠 있는 김녕성세기해변을 지나면 웅장한 풍력발전기가 제주의 바람 소리를 들려준다. 제주만의 바다 풍경은 해안 드라이브 코스로 이름난 월정리에서도 계속 된다. 내내 평지를 걷자니 가끔 등장하는 마을길과 야트막한 동산을 넘어가는 구간이 소중하게 느껴질 정도다. 오일장으로 유명한 세화에서 코스가 끝난다.

코스 정보 : 김녕 서포구 → 김녕성세기해변 → 월정해수욕장 → 행원포구 → 벵듸길 → 해녀박물관

거리 : 16.5km   시간 : 6～7시간   난이도 : 무난해요

패스포트 스탬프 : 시작–김녕 서포구, 중간–행원포구, 종점–해녀박물관

찾아가기 : 제주시외버스터미널에서 성산 방면 동일주 노선 버스(20분 간격)를 타고 백련사에서 하차.
　　　　　 김녕 서포구는 백련사 정류장에서 걸어서 10분 거리

돌아가기 : 해녀박물관에서 항일운동기념탑까지 걸어간(5분 거리) 다음, 백련사를 경유해 제주시외버스터미널로 가는 동일주 노선 버스(20분 간격)를 이용

월정해수욕장

하도~종달 올레

걸어서 제주도를 한 바퀴 돌 수 있는 길, 올레 여정의 마침표다. 가장 큰 선물은 지미봉(지미오름). 정상에 서면 성산일출봉과 제주의 바다, 종달리 일대가 발아래 아득하다.

2012년 11월 열린 21코스 하도~종달 올레의 끝은 종달리 종달 바당. 2007년 9월 처음 생긴 올레인 1코스(시흥~광치기 올레)와 만나는 지점이다. 시흥의 시(始, '처음'이라는 뜻), 종달의 종(終, '끝'이라는 뜻). 의도인지 우연인지, 기가 막힌 낙점이다.

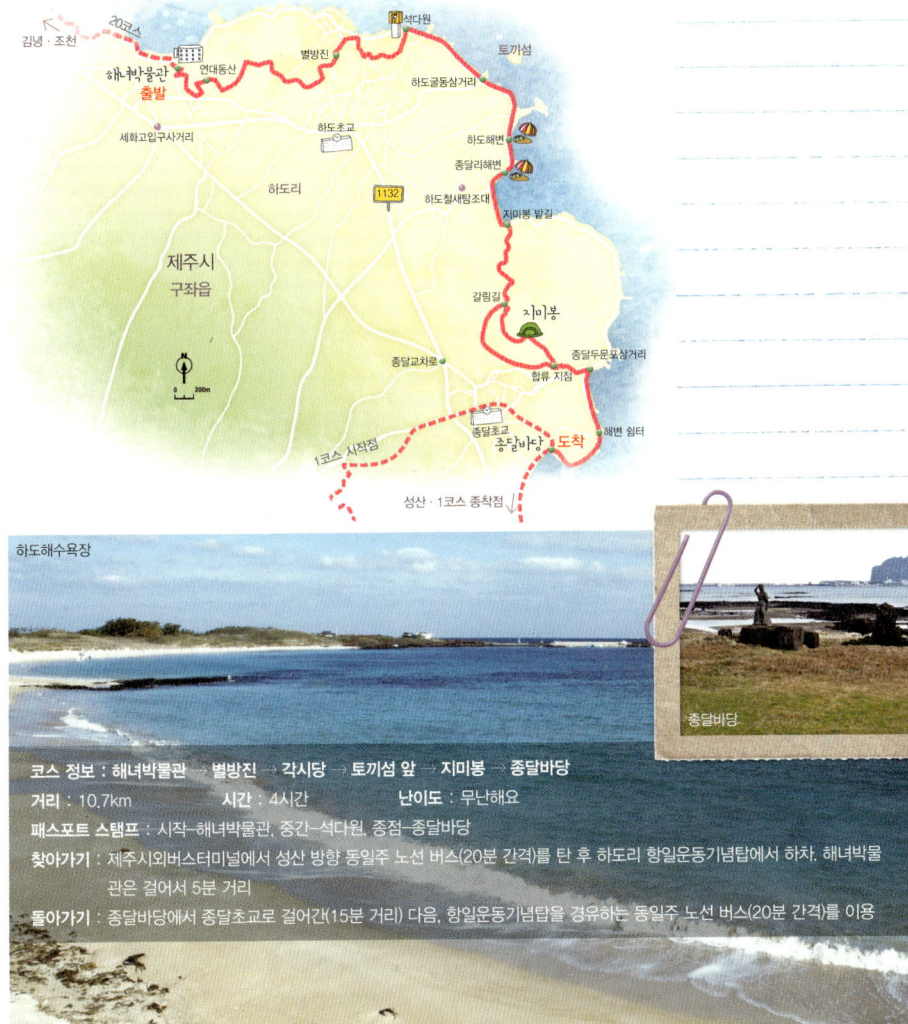

하도해수욕장

종달바당

코스 정보 : 해녀박물관 ➡ 별방진 ➡ 각시당 ➡ 토끼섬 앞 ➡ 지미봉 ➡ 종달바당
거리 : 10.7km　　　**시간** : 4시간　　　**난이도** : 무난해요
패스포트 스탬프 : 시작-해녀박물관, 중간-석다원, 종점-종달바당
찾아가기 : 제주시외버스터미널에서 성산 방향 동일주 노선 버스(20분 간격)를 탄 후 하도리 항일운동기념탑에서 하차, 해녀박물관은 걸어서 5분 거리
돌아가기 : 종달바당에서 종달초교로 걸어간(15분 거리) 다음, 항일운동기념탑을 경유하는 동일주 노선 버스(20분 간격)를 이용

이렇게 살가운 동산이 또 있을까
오름 오르기

오름은 멀리서 보면 평범한 동산 같다. 그저 그런 높이에 나무 한 그루 없는 민둥산이거나 삼나무만 빼곡히 자라고 있을 뿐이다. 그러나 동산에 오르다 보면 길이 주는 포근함과 평화로움에 심드렁한 기분은 사라지고 감탄사가 절로 나온다.

제주도에는 1년의 날짜보다 많은 368개의 오름이 있다. 봄꽃이 필 때는 아름다운 생명력으로 가득하고 초록으로 물든 대지에 활력이 넘친다. 오름이 가장 황홀한 풍경을 선보이는 계절은 온 사방이 가을 억새로 뒤덮일 무렵이다. 이맘때는 부드러운 곡선 어딘가에 벌렁 드러누워 늘어지게 낮잠이라도 자고 싶을 만큼 포근하다. 오름들의 키는 고만고만하다. 짧게는 30분, 길어도 1시간이면 오르내릴 수 있다.

큰 밥그릇처럼 움푹 들어간 분화구 속에는 노루가 뛰놀고 소들이 한가롭게 풀을 뜯는 오름 정상에 오르면 제주 일대가 파노라마처럼 펼쳐진다. 화산섬이 보여주는 오름의 세계는 '기생화산'이라는 딱딱한 지리 용어로는 표현할 수 없을 만큼 경이롭다.

오름 숲길 코스

제주국제공항
제주항
제주시외버스터미널
별도봉
한라수목원
선흘 곶자왈
구좌읍
동거문오름
다랑쉬오름
삼나무
아부오름
용눈이오름
절물자연휴양림
조천읍
한라생태숲
백약이오름
사려니숲길
영주산
성산읍
노꼬메오름
이승생악
비치미오름
큰사슴이오름
따라비오름
표선면
한라산
서귀포시
남원읍
저지환상숲
곶자왈
청수 곶자왈
안덕면
서귀포자연휴양림
대정읍
화순 곶자왈
군산
제주월드컵경기장
서귀포시외
버스터미널
제주시
비양도
애월읍
한림읍
한경면
도
우도
성산읍

가파도

마라도

별도봉 / 제주시 사라봉동길 74-17(화북1동 4502)

　사라봉공원으로 들어서면 두 개의 오름이 보인다. 왼쪽이 사라봉, 오른쪽이 별도봉이다. 그중에서 별도봉은 해안 따라 이어지는 산책로가 유명하다. 이 길에서는 '애기 업은 돌', '자살바위' 등 기암괴석을 볼 수 있고 해안 풍경이 시원시원 펼쳐진다. 별도봉은 정상에 올라 바라보는 일몰이 아름다워 저녁 무렵 찾는 이들도 많다.

대중교통 : 제주공항이나 제주시외버스터미널에서 100번 버스를 타고 국립제주박물관 버스정류장에서 하차. 사라봉공원까지 걸어서 10분

별도봉 해안길

삼의악 / 제주시 516로(아라동) 제주의료원 맞은편

삼의악에는 '아라 삼의악 트레킹 코스'로 불리는 산책로가 잘 나
있다. 오름 주위를 크게 한 바퀴 도는 순환로로, 고사리평원~참나
무숲~수국오솔길~밤나무숲으로 이어지는 한적한 산책 코스다.

대중교통
제주시외버스터미널에서
5.16도로 노선버스를 타고
지방경찰학교 앞
종합사격장 버스정류장에
서 하차. '아라 삼의악 트레
킹 코스' 이정표 방향으로
걸어서 5분

어승생악 / 제주시 1100로 555(해안동 산221-1)

한라산 어리목 코스 입구에서 뒤편으로 볼록하게 솟아 있는 오름
이다. 옛날 이 오름 일대에서 임금이 타는 용마(龍馬)가 태어나 당시의
제주목사가 이를 나라에게 바쳤다고 해서 어승생(御乘生)이라 부르게
되었다고 한다. 순수 오름 높이만 350m나 돼서 오르는 길은 꽤 가파
른 편이지만 정상(1천169m)에서 바라보는 풍광이 기막히다.

어승생악 오르는 길에서 본 한라산 설경

대중교통
제주시외버스터미널에서 중
문 방면 1100도로 노선버
스를 탄 후 어리목 입구에서
하차. 한라산국립공원 관리
사무소 옆으로 오름 입구

용눈이오름 / 제주시 구좌읍 용눈이오름로(종달리)

대중교통
버스노선 없음. 제주 시내나
구좌 · 성산에서 택시 이용

택시 전화번호
구좌 (064) 784-8200
성산 (064) 784-0010

용눈이오름은 '오름 사진'의 대표모델이다. 사진가들이 가장 즐겨 찾는 오름의 하나다. 사계절 독특한 절경을 품은 덕에 일반인들에게도 인기가 높다. 부드러운 곡선을 따라 산책로가 이어지고, 설렁설렁 정상까지 오르면 제주의 서쪽 일대가 한눈에 들어온다. 가을에는 오름 주변으로 억새들이 자라 온통 은빛 물결을 이룬다.

손지오름에서 본 용눈이오름

동거문오름 / 제주시 구좌읍 금백조로(종달리)

대중교통
버스노선 없음. 제주 시내나
구좌 · 성산에서 택시 이용

택시 전화번호
구좌 (064) 784-8200
성산 (064) 784-0010

복합형 화구를 이루고 있어서 거미가 앉아 있는 것처럼 보이기도 하고 고깔모자를 쓴 모습처럼 보이기도 한다. 그 덕분에 오름길도 급하다가 잔잔해지는, 아기자기한 '걷는 맛'을 선사한다. 예부터 명당으로 알려진 곳으로, 제주 특유의 무덤이 많이 보인다.

다랑쉬오름 / 제주시 구좌읍 다랑쉬로(세화리)

'월랑봉'이라는 이름으로도 불리는 다랑쉬오름은 '오름의 여왕'다운 면모를 지녔다. '다랑쉬'는 달을 뜻하는 제주도 방언으로, 능선에 올라 바라보면 달만큼 커다란 분화구가 보인다. 고고한 외형만큼이나 다른 오름에 비해 오르기 힘든 편이지만, 정상에서 바라보는 풍경은 충분한 보상이 되고도 남는다. 주변으로 오름을 크게 한 바퀴 도는 순환로와 아트막한 아끈다랑쉬오름, 4·3의 흔적인 다랑쉬굴과 '잃어버린 마을' 등이 있어 함께 둘러보기 좋다.

대중교통
버스노선 없음. 제주 시내나 구좌·성산에서 택시 이용

택시 전화번호
구좌 (064) 784-8200
성산 (064) 784-0010

용눈이오름에서 본 다랑쉬오름

다랑쉬오름과 함께 있는 아끈다랑쉬오름

아부오름 / 제주시 구좌읍 송당6길(송당리)

영화 '이재수의 난' 촬영지로, 4·3의 아픈 흔적이 남아 있는 오름이다. 겉보기에는 야트막한 동산처럼 보이지만 막상 올라가면 콜로세움을 연상시키는 큼지막한 분화구에 입이 쩍 벌어진다. 분화구 한가운데 삼나무들이 동그랗게 심어져 있는 것도 특이하다.

대중교통
제주시외버스터미널에서 함덕~김녕 방면 7번 읍면순환버스를 탄 후 송당리 버스정류장에서 하차. 대천동사거리 방향 비자림로(1112번도로)로 20분쯤 가다 나오는 삼거리에서 왼쪽 포장길로 10분 정도 걸어가면 오름 입구

택시 전화번호
구좌 (064) 784-8200
성산 (064) 784-0010

따라비오름 / 제주시 표선면 녹산로(가시리)

산굼부리, 손지오름과 함께 가을억새 명소로 손꼽는 오름이다. 초입으로 접근할 때 지나는 녹산로는 유채와 벚나무가 길게 수놓고 있어 봄철에 찾아도 아름답다. 억새밭을 둘러본 후에는 발길 가는 데로 거닐 수 있는 넓은 초지가 펼쳐진다.

대중교통
서귀포시외버스터미널에서 위미~고성 방면 5번 읍면순환버스를 탄 후 가시리 버스정류장에서 하차. 대천동사거리 방면 녹산로를 따라 20분쯤 가다가 오른쪽 시멘트 포장길로 10분쯤 걸어가면 오름 입구

택시 전화번호
표선 (064) 787-3787

백약이오름 / 서귀포시 표선면 금백조로(성읍리)

'백가지 약초가 자란다'는 뜻을 지닌 백약이오름은 이름처럼 걷는 내내 야생화들을 볼 수 있다. 인적 드문 날 오르면 노루들도 심심찮게 출몰한다. 널찍한 분화구 너머로 인근에 있는 동거문오름과 좌보미오름, 저 멀리 한라산까지 눈에 들어온다.

대중교통 : 제주시외버스터미널에서 함덕~김녕 방면 7번 읍면순환버스를 탄 후 송당리 버스정류장에서 하차. 대천동사거리 방향 비자림로(1112번 도로)로 20분쯤 가다 나오는 삼거리에서 왼쪽 포장길로 20분 정도 걸어가면 오름 입구
구좌 택시 (064) 784-8200, 성산 택시 (064) 784-0010

큰사슴이오름 / 서귀포시 표선면 녹산로(가시리)

'대록산'이라고도 부르는 오름이다. 이른 봄 이곳을 찾으면 정상에서 분홍빛 꽃을 활짝 피운 진달래를 구경할 수 있다. 일대의 넓은 초원에는 온통 유채꽃이 피어 햇빛 눈부신 봄날에 가면 온 천지가 노란색으로 물든 환상적인 광경을 볼 수 있다.

대중교통 : 서귀포시외버스터미널에서 위미~고성 방면 5번 읍면순환버스를 탄 후 가시리 버스 정류장에서 하차. 대천동사거리 방면 녹산로를 따라 40분쯤 가다가 정석항공관 주차장에서 오른쪽 시멘트포장길로 5분쯤 걸어가면 오름 입구
표선 택시 (064) 787-3787

큰사슴이오름 일대

영주산 / 서귀포시 표선면 성읍서문로 20(성읍리 729-1)

성읍민속마을 정면으로 높다랗게 솟아 있는 오름이 영주산이다. 보기와 다르게 펑퍼짐한 오름길을 지녀 가벼운 걸음으로 오를 수 있다. 흙의 유실을 막기 위해 고무트랙을 설치한 여느 오름들과 달리 초입의 나무데크를 지나면 내내 걷기 좋은 흙길과 잔디밭이 이어진다.

대중교통 : 제주시외버스터미널에서 교래~표선 방면 번영로 노선버스를 탄 후 성읍민속마을에서 하차. 수산~성산 방면 1119번 도로를 따라가다가 알프스승마장에서 왼쪽 시멘트포장길로 들어선 다음 10분 쯤 걸어가면 오름 입구
표선 택시 (064) 787-3787

영주산에서 본 제주 들판

군산 / 서귀포시 안덕면 대평감산로(창천리)

서귀포 앞바다를 코앞에 둔 오름으로 '산'이라는 이름이 무색할 정도로 편한 산책로가 이어진다. 산책로는 약수터인 구시물, 사자 형상을 한 사자바위, 일제강점기 때의 잔재인 동굴진지 등을 거친 다. 오름길 곳곳에 핀 야생화를 관찰하는 재미도 쏠쏠하다.

대중교통
서귀포시외버스터미널에서 130번 시내버스나 서일주 노선버스를 타고 상예2동 버스정류장에서 하차. 왼쪽 포장길 따라 15분쯤 오르면 오름 입구

노꼬메오름 / 제주시 애월읍 산록서로(유수암리)

'달빛 걷기 코스'로 유명해서 달 밝은 날이면 이곳을 오르는 이들 을 심심찮게 볼 수 있다. 노꼬메오름의 품은 넓다. 입구 주차장부터 정상까지 2.5km에 이른다. 하지만 길이 완만하고 중간 중간 쉼터 도 잘 마련돼 있어서 힘들이지 않고 오를 수 있다.

대중교통
제주시외버스터미널에서 대정 방면 평화로 노선버스를 타고 운전면허시험장에서 하차. 왼쪽 포장길 따라 30분쯤 걸으면 노꼬메오름 입구

바리메오름 / 제주시 애월읍 산록서로(어음리)

스님의 밥그릇을 닮아 '바리메'로 불린다. 걷는 것만으로도 즐겁고 유쾌한 느낌을 주는 오름이다. 바리메오름 맞은편에는 동생격인 족은바리메오름이 있다. 두 오름을 다 올라도 시간이 얼마 걸리지 않으니 함께 둘러보도록 하자. 입구부터 영함사까지 이어지는 3km의 삼나무 숲도 빼놓을 수 없는 산책길이다.

대중교통
제주시외버스터미널에서 대정 방면 평화로 노선버스를 타고 원동교차로 버스정류장에서 하차. 웅지리조트로 이어진 시멘트포장길 따라 30분쯤 가면 사거리가 나오고, 여기서 바리메오름 이정표 따라 20분쯤 더 걸으면 오름 입구

'자연으로 돌아가는 것'은 제주 여행에서도 하나의 트렌드다. 자연과 좀 더 가까이 함께할 수 있는 여행지로서 제주도를 찾는 것이다. 그 가운데서도 제주의 숲은 시각 청각 촉각은 물론 호흡으로도 느낄 수 있는 충만한 생명의 공간이다. 숲은 대개 입장료도 없다. 편안한 마음만 가지고 가면 누구나 숲과 친구가 될 수 있다.

휴양림·곶자왈··· 남국의 허파 속으로
제주의 숲길 걷기

절물자연휴양림

절물자연휴양림은 삼나무 숲으로 유명하다. 1960년대 산림녹화 사업 때 심은 나무들인데 지금은 울창하게 자라 산림욕하기 좋은 숲길을 이루었다. 관리사무소에서 '삼울길'을 지나 황톳길 따라 죽 이어진 '장생의 숲길'까지 왕복 8km. 삼나무 그늘 짙은 산책길이 평화로운 안식의 시간을 선물한다.

장생의 숲길 반환점에서 왔던 길로 되짚어가면 중간쯤에서 절물 오름으로 갈 수 있는 갈림길이 나온다. 절물오름 정상에 오르면 올록볼록 솟아 있는 인근의 오름군이 시원시원하게 펼쳐진다. 절물오름에서 내려와 아담한 연못을 지나면 새소리를 들으며 걸을 수 있는 '생이소리 질'과 만나고, 곧이어 휴양림 입구가 나온다.

주소 : 제주시 명림로 584(봉개동 산78-1)

전화 : (064) 721-7421

홈페이지 : jeolmul.jejusi.go.kr

요금 : 성인 1천 원, 청소년 600원, 어린이 300원, 주차료 1천~3천 원

개장시간 : 연중무휴(장생의 숲길 · 절물오름은 매주 월요일 휴식일)

대중교통 : 제주공항에서 500번 버스를 타고 제주시청에서 내린 후 1번 버스로 갈아타고 휴양림 입구에서 하차. 서귀포시외버스터미널에서는 5.16도로 노선버스를 타고 제주시청에서 내린 다음 1번 버스 이용

서귀포자연휴양림

    서귀포자연휴양림은 원시림 같은 울창한 숲이 매력적이다. 순환로가 휴양림을 빙 둘러싸고, 그 안의 호젓한 숲에 생태관찰로가 있다. 맑고 깨끗한 물, 상쾌한 공기, 울창한 산림이 잘 맞춘 조각퍼즐 같다.

    관리사무소를 지나 붉은색 도로만 따라가면 순환로다. 간간히 소담한 돌담길도 걷게 되고, 목장에나 있을 법한 목책길도 이어진다. 공용화장실 앞 갈림길에서 조릿대 무성한 오솔길을 밟고 10여 분 오르면 법정악전망대다. 저 멀리 서귀포 일대의 전경이 아름답다. 다시 순환로로 들어서면 굵고 반듯한 나무기둥들이 하늘을 향해 쭉쭉 솟아난 편백 숲 동산과 만난다. 피톤치드 가득한 녹색 기운에 마음까지 물든다. 어린이놀이터가 있는 제3야영장을 지나면 생태관찰로. 나무데크와 지압로를 따라 15분쯤 가면 휴양림 입구다.

주소 : 서귀포시 1100로 882(대포동 산1-8) / **전화** : (064) 738-4544
홈페이지 : huyang.seogwipo.go.kr
요금 : 성인 1천 원, 청소년 600원, 어린이 300원, 주차료 1천~3천 원
개장시간 : 연중무휴
대중교통 : 제주시외버스터미널이나 서귀포 중문사거리에서 1100도로 노선버스를 타고
             휴양림 입구에서 하차

한라수목원

　제주도 자생식물과 희귀식물을 볼 수 있는 한라수목원은 2km가 넘는 산림욕장을 갖추고 있다. 정상을 거쳐 정문까지 이어진 산림욕장에는 침엽수와 활엽수들이 빼곡하게 자라 있고 중간 중간 쉼터와 운동시설이 놓여 있다. 수목원 광장에서 후문으로 연결된 길도 산책로로 훌륭하다. 어른 키의 몇 배는 되는 울창한 소나무 숲길이 내내 함께한다. 후문으로 나오면 민오름으로 이어져 다양한 산책코스를 경험해 볼 수 있다.

　한라수목원 산책은 정문에서 시작해서 산림욕장을 걸은 후 다시 정문으로 내려오는 코스가 일반적이다. 수목원 내에 교목원, 관목원, 수생식물원 등 전문 수종원과 생태학습관, 생태연못 등 다양한 부대시설이 있다. 천천히 둘러보려면 2시간 이상 걸린다.

주소 : 제주시 수목원길 72(연동 1012) / 전화 : (064) 710-7575
홈페이지 : sumokwon.jeju.go.kr / 요금 : 무료 / 개장시간 : 04:00~23:00
대중교통 : 제주공항이나 제주시외버스터미널에서 300번 버스를 타고 수목원 입구에서 하차.
　　　　　서귀포 중문사거리에서 1100도로 노선버스를 타고 한라수목원 입구에서 하차

한라생태숲

2009년 9월 문을 연 한라생태숲은 방치됐던 황무지를 10여 년 만에 숲으로 복원한 '작은 한라산'이다. 800여 종에 이르는 나무들이 가득 들어서 있다.

입구에서부터 말랑말랑한 우레탄 산책로가 이어지고, 양 옆으로 목련이 반긴다. 목련 테마숲을 지나 야외학습장으로 가면 한라생태숲을 크게 한 바퀴 도는 순환로가 이어진다. 봄에 찾으면 화사한 왕벚꽃을 구경할 수 있고 우리나라에서만 자생하는 구상나무숲과 가을이면 오색빛깔로 물드는 단풍나무숲도 있다. '웰빙 숲길' 산림욕장 산책로에서는 상쾌한 숲 향기가 코를 찌른다. 이곳을 찾는 동물들이 목을 축이고 간다는 수생연못과 곶자왈 식생을 복원해 놓은 소연못을 지나면 다시 우레탄 산책로와 만나고 곧이어 탐방안내소가 나온다.

한라생태숲에서는 자연해설가의 탐방 안내도 받을 수 있다. 20명 이상 신청자에 한해 오전 10시와 오후 2시, 두 차례 진행한다.

주소 : 제주시 516로 2596(용강동 산14-1) / 전화 : (064) 710-8688
홈페이지 : hallaecoforest.jeju.go.kr / 요금 : 무료
개장시간 : 하절기 09:00～18:00, 동절기 09:00～17:00
대중교통 : 제주시외버스터미널이나 서귀포시외버스터미널에서 5.16도로 노선버스를 탄 후
         한라생태숲 입구에서 하차

선흘 곶자왈

'동백동산'이란 이름으로도 알려진 숲이다. 여느 곶자왈에 비해 거리가 긴 편이라 산책 코스로 적당하고 대중교통을 이용해 찾아가기 쉽다. 제주시 조천읍 선흘1리마을에서 선흘분교를 지나면 간이주차장이 나온다. 선흘 곶자왈은 이곳에서 10분쯤 더 들어가야 나오지만 이곳부터 이어지는 숲길도 멋있다. 먼물깍 습지가 있는 넓은 공원에서 울타리를 지나면 '제주의 허파' 곶자왈 숲길이 시작된다.

곶자왈은 독특한 기후 환경 덕분에 겨울에는 따뜻하고 여름에는 시원하다. 개가시나무, 방울꽃, 쇠고사리 등 곶자왈 특유의 식생도 관찰할 수 있어서 아이들의 생태체험 장소로도 훌륭하다. 숲으로 들어서면 마치 원시림 같다. 햇빛마저 차단한, 온통 초록으로 물든 세상이 펼쳐진다.

선흘 곶자왈 숲길은 간이주차장에서 출발해 반환점을 돌아오기까지 1시간 남짓 걸린다.

주소 : 제주시 조천읍 선교로(선흘리) 동백동산
대중교통 : 제주시외터미널에서 조천~선흘~신흥 방향 읍면순환버스를 타고 선흘1리 버스 정류장에서 하차. 정류장 맞은편 동백상회에서 선흘분교 방향으로 걸어서 10분

화순 곶자왈

최근 새롭게 조성한 숲길이다. 거리는 짧은 편이지만 맨발로 걸어도 좋은 화산송이와 반듯하게 놓인 데크 산책로 등이 잘 꾸며져 있다. 안덕면사무소를 지나 300m쯤 도로를 따라 가면 '화순 곶자왈 생태탐방 숲길'이라 쓰인 입구가 나온다. 입구를 지나 나무계단을 오르면 '곶자왈 숲길'과 '화산송이 산책로'로 나뉜다. 붉은색의 폭신한 화산송이 길을 걸어 데크 산책로를 지난다. 덩굴이 휘감은 아름드리나무마다 친절한 안내판이 놓여 있어서 무슨 이름의 나무인지 쉽게 알 수 있다. 때죽나무, 푸조나무, 밤일엽 등 내륙에서 쉽게 볼 수 없는 식물들이 지천이다. 화순 곶자왈 숲길은 한 바퀴 둘러보는 데 30분쯤 걸린다.

주소 : 서귀포시 안덕면 화순서서로(화순리)
대중교통 : 제주시외버스터미널에서 평화로 노선버스를 탄 후 안덕면사무소에서 하차. 서광리
　　　　　 방향으로 걸어서 10분. 서귀포시외버스터미널에서는 서일주 노선버스를 탄 후 화
　　　　　 순삼거리에서 하차. 서광리 방향으로 걸어서 15분

청수 곶자왈

생각하는 정원, 오설록박물관, 유리의성 등 인근 관광지와 함께 둘러보기 좋은 숲길이다. 거리는 화순 곶자왈만큼 짧은 편이지만 찾는 이들이 많지 않아서 한적하게 산책할 수 있다.

청수리마을에서 '곶자왈 탐방로' 이정표를 따라 가면 된다. 주변이 소와 말을 방목하는 곳이라 초입부터 이어진 포장길에는 가축들의 배설물들이 DMZ에 설치된 지뢰만큼 많다. 500m쯤 포장길을 지나면 오른쪽으로 '탐방로' 이정표가 나온다. 청수 곶자왈 시작점이다. 이 숲길에는 데크나 계단 같은 인공적인 시설이 없다. 울퉁불퉁 검은색 돌들이 바른 걸음을 방해하기도 한다. 자연 그대로 느끼고 쉬다 가라는 이야기 같다. 곶자왈 구간이 700m 밖에 되지 않아서 숲길 한 바퀴 둘러보는 데 30분이면 충분하다.

주소 : 제주시 한경면 청수로(청수리)
대중교통 : 제주시외버스터미널에서 한림~서귀포행 서일주 노선버스를 탄 후 한경면사무소에서 하차. 신창~대정행 읍면순환버스로 갈아 탄 후 청수리 버스정류장에서 하차

저지 환상숲 곶자왈

올레 14-1코스에서 만나는 저지 곶자왈과 구분되는, '환상숲'이란 이름으로 새롭게 정비된 곶자왈이다. 입구부터 여느 곶자왈과 다른 느낌이다. '환상숲'이란 나무 간판이 보이고, 뒤편 인공폭포에서 시원한 물이 떨어져 내린다.

숲으로 들어서면 왜 환상숲이란 이름을 갖게 됐는지 알게 된다. 초입부터 나무와 넝쿨이 뒤엉킨 환상적인 원시림이 펼쳐진다. 곶자왈의 독특한 지형인 궤(동굴)도 곳곳에 보인다. 고요한 침묵 속에서 오로지 자연의 소리만 들려온다. 상념에 잠겨 걷다보면 어느새 환상숲 입구. 마치 숙면한 것처럼 머리가 맑다.

주소 : 제주시 한경면 녹차분재로 594-1(저지리 2848-2)
블로그 : blog.naver.com/jjsbsh
자연해설 신청 : 환상숲지기 010-5697-2488
대중교통 : 제주시외버스터미널에서 한림~서귀행 서일주 노선버스를 탄 후 한경면사무소에서 하차. 신창~대정행 읍면순환버스로 갈아탄 후 저지서부신협에서 내린 다음 산양사거리 방향으로 걸어서 15분

사려니 숲길

　'제주도 숲길'이라고 하면 바로 연상될 정도로 유명한 곳이다. 정비가 잘되어 있고 길 폭이 넓어 여럿이 함께 걷기에도 무리가 없다. 탐방로는 비자림로에서 시작해 사려니오름까지 21km지만 자연휴식년제 시행 등으로 출입제한구역이 생겨 11km 정도만 걸을 수 있다.

　1~2시간 일정으로 산책할 경우 탐방안내소에서 시작해 천미천을 거쳐 물찾오름 입구까지 갔다가 되돌아오는 코스가 일반적이다. 물찾오름 입구를 지나 치유와 명상의 숲인 '월든'까지 걷고 되돌아올 경우 4시간 정도 걸린다. 탐방안내소로 돌아가지 않아도 된다면 월든을 지나 붉은오름자연휴양림을 거쳐 1118번 도로(붉은오름자연휴양림 입구 버스정류장)까지 가보자. 빼곡하게 자란 삼나무와 편백나무 숲이 4km나 이어진다.

주소 : 제주시 조천읍 교래길(교래리)
대중교통 : 제주시외버스터미널에서 교래~표선행 번영로 노선버스를 타고 물찾오름(사려니 숲길 입구) 버스정류장에서 하차. 서귀포시외버스터미널에서는 5.16도로 노선버스를 탄 후 교래입구 버스정류장에서 하차. 물찾오름 버스정류장까지 걸어서 10분

제주의 근원을 찾는 여정
한라산 오르기

영실기암

한라산과 제주도는 이음동의어다. 거대한 화산 폭발로 솟아
난 산이 섬을 이루고 사람들은 그 너른 대지에서 터전을 가꾸
며 살아왔다. 남한에서 가장 높고 제주 어디에서나 볼 수 있는
1천950m의 마천루. 제주 사람들은 그 높은 산을 우러러 '은하수
를 끌어당긴다, 은하수를 어루만진다'는 뜻의 '한라(漢拏)'라 부르
며 신성시했다.

성판악 · 사라오름 코스

성판악 코스는 백록담으로 가는 가장 쉬운 길이다. 성판악휴게소에서 백록담까지 9km가 넘지만 진달래대피소 이전까지는 완만한 편이라 힘들지 않다. 성판악휴게소에서 1시간쯤 오르면 사라악약수터가 나오는데 이후부터 '공짜 물'은 없으니 이곳에서 충분히 물을 담아가도록 한다(진달래대피소에서 생수 판매).

사라악약수터를 지나 30분쯤 오르면 사라오름 탐방로와 나뉘는 갈림길이다. 갈림길에서 이정표를 따라 600m쯤 오르면 물찾오름처럼 물이 고여 있는 '산정 호수' 사라오름 분화구에 닿는데 갈림길까지 되돌아오는 데 30분 정도 걸린다.

갈림길에서 백록담 방향으로 30분쯤 오르면 연분홍색 진달래가 군락을 이루는 진달래대피소다. 여기서부터 백록담까지 가는 길은 꽤 험하고 가파르다. 한라산은 기상변화가 심해서 입산을 엄격이 통제한다. 하절기에는 오후 1시까지, 동절기에는 12시까지 진달래대피소에 도착하지 못하면 백록담에 오를 수 없다. 진달래대피소를 지나면 한라산의 비경이 본격적으로 시작된다. 백록담까지 1.5km쯤 되지만 경사가 가팔라서 그동안 지나온 길에 비해 곱절은 힘들다. 1시간쯤 나무계단을 오르면 정상 쉼터가 나오고 그 너머로 흰 사슴이 물을 마시던 곳, 백록담의 광활한 분화구가 보인다.

사라오름 탐방로는 2011년 2월초 '1박2일' 에서 이승기가 다녀간 뒤 더욱 주목 받고 있는 길로, 한라산이 국립공원으로 지정된 지 40여 년 만인 2010년 11월 개방되었다.

한라산 백록담

사라오름 분화구의 겨울 풍경

백록담으로 오르는 탐방객들

영실~어리목 코스

영실에서 시작해 어리목으로 내려오는 길은 넉넉하게 3~4시간이면 다녀올 수 있다. 병풍바위까지는 조금 가파른 편이지만 오백장군바위(영실기암)와 병풍바위를 마주하고 나면 힘들게 오르고 있다는 사실을 까맣게 잊을 만큼 압도된다.

능선 중턱쯤에서 뒤를 돌아보면 한라산 허리춤에 걸린 구름바다가 하늘 아래 수평선을 긋고 너울거린다. 그 옆으로 역광을 받으며 우뚝 솟은 오백장군바위가 위풍당당하다. 병풍바위에 올라서면 드넓은 대지를 덮은 조릿대들이 황금빛으로 빛나고 있다. 정면에는 볼록하게 솟은 백록담, 주위는 황금 물결, 발 아래에는 구름바다. 천상의 어디쯤 같다.

한라산에 사는 생물들의 귀한 생명수인 노루샘을 지나면 윗세오름통제소. 여기서 한라산 정상까지는 등산 통제구역이다. 윗세오름통제소는 세 개의 탐방로가 만나는 접점이다. 여기서 왔던 길로 되돌아가거나, 어리목이나 돈내코 코스로 내려갈 수 있다.

어리목 방향으로 30분쯤 내려가자 만세동산 전망대. 전망대에 올라서면 눈 앞에 펼쳐지는 제주 일대의 기막힌 풍경에 탄성이 절로 나온다. 만세동산을 지나 40분쯤 내려가면 어리목탐방안내소다.

너른 초원 같은 어리목 탐방로

관음사 코스

　성판악 코스와 마찬가지로 백록담까지 이어진 길이다. 고즈넉한 분위기의 관음사를 지나 30분쯤 오르면 옛 선조들이 얼음 창고로 사용했던 천연동굴인 구린굴이 나온다. 탐라계곡을 지나면 시야가 확 트인다. 여기서부터는 검은 절벽을 드러낸 왕관바위와 삼각추처럼 삐죽이 솟아오른 삼각봉 등 한라산의 빼어난 절경을 보며 걷게 된다. 탐방안내소부터 2시간쯤 올라가면 오랫동안 등산객들의 쉼터로 사용됐던 용진각대피소 터. 태풍으로 소실되어 지금은 안내판만 서 있고 새로 지은 삼각봉대피소가 그 역할을 대신하고 있다.

　이마에 땀이 송골송골 맺힐 즈음 우리나라에서만 자란다는 구상나무 군락지에 들어선다. 살아 백년 죽어 백년, 살아 있을 때나 죽어 있을 때나 한라산을 아름답게 하는 나무다. 초록 기운을 머금은 구상나무들 사이에는 드문드문 위태롭게 서 있는 고사목도 보인다. 툭 건드리면 금방이라도 쓰러질 것 같지만 모진 풍상을 겪은 백전 노장처럼 흔들림 없다. 구상나무 군락지를 지나 30분 정도 오르면 한라산의 지붕 백록담이다.

돈내코 코스

기나긴 휴식을 끝내고 2009년 개방된 탐방로다. 돈내코는 멧돼지들이 물을 먹던 내[川]의 들머리 또는 물줄기가 돼지의 꼬리를 닮았다고 하여 지어진 이름이다. 아름다운 설경을 지니고 있어 해마다 겨울 산행을 즐기는 탐방객들이 줄을 잇는다.

초입을 지나면 삼나무 군락을 이룬 울창한 숲길이다. 탐방로에는 폭설이 내려도 길을 잃지 않도록 빨간 리본과 줄이 매여 있다. 사람 키보다 높은 곳에 있는 것을 보니 한라산에 눈이 얼마나 높이 쌓이는지 짐작할 만하다.

방목장 문이 있던 곳인 살채기도를 지나 둔비바위를 거친다. 돈내코 코스는 백록담으로 오를 수 없고 거리가 긴 편이지만 경사가 급하지 않아 그리 힘들지 않다. 제주 일대가 한눈에 들어오는 전망대를 지나면 이 코스의 최고 절경인 남벽이 코앞에 보인다. 거칠고 검은 빛깔의 남벽은 범접할 수 없는 위용을 뽐낸다. 방애오름 샘터에서 목을 축이고 걸음을 옮기면 윗세오름통제소다. 여기서 영실이나 어리목으로 내려가는 것이 일반적인 탐방 코스다.

한라산 남벽

계절별 출입 통제시간

구분	코스	통제장소	동절기 (11,12,1,2월)	춘추절기 (3,4,9,10월)	하절기 (5,6,7,8월)
입산	성판악	진달래밭대피소	12:00	12:30	13:00
	사라오름	사라오름통제소	15:00	15:30	16:00
	어리목	탐방안내소	12:00	14:00	15:00
	영실	탐방안내소	12:00	14:00	15:00
	관음사	삼각봉대피소	12:00	12:30	13:00
	돈내코	탐방안내소	10:00	10:30	11:00
하산	윗세오름통제소		15:00	16:00	17:00
	남벽분기점통제소		14:00	14:30	15:00

영실~어리목 코스

코스	거리 (편도)	소요시간	교통편	연락처
성판악 (성판악~백록담)	9.6km	4시간30분	5.16노선버스(15분 간격) 하절기(3~10월) : 06:00~21:30 동절기(11~2월) : 06:30~21:30	(064) 725-9950
사라오름 (성판악~사라오름)	6.5km	2시간30분		
영실 (영실~윗세오름)	3.7km	2시간	1100노선버스(80분 간격) 하절기(4~10월) : 제주 → 중문 06:30~16:00 　　　　　　　　중문 → 제주 07:45~17:15	(064) 747-9950
어리목 (어리목~윗세오름)	4.7km	2시간	동절기(11~3월) : 제주 → 중문 08:00~15:00 　　　　　　　　중문 → 제주 09:15~16:15	(064) 713-9950~3
관음사 (관음사~백록담)	8.7km	5시간	버스노선 없음. 택시 이용 제주콜택시 : (064) 743-7909	(064) 756-9950
돈내코 (돈내코~윗세오름)	9.1km	4시간30분	서귀포시외버스터미널 앞 중앙로터리에서 3번 버스를 타고 돈내코 입구에서 하차 06:30~21:25	(064) 710-6920~3

마라톤 이상의 카타르시스
트레일 러닝

트레일 러닝(trail running)은 미국과 유럽, 일본 등 선진국에서 오래 전부터 인기를 끌고 있는 레포츠다. 트레일 레이스, 트레일 런이라고도 하는데, 산·언덕·초지·들판·오솔길 같은 '자연의 길'을 달리는 것이 특징이다. 우리나라에서는 흔히 산악 마라톤이라고 부르지만 정확히 말하면 산악 마라톤도 트레일 러닝 중 하나다.

러너, 제주의 자연 속을 달리다

　제주도에는 트레일 러닝을 즐길 만한 곳이 많다. 달리기 좋은 오름, 목장, 들판 등이 곳곳에 펼쳐져 있기 때문이다. 오름은 대부분 표고차 100m 안팎의 완만한 능선을 이루고 있어 일반적인 산에 비해 달리기가 훨씬 수월하다. 그래서 트레일 러닝을 막 시작한 사람들이나 프로 선수들의 체력단련 장소로 제주가 인기다.

　트레닝 러닝은 마라톤보다 체력 소모가 큰 만큼 철저한 준비운동이 필수다. 5km 정도 해안도로를 달리고 나니 몸이 뜨끈뜨끈해졌다. 온몸 구석구석 기름칠을 끝내고 찾아간 곳은 영주산. 성읍민속마을 오른쪽에 높다랗게 솟아 있는 오름이다. 영주산은 고무트랙 같은 인공적인 길이 거의 없고, 분화구 능선이 완만하여 트레일 러닝 입문자들에게 적합한 코스다.

　초입부터 분화구 능선까지는 조금 가파른 오르막. 열심히 달리다 보니 몸속에 쌓여 있는 노폐물이 모두 빠져나가는 느낌이다. 능선에 올라서면 이후부터는 달리기 수월한 완만한 길이 이어진다. 편안한 마음으로 한 바퀴를 돈다.

　분화구 능선을 따라 시시각각 변하는 풍경들. 제주 전통가옥이 옹기종기 모여 있는 성읍민속마을과 볼록하게 솟아 있는 오름들이 시원하게 바라보인다. 영주산 분화구를 한 바퀴 도는 데 걸리는 시간은 10분 정도. 몸에 쌓인 지방 덩어리를 조금이라도 더 태우겠다는 일념으로 한 바퀴 더 달린다. 완만한 코스지만 두 바퀴를 쉬지 않고 달렸더니 숨소리가 거칠어진다.

준비물

의류
긴팔 옷, 가벼운 방풍(방수)
재킷

신발
트레일 러닝화

배낭
10~15L 크기의 작은 배낭
(하이드레이션 배낭)

스틱
등산용 스틱(장거리나 산악
트레일 러닝에서는 필수품)

기타
선크림, 모자, 장갑, 고글(선
글라스), 의약품, 간식 등

평소에 잘 안 쓰는 근육을 실컷 쓴 탓인지 영주산을 내려왔을 때 몹시 피로했다. 그렇지만 영주산만 달리기에는 허전하다. 이왕 나선 김에 인근에 있는 백약이오름도 달려보기로 했다.

백약이오름으로 가는 길은 억새 들판이다. 중간중간 시멘트길도 있지만 억새가 키만큼 자란 광활한 들판을 달리다 보면 그것마저 자연의 길처럼 느껴진다. 기어가는 뱀처럼 휘어진 들판길을 30분쯤 달리면 백약이오름에 닿는다. 정상 가는 길은 비탈을 따라 구불구불 이어져 그다지 힘들지는 않다.

아래에서 봤을 때는 몰랐는데 올라가서 보니 분화구가 생각보다 크다. 한 바퀴 도는 데 걸리는 시간은 15분 정도. 백약이오름에서 내려와 다시 억새 들판을 거쳐 영주산으로 돌아간다. 참고로 백약이오름 옆에 문석이오름, 동거문오름, 좌보미오름, 아부오름 등이 있으므로 시간이 넉넉하다면 이어 달려 보는 것도 괜찮겠다.

영주산에서 출발해 백약이오름을 거쳐 출발지로 돌아오기까지는 18km 거리에 3시간이 걸렸다. 마라톤으로 치면 하프코스도 안되는 거리지만 풀코스를 달린 것만큼이나 시간이 걸리고 힘들었다.

달리기를 끝낸 기분은? 무척 홀가분하고 몸도 가볍다. 자연을 누비는 트레일 러닝에서 마라톤 이상의 카타르시스가 느껴진다.

트레일 러닝하기 좋은 길

시속 7~8km로 달린다고 가정하여 1~3시간 코스를 선정해 보았다. 코스 하나가 짧게 느껴진다면 인근의 코스를 연결해서 달리도록 한다.

▶ 영주산~백약이오름(18km, 2시간 30분)

영주산만 달리면 30분 정도 걸린다. 영주산에서 백약이오름까지는 중간중간 포장길이 잇지만 주변에 억새가 지천이고, 지나다니는 사람이 거의 없어 한적하다. 백약이오름에서 동거문오름이나 아부오름까지 연결해서 달릴 수 있다.

▶ 다랑쉬오름~용눈이오름(13km, 2시간)

백록담만큼이나 넓은 분화구를 가진 다랑쉬오름은 정상까지 가파른 오르막이어서 달리기가 쉽지 않다. 부담이 된다면 다랑쉬오름의 순환로를 따라 한 바퀴 돈 다음, 경사가 완만해 달리기가 수월한 용눈이오름으로 이어진 코스를 탄다.

▶ 문석이오름~동거문오름(7.5km, 1시간)

야트막한 문석이오름을 지나 고깔모자처럼 뾰족한 동거문오름을 달리는 코스다. 동거문오름 정상에서 내려오면 문석이오름 입구까지 완만한 포장길이 이어진다.

▶ 큰사슴이오름(8km, 1시간)

정상까지 올라갔다 내려와 오름 주변을 한 바퀴 도는 순환로를 달리게 된다. 순환로를 지나면 봄에 유채꽃과 벚꽃이 절경을 이루는 녹산로. 지나다니는 차가 많지 않아서 부담없이 달릴 수 있다.

▶ 아부오름 (3.5km, 30분)

오름 정상까지의 거리가 짧아서 부담 없이 오를 수 있는 코스. 분화구가 넓은 오름이라서 한 바퀴 도는 데 20분 정도 걸린다. 거리가 너무 짧다고 느껴지면 분화구 능선 2~3바퀴 돌기!

마라톤하기 좋은 길

평소 마라톤을 즐긴다면 제주도 해안을 달려 보자. 조깅이나 마라톤 코스는 일주도로보다 해안도로가 안전하고 경치가 시원하다. 아래는 제주마라톤축제, 제주감귤마라톤대회, 제주국제평화마라톤대회, 제주4-Full마라톤대회 등 제주에서 열리는 대표적인 마라톤대회의 코스들이다. 매년 6~7월에는 제주에서 트라이애슬론 대회도 열린다.

▶ 10km 조깅 코스

제주종합운동장~용담해안도로~이호테우해변(반환점)

▶ 42.195km 마라톤 코스

1. 제주종합경기장~용담해안도로~이호테우해변~애월해안도로~신엄리해안(반환점)
2. 구좌생활체육공원운동장~월정해수욕장~세화해수욕장~종달해안도로 입구(반환점)
3. 한림종합운동장~협재~신창~차귀도 앞(반환점)

▶ 180.2km 트라이애슬론 코스

1LAB : 1→2→3→2, 2LAB : 3→2, 3LAB : 3→1
월드컵경기장(1)~동천주유소 앞 오거리(2)~중문상업고교 앞(3, 반환점)

Part
2

짜릿한 레포츠

여행의 한때가 스릴이라면 더 행복하겠다
그 순간, 내 인생이 영화 같아서

푸른 초원에서 달래는 질주의 로망

승마

　말 타고 운동하고, 말 타고 장 보고, 말 타고 마실 나가고, 말 타고 회사 가고…. 제주에서는 고구려 기마민족의 기상을 곳곳이 세우고 살아갈 수 있을 것 같다. 실제로 저런 생활이 가능하다면 TV 프로 '세상에 이런 일이'에 소개될 테지만, 말이 제주에서 흔하게 볼 수 있는 동물이라서 해본 상상이다. 좀 트인 초지가 펼쳐진다 싶으면 말 몇 마리쯤은 꼭 풀을 뜯고 있는 섬이 제주도다.

　'말이 나면 제주도로 보내고 사람이 나면 서울로 보내라'는 말이 괜히 있을까. 제주도는 전통의 말 사육지였고 지금도 그렇다. 우리나라에 있는 말의 수는 2009년 통계로 2만5천 두인데, 그 중에 2만1천여 두가 제주도에 있다.

　제주도의 말은 과천경마장에서 볼 수 있는 말들보다 작다. 재래종인 조랑말(제주마)과 개량종인 한라마가 대표적인데 둘 다 비교적 아담한 체구를 지녔다. 제주마는 상고시대 때부터 우리 민족과 함께 해왔다고 하며 1986년 천연기념물 제347호로 지정되었다. 혈통까지 엄격하게 관리되는 토종이다. 한라마는 경주마와 교배한 종으로 대개 일반 경주마보다 작고 제주마보다 크다. 일반 경주마처럼 크게 자라기도 하는데 너무 크면 경주에 나설 수 없다. 제주경마공원에서는 조랑말이 뛰는 '제주마 경주'와 체고 137cm 이하 '한라마 경주'를 따로 진행하고 있다.

안전하게 유람하는 '체험 승마' 대세

완만한 초원과 오름, 울창한 숲까지 갖춘 제주도이니 일반인들이 즐길 수 있는 승마 체험장도 많다. 조랑말이 있는 곳도 있고 한라마를 타볼 수 있는 곳도 있는데 체구가 작은 조랑말보다는 한라마가 승마 체험에 많이 쓰인다. 둘 다 육지에서는 쉽게 접할 수 없는 말들이므로 타볼 기회를 놓치지 말자. 드라마나 영화에서처럼 모래바람 일으키며 말갈기 휘날리는 추격 신을 찍을 수는 없어도 푸른 초원을 천천히 달려 보는 것은 가능하다.

예전에는 과감하게 달려볼 수 있는 승마장이 꽤 있었지만 관광객들의 낙마사고가 몇 차례 일어난 후에는 안전장치를 강화하고 초보자의 경우 유람 위주로 프로그램을 운영하는 곳이 대부분.

초보자들이 즐겨 찾는 승마장 가운데 하나인 초원승마장을 찾았다. 이곳은 완만한 경사의 오름 옆에 위치해 있어 승마장 가운데 손꼽히는 경치를 자랑한다. 코스를 돌 때는 '리더'라고 부르는 조련사가 고삐를 쥐고 말과 함께 걷거나 뛰어 속도를 조절한다. 리더가 말을 컨트롤하고 승객은 즐기기만 하면 되는 것이다. 체험 가격은 20분짜리 A코스가 2만5천 원, 30분짜리 B코스가 3만5천 원.

리더의 도움을 받아 말 잔등 위에 올라 첫 걸음을 내딛는다. 말의 걸음과 근육의 움직임에 따라 몸이 흔들리고 '따가닥따가닥' 리드미컬한 발굽소리가 분당 심박수를 늘린다. 앞에 달린 손잡이를 잡고는 있지만 언제 튀어나갈지 몰라 두렵기도 하다. '힘' 하면 말 아

닌가. 오죽하면 마력(HP)으로 내연기관의 성능을 표시할까. 하지만 말은 함부로 질주본능을 자랑하지 않는다. 큰 눈망울만큼 순하고 착하며 겁이 많은 동물이다. 승마 체험이 다섯 살 꼬마부터 일흔 살 노인까지 가능한 것도 그 덕분이다. 말은 나이 불문 '초보 기수'를 태우고도 묵묵히 나아간다. 이때 아무리 초보라도 말과 교감하고 리듬을 맞추려는 노력은 필요하다. 살아 있는 동물과 함께 움직이는 일이기 때문이다.

초원승마장 승마 코스.
말을 타고 오름에 올라 전망을
즐길 수 있다.

승마 체험에 나서는 말들 중에는 과거 경주마로 활약했던 말들이 80%에 이른다. 이날 타본 '똘똘이'는 열여섯 살 먹은 한라마. 어린 시절 30회쯤 경주에 출전해 1착(1위로 들어오는 것)을 단 한 번 기록했다고 한다. 그때의 환호성을 똘똘이는 기억하고 있을까. 그때 똘똘이에게 배팅했던 분은 재미 좀 보셨을까. 똘똘이 생애 행복했던 순간은 그때였을까 지금일까.

바람이 살랑살랑 억새밭을 뒤적이고 멀리 중문과 서귀포의 바다 풍경이 한눈에 들어온다. 감당하지도 못할 거면서 내달리는 상상을 해본다. 아쉬움 반, 여유 반. 다만 똘똘이에게도 이 시간이 유람이길. 묵묵히 걷고 있는 똘똘이의 잔등을 괜히 한번 쓰다듬는다.

승마는 기온이 선선할 때 즐기는 것이 좋다. 관광객이 가장 많이 찾는 철은 여름이지만 그만큼 대기 시간이 길고 무더위에 사람이나 말이나 조금 고생스럽다. "경치는 우거진 신록 사이로 억새 무성한 9월이 가장 아름답다"고 리더 김성준 씨가 귀띔한다.

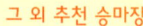

승마를 즐길 수 있는 곳

▶초원승마장

특징 : 초원 유람, 아름다운 경치

주소 : 서귀포시 상예로 349(상예동 150)

전화 : (064) 738-0344

이용요금 : A코스 2만5천 원, B코스 3만5천 원

영업시간 : 09:30 ∼18:00

소요시간 : 20∼30분

대중교통 : 버스 없음. 택시나 렌터카 이용

▶제주관광승마장

특징 : 조끼, 신발 대여 포함, 자연 경관과 함께 목장 투어

주소 : 제주시 조천읍 비자림로 581(교래리 산60-6)

전화 : (064) 783-5008

이용요금 : 기본 9천 원, 더블 2만5천 원,
　　　　　 장거리 3만5천 원, 산책 5만 원

영업시간 : 09:00∼19:00

소요시간 : 20∼40분

대중교통 : 제주시외버스터미널에서 번영로 노선버스를 타고
　　　　　 교래사거리(미니미니랜드)에서 하차

▶동부승마장

특징 : 한라산 경관, 기수의 리드를 따라 달려볼 수 있는 승마 체험

주소 : 서귀포시 표선면 번영로 2454(성읍리 2843)

전화 : (064) 787-5220

이용요금 : 단거리 1만1천 원, 더블 2만5천 원, 산책 3만5천 원

영업시간 : 09:00∼일몰 전까지

소요시간 : 20∼40분

대중교통 : 제주시외버스터미널에서 번영로 노선버스를 타고
　　　　　 성읍2리 버스정류장에서 하차. 바스메 휴게소 방향
　　　　　 으로 걸어서 5분

그 외 추천 승마장

정의승마장 (064) 787-2347
서귀포시 표선면 번영로 2595(성읍리 2422)

서광승마장 (064) 794-5220
서귀포시 안덕면 녹차분재로 148(서광리 산51)

성읍승마장 (064) 787-2324
서귀포시 표선면 번영로 2650(성읍리 2045-1)

송당승마장 (064) 782-1199
제주시 구좌읍 일주동로 3720-18(송당리 2573)

이어도승마장 (064) 783-0917
서귀포시 성산읍 서성일로(수산리 2715)

▶어승생승마장

특징 : 해발 500m 고지의 광활한 초원. 어느 정도 속도를 내볼
　　　　수 있는 승마 체험

주소 : 제주시 1100로 2659(노형동 산14-1)

전화 : (064) 746-5532

홈페이지 : www.jejuhorse.com

이용요금 : A코스 5만 원, B코스 3만5천 원, C코스 2만5천 원

영업시간 : 09:00∼일몰 전까지

소요시간 : 10∼40분

대중교통 : 제주시외버스터미널에서 1100도로 노선버스 이용
　　　　　 해 충혼묘지 정류장에서 하차. 노루생이 삼거리 쪽
　　　　　 으로 걸어서 10분

제주관광승마장

1초 이내의 깔끔한 승부
클레이 사격

단 1초. 하늘로 솟아오른 클레이가 분홍색 가루로 흩어지느냐, 아니면 땅에 온전하게 떨어지느냐를 결정짓는 시간은 정말 눈 깜짝할 사이다. 매순간마다 짜릿함과 허탈함이 교차하는 '클레이 사격'은 침착하게 그러나 과감하게 방아쇠를 당기며 그 찰나를 즐기는 레포츠다.

수차례 헛방 뒤 명중의 순간이 온다

평생 '총 쏴볼 일'이 몇 번이나 될까? 군대를 다녀온 남자라면 사격장의 엄숙한 분위기 속에서 몇 번 정도일 것이고, 여자라면 아예 총 구경도 못해본 경우가 대부분이겠다.

쉽게 접할 수 없는 총이지만 그것으로 즐기는 레포츠는 낯설지 않다. 특히 올림픽이나 아시안게임에서 종종 메달소식을 알려주는 '클레이 사격'은 사격 중에서도 가장 대중화된 레포츠다. 만약 경기를 보면서 '나도 한번 해보고 싶다'고 생각한 적이 있다면 제주도에서 클레이 사격을 즐길 수 있다는 사실을 기억해 두자.

클레이 사격은 서귀포시 상예동에 위치한 대유랜드에서 체험할 수 있다. 사격을 시작하기 전 먼저 안전수칙이 적힌 사격 신청서를 읽고 서명을 한 다음 사격용 조끼와 귀마개 같은 필요한 장비들을 착용하고 사격장으로 나선다. 사격장에서는 교관이 총을 들고 있는 방법부터 노리쇠를 열어 약실을 개방하는 법, 탄환을 장전하는 법, 클레이를 조준하는 법, 사격 후 탄피를 꺼내는 법을 차례로 설명해

준다.

　대유랜드의 클레이 사격은 자리 이동 없이 한곳에 서서 사격하는 트랩(trap)방식이다. 클레이방출기(클레이 접시를 날려 보내는 발사기)는 사대마다 하나씩 설치되어 있으며 클레이는 전방을 향해 일직선으로 날아간다. 트랩 중에서도 초보자들이 가장 즐기기 쉬운 아메리칸 트랩이다. 올림픽에서처럼 좌우에서 클레이가 날아오르는 일반적인 트랩방식은 일반인이 하기에 너무 어려워 운영하지 않고 있다는 설명이다.

　교관의 설명이 끝나면 직접 총을 들고 사격 준비를 한다. 교관이 조끼 주머니에 넣어준 탄환을 한발 한발 직접 꺼내 두발을 장전하고 사격 자세까지 잡아 완전하게 준비를 마치면 "고"라고 외친다. 뒤에 서 있는 교관에게 버튼을 눌러 클레이를 발사하라는 신호다.

　역시나 설명처럼 쉽게 되지는 않는다. 클레이가 발사되면 조준된 클레이의 위치보다 약간 위를 겨냥해 바로 방아쇠를 당기라는 교관의 팁이 있었건만 클레이는 너무 빠르고 방아쇠는 쉽게 당겨지질 않는다. 뒤늦게 방아쇠를 당기자 "퉁~"하는 생각보다 묵직한 반동이 돌아오고 아릿한 화약 냄새가 난다. 분홍색 클레이가 온전한 모양 그대로 전방 언덕에 떨어진다. 민망함을 무릅쓰고 다시 "고", 그러나 결과는 마찬가지. 노리쇠를 풀어 약실을 개방하자 탄피 두 개가 흰 연기를 뿜으며 뒤로 튕겨 나온다.

주의사항

1. 총을 다루는 일인 만큼 교관 지시에 잘 따른다.
2. 편한 바지와 신발을 착용한다.
3. 소음이 생각보다 크므로 사격용 귀마개를 꼭 착용한다.

실제 경기에서 클레이원반이 날아가는 속도는 대개 시속 60~90km이지만 대유랜드는 초보자의 수준을 고려해 시속 40km 정도로 낮췄다. 초보자에게는 이 정도도 상당히 빠르게 느껴진다. 대유랜드 클레이 사격장의 총 길이는 약 60m. 클레이가 분홍색 가루로 흩어지는 걸 보고 싶다면 발사된 클레이가 사격장의 20m 지점을 지나기 전에, 그러니까 클레이 발사와 거의 동시에 사격을 해야 한다. 한 번의 체험에 한 사람이 쓰는 탄환은 총 16발. 두 발씩 장전해 연달아 쏜다.

클레이 사격도 다른 레포츠처럼 몇 번 하면 요령이 생긴다. '헛방' 몇 차례가 지나면 어디쯤에서 쏴야할지 감이 오고 '방아쇠를 당겨야 할 순간'을 찾아내게 된다.

"슈욱~" 하고 클레이가 날아오르는 소리, "탕~" 허공을 울리는 총소리, 어깨를 치는 묵직한 반동, 공중에서 가루로 흩어지는 분홍색 원반. 이 모든 것이 거의 동시다.

이곳에서는 클레이 사격 뿐만 아니라 권총사격, 소총사격, 야외에서 실제 꿩 사냥까지 체험해 볼 수 있다. 꿩요리 전문 레스토랑과 ATV 체험 장도 갖췄다. 백만여 평의 넓은 부지에서는 주몽, 태왕사신기, 올인 같은 드라마가 촬영되기도 했다.

정보톡톡

클레이 사격이란?

클레이 사격의 기원은 18세기 영국이다. 당시 영국의 모든 야생 조수는 왕의 소유물이었기에 일반 시민들은 이를 함부로 사냥할 수 없었다. 그래서 생겨난 것이 비둘기 사냥(pigeon shooting)인데, 살아있는 비둘기를 하늘로 날린 뒤 총으로 맞히는 것이었다. 후에 비둘기 대신 진흙(clay)으로 만든 접시를 표적으로 사용하면서 클레이 사격이란 용어가 자리를 잡았다.

공식경기에 사용되는 클레이는 지름 11cm 두께 25mm로 과거 사냥감으로 사용된 비둘기의 크기와 비슷하다. 국제경기로 발전한 것은 1900년 프랑스 파리에서 개최된 제2회 올림픽 때부터다. 종목은 사수가 제자리에서 사격하는 트랩(trap)과 1번부터 8번까지 정해진 사대를 옮겨 다니며 사격하는 스키트(skeet)로 나뉜다.

클레이 사격장

대유랜드

주소 : 서귀포시 상예로 381(상예동 144)
전화 : (064) 738-0500
요금 : 클레이 사격(16발), 소총 사격(15발), 권총 사격(38구경 12발) 각 3만5천 원
　　　수렵(엽총+엽견+안내원 포함, 2인 이상 가능) 15만 원
　　　ATV수렵(연습사격+ATV체험, 4인 이상) 16만5천 원
영업시간 : 사격(11~2월 09:00~17:30 / 3~4월, 9~10월 09:00~18:00 / 5~6월 09:00~18:30 / 7월 09:00~19:00 / 8월 09:00~19:30), 수렵(오전만 시작 가능), 레스토랑(09:00~18:00, 예약 시 야간영업)
　　　※사격 및 ATV는 마감 30분 전까지 입장해야 체험 가능
소요시간 : 사격(15~30분), 수렵(1시간 30분)
대중교통 : 제주시외버스터미널에서 중문고속화버스를 타고 우남동 버스정류장에서 내린 다음 사거리에서 서귀포호텔 방향으로 걸어서 15분. 서귀포 중앙로터리에서는 130번 시내버스 이용

천국에서 펼치는 라운딩

골프

    수도권이나 내륙의 여러 골프장은 주말은 물론 평일에도 골퍼들이 몰리지만 제주도는 성수기를 제외하면 비교적 수월하게 예약할 수 있는 편이다. 지난 5년 동안 골프장이 3배나 늘어나 이용객이 분산된 데다 수도권에서 1시간도 채 걸리지 않는 중국 골프장들이 관광객을 대거 흡수했기 때문이다.

성수기 예약, 한 달 전부터 서둘러야

    어느 곳이나 마찬가지겠지만 휴가철과 연휴 등 성수기에 제주 골프장을 이용하려면 항공권 예약은 한 달 이전에 완료하는 게 좋다. 아울러 골퍼 투숙객 비율이 높은 골프텔과 호텔, 리조트는 성수기에 일찍 예약이 마감되므로 이 또한 서둘러야 한다. 홈페이지 등을 통해 골프장의 동향을 미리 파악해 두면 원활한 예약에 도움이 된다. 특히 겨울철에는 골프장의 제설작업에 시간이 걸리고, 잔디 품종에 따라 그라운드 컨디션이 들쭉날쭉할 수 있으므로 해당 골프장의 라운딩 가능 여부도 체크하도록 한다.

　클럽세트나 골프화 같은 장비를 미처 가져가지 못했다면 골프장마다 비치되어 있는 대여용 장비를 이용하면 된다. 대여 장비는 여러 사람이 쓰다 보니 대개 상태가 좋지 않지만 골프장에 따라서는 유명 브랜드의 제품을 준비해 놓은 곳도 있다. 물론 이런 곳은 그린피도 비싼 편이다. 이 같은 대여용 장비는 수량이 많은 편이 아니므로 사전 예약은 필수다. 대부분 3만 원 내외의 사용료를 받는다.

　제주도의 골프장은 다른 곳과 마찬가지로 회원제 골프장과 일반인을 대상으로 하는 퍼블릭 골프장으로 나뉜다. 골프클럽 회원권을 갖고 있지 않는 경우라도 최근 인기를 끌고 있는 골프예약사이트를 활용하면 좀 더 편리하게 예약할 수 있다. 회원제로 운영되는 골프장도 예약이 뜸한 시간대에는 일반 골퍼들에게 문을 개방하는 경우가 많으므로 이 같은 사이트를 잘 활용하면 회원권 없이 회원제 골프장을 이용할 수 있다.

　국내 골퍼들이 많이 방문하는 예약사이트로는 SBS골프닷컴과 엑스골프, 에이스골프닷컴, 골프큐브 등이 있다. 사이트별로 정액 요금이나 회비, 이용할 수 있는 골프장과 티타임 수가 다르고 가격 역시 차이가 크다. 엑스골프의 경우 연회비 5만 원을 내면 1년 간 부킹사이트를 이용할 수 있고 그린피 1회 무료 서비스를 받을 수 있다. 특히 2년 요금제 가운데 그린 멤버십(28만8천 원)을 선택하면 2년 동안 무려 15회의 그린피를 면제해 준다. 평균 그린피를 10만 원으로 계산했을 때 150만 원에 이르는 금액이다.

회원가입을 했더라도 경쟁이 치열한 주말에 온라인으로 예약을 하려면 서두를수록 좋다. 회원제 골프장은 회원들의 예약을 먼저 받은 후 남은 스케줄을 공개하기 때문에 선택의 폭이 좁은 편이다. 반면 퍼블릭 골프장은 현재 기준 최대 4주 안팎의 티타임을 공개하므로 부지런을 떨면 원하는 시간대에 예약할 수 있다. 이밖에 인원 수를 맞추기 위해 조인을 요청하거나 티타임을 양도하는 경우도 종종 있으니 눈여겨보았다가 활용하자. 제주도 골프장들의 홈페이지와 예약 사이트 커뮤니티는 제주도에서 '환상의 라운딩'을 할 수 있는 알짜 정보가 오가는 공간이다. 각 골프장 정보는 '권역별 추천 여행지'편 참조.

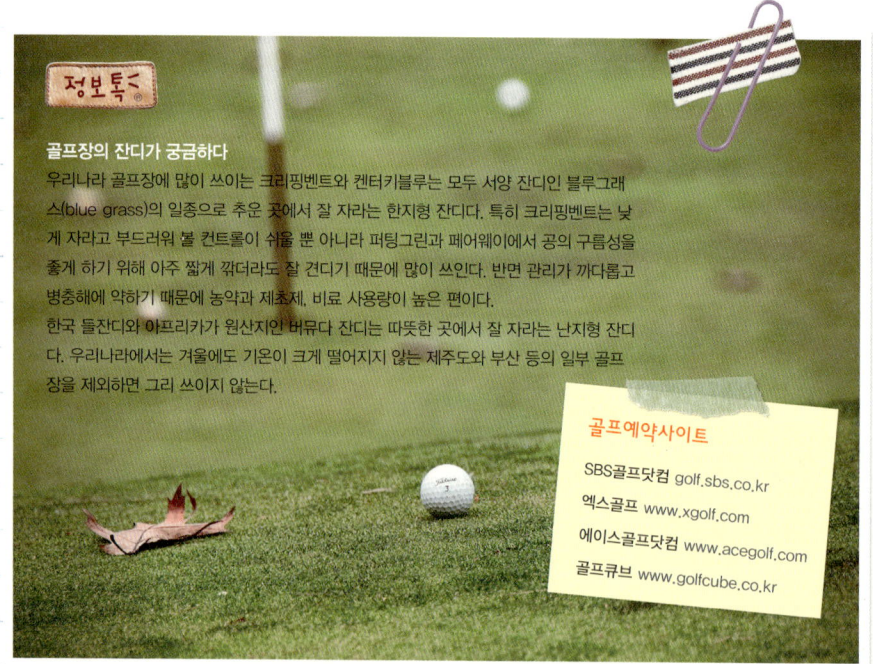

정보톡<

골프장의 잔디가 궁금하다

우리나라 골프장에 많이 쓰이는 크리핑벤트와 켄터키블루는 모두 서양 잔디인 블루그래스(blue grass)의 일종으로 추운 곳에서 잘 자라는 한지형 잔디다. 특히 크리핑벤트는 낮게 자라고 부드러워 볼 컨트롤이 쉬울 뿐 아니라 퍼팅그린과 페어웨이에서 공의 구름성을 좋게 하기 위해 아주 짧게 깎더라도 잘 견디기 때문에 많이 쓰인다. 반면 관리가 까다롭고 병충해에 약하기 때문에 농약과 제초제, 비료 사용량이 높은 편이다.

한국 들잔디와 아프리카가 원산지인 버뮤다 잔디는 따뜻한 곳에서 잘 자라는 난지형 잔디다. 우리나라에서는 겨울에도 기온이 크게 떨어지지 않는 제주도와 부산 등의 일부 골프장을 제외하면 그리 쓰이지 않는다.

골프예약사이트

SBS골프닷컴 golf.sbs.co.kr
엑스골프 www.xgolf.com
에이스골프닷컴 www.acegolf.com
골프큐브 www.golfcube.co.kr

Start Your Engine!
카트

겉으로는 우스워보여도 당사자들은 전혀 그렇지 않은 일들이 세상에는 많다. 스무살 연인의 사랑싸움이 그렇고, 30년째 쌀알에 글씨를 새기는 사람이 그렇고, 스르르 미끄러지는 돌 앞에서 열심히 비질을 해대는 컬링이라는 동계스포츠도 마찬가지다.

겉보기에 우스워 보이는 걸로는 카트(kart)도 만만치 않다. 장난감처럼 조그맣고 납작한 자동차에 다 큰 어른들이 올라타고 즐거워하는 모습은, 경험해 보지 않은 사람이라면 좀체 이해하기 힘들다. 그런 이들에게 아무리 카트의 매력을 설명해봤자 입만 아플 공산이 크다. 그럴 때는 그저 한마디만 하면 된다. '그냥 한번 타 봐!'

스릴 만점의 미니 스포츠카

ATV와 버기카가 거친 오프로드용이라면 카트는 매끈한 트랙에서 속도감을 즐길 수 있는 작은 스포츠카다. 하지만 작다고 우습게 보면 큰코다칠 수 있다. 세계최고의 모터스포츠인 F1(Formular1) 레이스에 등장하는 걸출한 드라이버들도 어린 시절 대개 카트 경주를 카트에 오르기 전 헬멧 같은 안전장구 착용은 필수다. 손을 보호하는 장갑은 추울 때는 물론 땀을 많이 흘리는 하절기에도 요긴하다. 효과적인 페달 조작을 위해 바닥이 얇은 스니커즈류를 신는 게 좋고, 옷은 계절에 상관없이 긴 바지와 긴소매 옷을 입는 것이 좋다.

통해 기본기를 익히기 때문이다. 그만큼 카트는 자동차에 대한 이해를 높이고 차를 다루는 법을 쉽게 익힐 수 있는 교육적인 레저다.

안전장구와 옷을 다 갖췄다고 카트로 달려가는 건 금물. 카트에 오르기 전 반드시 트랙이 어떻게 이어져 있는지 확인한다. 출발 후 처음 나타나는 커브가 왼쪽인지 오른쪽인지, 가장 까다로울 것 같은 구간은 어디인지, 가장 긴 직선구간은 어디쯤에서 시작하고 끝나는지, 코스 안내도가 있다면 눈여겨 봐두고 없다면 다른 카트들이 달리는 라인을 눈으로 훑으며 살펴보도록 한다. 코스를 파악해 두지 않고 트랙으로 들어가면 코너에서 스핀하거나 이탈했을 때 자칫 역주행을 할 수도 있기 때문이다.

카트는 차체에 큰 충격을 받은 흔적이 없는 것으로 고르고, 되도록 타이어 표면이 고르게 마모된 것인지 살핀다. 시동을 건 후 출발하기 전 브레이크를 밟아 제동이 정상적으로 이뤄지는지도 확인한다. 무엇보다 트랙 안으로 들어가면 모든 행동은 안전요원의 지시에 따르도록 한다.

카트란?

카트(kart)는 손수레를 뜻하는 카트(cart)와 달리 로마시대 말이 끄는 전투용
마차를 가리키는 단어다. 지금은 소형엔진을 단 1~2인승 자동차를 뜻하며
대개 가볍고 단순한 섀시와 엔진, 작은 타이어 등으로 구성된다. 자동차의
기본 원리를 따라 충실하게 제작되며 경주용과 레저용으로 주로 쓰인다.
낮은 운전석과 사방이 트인 디자인 덕에 실제 속도보다 체감 속도가 훨씬
높게 느껴지는 특징을 갖고 있다. 엔진 배기량이 크고 더 빠른 경주용 카트
는 레이스 면허가 있어야 탈 수 있다.

카트를 즐길 수 있는 곳

▶동부레저

주소 : 서귀포시 표선면 번영로 2454(성읍리 2873)
전화 : (064) 787-5220~1
홈페이지 : www.jejunori.com
요금 : 주행코스 2만8천 원, 자유코스 5만6천 원
영업시간 : 하절기 09:00~19:00, 동절기 09:00~17:00
체험 소요시간 : 기본코스 약 10분, 자유코스 15~20분
대중교통 : 번영로 제주 시외버스를 타고 성읍2리 정류장에서 하차

▶레포츠랜드

주소 : 제주시 와흘상서2길 47(와흘리 870)
전화번호 : (064) 784-8800
홈페이지 : www.leportsland.net
요금 : 1인승 2만5천 원, 2인승 3만5천 원(어린이도 이용요금 동일)
영업시간 : 09:00~19:00
체험 소요시간 : 약 15분
대중교통 : 남조로, 번영로 제주 시외버스를 타고 전원마을 정류장
에서 하차. 100m 앞 S오일 회천주유소 사거리에서 우
측 길로 8분쯤 직진. 삼거리에서 오른쪽으로 진입한 후
다음 사거리에서 왼쪽 길로 4~5분 거리

▶세리월드

주소 : 서귀포시 법환상로2번길 97-17(법환동 877-3)
전화번호 : (064) 738-8256
홈페이지 : www.seriworld.co.kr
요금 : 성인·청소년·어린이 2만 5천 원, 어린이 동승 5천 원
영업시간 : 09:00~일몰까지(성수기 08:30~20:00)
체험 소요시간 : 약 15분
대중교통 : 1번, 7번, 8번, 100번 서귀포 시내버스를 타고 고래왓
정류장에서 하차

▶제주조랑말타운

주소 : 서귀포시 표선면 번영로 2486(성읍리 2867)
전화 : (064) 787-8008
홈페이지 : www.jejukart.com
요금 : 1인승 2만5천 원, 2인승 3만5천 원
영업시간 : 하절기 09:00~19:00, 동절기 09:00~17:00
체험 소요시간 : 약 15분
대중교통 : 번영로 제주 시외버스를 타고 성읍2리 정류장에서 하차.
바스메 휴게소 방향 5~6분 거리

▶송악카트체험장

주소 : 서귀포시 대정읍 송악관광로 404(상모리 139)
전화 : (064) 794-1717
홈페이지 : www.songakcart.com
요금 : 1인승 2만5천 원, 2인승 3만5천 원, 어린이 동승 5천 원
영업시간 : 09:00~일몰까지(성수기 09:00~22:00)
체험 소요시간 : 약 15분
대중교통 : 평화로 노선버스를 타고 모슬포에서 내린 다음 대정~고산
읍면순환 버스로 갈아타고 산이수동 정류장에서 하차

▶제주랜드

주소 : 서귀포시 표선면 번영로 2561(성읍리 2429)
전화 : (064) 787-8020
요금 : 1인승 2만5천 원, 2인승 3만5천 원
영업시간 : 09:00~일몰까지
체험 소요시간 : 약 15분
대중교통 : 번영로 제주 시외버스를 타고 바스메 정류장에서 하차.
성읍민속마을 방향 약 2분 거리

레포츠랜드는 국제 규격의 카트 서킷(너비 9m 이상, 길이 850m
이상)을 갖추고 있다.

제주에서 가장 터프한 자동차
버기카

　일반인도 손쉽게 즐길 수 있는 레저용 오프로더(off-roader)의 대표
주자는 ATV(all-terrain vehicle)와 버기카(buggy car)다. ATV가 바퀴 넷
달린 모터사이클이라면 버기카는 스티어링휠과 페달을 갖춘 어엿
한 2인승 자동차다. 버기카는 무게 중심이 낮고 바퀴 간격이 넓어
ATV보다 전복 위험이 적을 뿐 아니라 전복되더라도 섀시와 연결된
롤바가 탑승자를 지켜주기 때문에 안전성이 높다. 이처럼 오프로드
주행을 안전하게 만끽할 수 있는 버기카를 제주도 레저 체험에서
빼놓을 수는 없는 일.

　제주도에서 버기카를 탈 수 있는 곳으로는 동부레저와 신화레저
가 대표적이다. 그 중 서귀포시 표선면에 있는 동부레저는 두 가지
버기카를 갖추고 있어 나름 골라 타는 재미가 있다. 빨간색 버기카
는 오프로드 전용, 노란색은 온·오프로드 겸용으로 카트 트랙에서
도 탈 수 있도록 온로드용 타이어를 달았다.

박진감 넘치는 오프로드 달리기

'거친 비포장길 달리기'를 체험해 보기 위해 오프로드용 타이어로 무장한 빨간색 버기카에 오른다. 출발 전 버기카 구석구석을 살펴보니 만듦새가 심상찮다. 굵직한 스틸 파이프를 용접해 만든 차체가 믿음직스럽고, 오프로드에서의 빠른 방향전환과 직감적인 컨트롤을 위해 스티어링휠은 180°밖에 돌아가지 않는다. 운전석 발판 양쪽 끝에 달린 페달은 오른쪽이 가속, 왼쪽이 브레이크. 페달 커버엔 친절하게 고(Go), 스톱(Stop)이라고 써있다.

브레이크 시스템은 유압 디스크 타입의 제대로 된 방식이고, 뒤쪽 액슬 위에 고정된 실린더 한 개짜리 4사이클 엔진은 구동축과 굵은 체인으로 연결되어 단순하면서도 기능적이다. 전반적인 구조는 비슷하지만 노란색 버기카는 체인이 아닌 샤프트로 연결되어 동력효율이 높고 반응이 빠른 편.

헬멧과 조끼를 착용한 후 가이드의 안내에 따라 조심스럽게 시동을 걸었다. 150cc 엔진이 부르르 떨며 기지개를 켠다. 브레이크에서 발을 떼자 참을 수 없다는 듯 버기카가 슬금슬금 움직이기 시작한다. 가속 페달을 밟아 스로틀을 열어주니 "부다다당…" 하는 경쾌한 배기음과 함께 흙길을 헤집으며 힘차게 달려 나간다.

차체 프레임에 고정된 플라스틱 시트에는 울퉁불퉁한 흙길의 진동이 고스란히 전달된다. 코일 스프링과 오일댐퍼가 짝을 이룬 그럴듯한 서스펜션이 달려있지만 어디까지나 네 개의 타이어를 지면에 밀착시키는 용도일 뿐 안락한 승차감과는 거리가 멀다.

실제 시속은 30~40km 정도지만 사방이 훤히 뚫린 나지막한 운전석에 앉아 있으니 시속 100km쯤 되는 것 같다.

버기카의 심장인 150cc짜리 엔진은 최고출력이 10마력 수준이지만 무게가 240kg에 불과한 차체를 거침없이 밀어붙이는 데 부족함이 없다. 빈약한 엉덩이를 조각내버릴 듯 신나게 달리고 나니 속옷은 물론 겉옷까지 땀으로 흠뻑 젖었다.

동부레저는 15분 내외로 버기카를 탈 수 있는 코스를 운영 중이며, 버기카 외에도 ATV와 카트, 탱크아르고, 승마, 전기보트, 초콜릿 체험 등을 함께 즐길 수 있다.

바람과 소음과 진동이 삼위일체가 되어 몸과 영혼을 뒤흔든다. 객관적 관점에서 볼 때 분명 불편하고 피곤한 상황임에도 왜 이렇게 신날까. 바람이 거셀수록 진동이 격렬할수록 숏구처럼 어드레날린 덕에 "우와~!" 하는 감탄사가 절로 터진다.

버기카를 갖춘 또 다른 업체인 신화레저는 한라산을 기준으로 동부레저의 반대편 즉, 서귀포 서쪽에 자리잡고 있다. 카트 겸용 노란색 버기카와 5.1km 길이의 아기자기한 전용 코스를 마련해 놓았다. 코스는 억새구간을 시작으로 5개의 성취다리, 언덕길, 대나무길, 곶자왈, 제주흙길 등으로 구성되어 있다.

정보톡톡

버기카란?

원래는 말 한필이 끄는 1~2인용 경량 마차를 가리키는 단어였지만 지금은 오프로드 성능에 치중한 자동차를 버기카라 부른다. 경주용 버기카는 1인승, 레저용은 2인승이 주류를 이루며 엔진과 변속기 등 주요부품은 충격으로부터 보호하기 위해 대부분 운전석 뒤쪽에 자리잡고 있다. 오프로드에서 효과적으로 달릴 수 있도록 일반적으로 앞바퀴보다 뒷바퀴가 훨씬 크고 차체는 파이프와 철판 등으로 단순하고 튼튼하게 만든다. 간혹 버기를 고카트(go-kart)라고 부르기도 하는데 이는 잘못된 것으로, 고카트는 카트의 한 종류일 뿐 오프로드를 달리는 버기와는 태생적으로 다르다.

버기카를 즐길 수 있는 곳

▶동부레저
주소 : 서귀포시 표선면 번영로 2454(성읍리 2873)
전화 : (064) 787-5220~1
홈페이지 : www.jejunori.com
요금 : 1인승 2만5천 원, 2인승 3만5천 원
영업시간 : 하절기 09:00~19:00, 동절기 09:00~17:00
체험 소요시간 : 15분 내외
대중교통 : 번영로 제주 시외버스를 타고 성읍2리 정류장에서 하차

▶신화레저
주소 : 서귀포시 안덕면 덕수서로174번길 105(동광리 1348)
전화번호 : (064) 792-8188
홈페이지 : www.jejushinhwa.co.kr
요금 : 성인 1인 2만5천 원, 성인 2인 4만 원, 어린이 동승 5천 원
영업시간 : 09:00~18:00
체험 소요시간 : 15~20분
대중교통 : 평화로 제주 시외버스를 타고 동광리 버스정류장에서 하차. 소인국테마파크 방향으로 걸어서 15분

거칠 것 없는 네 바퀴의 질주
ATV

ATV는 비포장도로를 쉽게 달릴 수 있도록 만든 사륜 바이크다. 최고시속은 55km 정도지만 사방이 오픈되어 있고 달릴 때 네 바퀴의 진동이 두 팔에 전해져 한층 짜릿한 느낌을 받는다. 제주도에 ATV로 영업하는 업체들이 많아 쉽게 접할 수 있고 조작이 간단해 초보자도 어려움 없이 즐길 수 있다.

체험 장소는 대유랜드. 얼룩무늬의 ATV 50여 대가 주차되어 있다. ATV를 타기 전에 먼저 강사로부터 타는 요령과 안전수칙에 대해서 듣는다. "달릴 때 핸들을 급하게 꺾지 마세요. 대부분의 사고가 그때 일어납니다."

시동 걸고 끄기, 액셀러레이터 및 브레이크의 위치와 조작법, 핸들을 움직이는 요령, 앞쪽 ATV와의 간격은 10m 이상, 추월 금지. 운전면허를 딸 때 배운 내용과 비슷하다.

동부레저 강사의 업힐 시범.
ATV는 험로에서 더욱 성능을 발휘한다.

간단한 조작법, 그러나 연습은 필수

ATV에 올라타기 전 안전장비를 착용한다. 어깨와 가슴, 배를 보호하는 보호대를 걸치고 플라스틱 덮개가 달린 헬멧과 장갑을 낀다. 안전장비를 착용한 모습이 꼭 '드래곤볼'의 베지터 전투복을 닮아 조금 민망하다.

ATV에 올라 왼쪽 핸들 브레이크를 잡고 시동을 걸자 '그르릉~' 거리며 오토바이 비슷한 엔진음이 난다. 핸들 오른쪽에 붙은 은색 레버를 엄지로 가볍게 밀자 바퀴가 슬슬 구른다. 본격적인 체험을 하기 전에 둥근 트랙을 돌면서 연습주행을 한다. 이때 ATV를 탄 강사가 길잡이를 해준다.

편백숲으로 들어서자 지형이 험해진다. 노면이 울퉁불퉁한데다 굽은 길이 자주 나타난다. 생각과 다르게 핸들이 자꾸만 이리저리 돌아가고, 길이 꽤 넓은데도 초보운전자처럼 좁게만 느껴진다. 당연히 속도를 내지 못한다.

핸들각이 크지 않아 급히 방향을 바꾸기도 쉽지 않다. 아기자기한 편백숲 코스에 익숙해질 무렵 앞서 달리던 강사가 벌판 코스로 나간다. 대유랜드가 보유한 ATV의 최고시속은 55km가량. 운전이 능숙하다면 가장 짧은 4.5km짜리 A코스를 10분 안에 돌 수 있다. 억새숲과 밭 사이로 뚫린 길은 무척 넓고 자갈이 깔려 있어 시원하게 내달릴 수 있다.

맘먹고 액셀을 꽉 눌렀다. 핸들 중앙에 조그만 속도계가 있지만 그걸 볼 여유가 없어 최대한 속도를 올렸다. 시야를 가리는 플라스틱 안면 덮개도 올려 버렸다. 시원한 바람은 좋은데 먼지가 장난 아니다. 따뜻한 계절이라면 날벌레 몇 마리는 먹었을 터.

턱도 없는 자신감은 오른쪽으로 완만하게 휘어지는 코너에서 끝났다. 그럼 그렇지, 속도를 줄이지 못해 넘어질 뻔했다. 이어지는 코너에서 회전각을 감지해 재빨리 감속, 직진 코스에서는 과감하게 속도를 높이려고 했으나… 언감생심이다.

얌전하게 타다 보니 들녘 풍경이 무척이나 느리고 평화롭게 지나간다. 역시 안전이 최고다.

ATV란?

보통 4륜 오토바이, 산악용 오토바이로 불리는 ATV(all-terrain vehicle)는 험한 지형에서 쉽게 달릴 수 있게 만든 소형 오픈카다. 농장에서 사용하기 위해 개발되었으나 지금은 험난한 산길과 계곡 등을 달리는 레포츠용으로 널리 쓰이고 있다. ATV는 크게 유틸리티 타입과 레이싱 타입으로 구분된다. 유틸리티 타입은 험로에 적합한 4륜구동 방식, 레이싱 타입은 빠르게 달릴 수 있는 2륜구동 방식이다.

ATV 잘 타는 법

일정한 속도를 유지하기 위해서는 핸들 조작을 최대한 줄이는 것이 중요하다. 핸들을 돌리면 전복을 방지하기 위해 어쩔 수 없이 속도를 줄여야 하기 때문. 코너 직전에 속도를 줄였다가 빠져 나오면서 가속하는 것이 ATV를 잘 타는 요령이다. 속도를 줄이거나 멈출 때는 반드시 왼쪽 핸들의 레버를 당겨 ATV의 뒷바퀴를 제동해야 한다. 오른쪽 레버로 앞바퀴를 제동하면 뒤집어질 위험이 있다.

ATV를 즐길 수 있는 곳

▶ 대유랜드

주소 : 서귀포시 상예로 381(상예동 144)
전화 : (064) 738-0500
홈페이지 : www.daeyooland.net
요금 : A코스(4.5km, 15분) 3만 원 / B코스(8km, 25분) 5만 원 / C코스(12km, 40분) 7만 원. 어린이 동승 시 1만 원 추가
영업시간 : 11~2월 09:00~17:30 / 3~4월, 9~10월 09:00~18:00 / 5~6월 09:00~18:30 / 7월 09:00~19:00 / 8월 09:00~19:30
체험 소요시간 : A코스(15분) B코스(25분) C코스(40분)
대중교통 : 제주시외버스터미널에서 중문고속화버스를 타고 우남동 버스정류장에서 내린 다음 사거리에서 서귀포호텔 방향으로 걸어서 15분. 서귀포 중앙로터리에서는 130번 시내버스 이용

▶ 동부레저

주소 : 서귀포시 표선면 번영로 2454(성읍리 2873)
전화 : (064) 787-5220~1
홈페이지 : www.jejunori.com
요금 : 기본코스 2만5천 원 / 고급코스 5만 원
영업시간 : 하절기 08:30~19:30 / 동절기 09:00~17:30
체험 소요시간 : 기본코스(15~20분) 고급코스(30~40분)
대중교통 : 번영로 제주 시외버스를 타고 성읍2리 정류장에서 하차. 바스메 휴게소 방향으로 걸어서 5분

그 밖의 ATV 체험장

산바다 레저공원 www.sanbada.jeju.kr
(064) 794-0117 서귀포시 안덕면 산방로 141(사계리 86)

제주랜드 ATV www.jejulandatvkart.com
(064) 787-8020 서귀포시 표선면 번영로 2561(성읍리 2429)

한라산관광 휴양펜션 ATV www.argojeju.co.kr
(064) 747-6688 제주시 축산마을3길 53-22(해안동 36-15)

우도 스쿠터여행 www.udoscooter.co.kr
(064) 783-0456 제주시 우도면 우도해안길 348(서광리 2395-5)

성읍 ATV www.성읍랜드.kr
(064) 787-7324 서귀포시 표선면 번영로 2650(성읍리 2045-1)

멍에 ATV 멍에 HORSE www.jejupark.kr
(064) 784-3031 서귀포시 성산읍 서성일로 397(난산리 2815)

한라 ATV
(064) 783-0002 서귀포시 성산읍 난산로 295(난산리 2513)

별판을 달려볼 수 있는 대유랜드의 ATV코스

Part
3

흥겨운 체험

아이들은 체험을 통해
많은 것을 배운다
즐거워서 시간이 쏜살같다

찰랑이는 별빛 아래 잠들다
캠핑

'집 나가면 개고생~'이라는 광고 문구가 있었다. 이 말을 뒤집으면 집 안이 제일 편하다는 의미. 하지만 시대가 바뀌었다. 그것도 180°로⋯. 요즘 각광받고 있는 여가활동의 화두는 다름 아닌 '아웃도어(outdoor)' 즉, 집 밖으로 나가서 즐기는 것 아니던가. 그 중에서도 캠핑은 집 밖으로 나가 집 안에서처럼 밥 해먹고 잠자면서 노는 레저다. 겨울에만 하는 스키와 스노보드, 따뜻한 계절에만 할 수 있는 수상레저 등과 달리 캠핑은 사철 누구나 즐길 수 있는 게 장점이다.

모구리아영장 일출봉영지

제주도, 신이 내린 캠퍼들의 천국

계절마다 산과 들의 풍광이 바뀌고 잘 가꾼 숲이 있으며 맑은 강이 흐르는 우리나라는 캠핑을 만끽하기에 탁월한 조건을 갖추고 있다. 그 중에서도 사시사철 여유로운 캠핑을 즐길 수 있는 제주도는 신이 내린 캠핑의 천국이다.

사람들이 많이 찾는 대표적인 제주도 캠핑장으로는 모구리야영장과 서귀포자연휴양림, 돈내코유원지 등이 있다. 캠핑장이 붐비는 휴가철에는 곳곳에 펼쳐진 해수욕장 주변이 텐트촌으로 변하기도 한다.

캠핑 체험을 위해 찾은 곳은 서귀포 성산읍에 있는 모구리야영장. 제주 캠핑장 가운데 가장 크고 시설이 잘 되어 있는 곳으로, 나지막한 모구리오름 주변에 자리해 있다. 적당히 가파른 언덕에 잔디가 덮여 있고, 다목적 운동장을 중심으로 듬성듬성 소나무가 서 있는 넓은 캠핑장이 인상적이다. 두 동의 화장실과 실내 취사장도 넓고 깨끗하다. 취사장 건물 한쪽에 샤워장이 있지만 온수는 나오지 않는다. 아울러 야영장 부근에 마트나 편의점이 없으므로 먹을거리와 연료 등 생필품은 미리 준비해 가야 한다.

주차장을 지나 운동장 옆 오른쪽에 있는 관리사무소에서 야영 기간과 인원을 기준으로 요금을 지불한 뒤 마음에 드는 곳에 사이트를 꾸미면 된다. 관리 사무소는 성수기인 5~8월에는 24시간, 나머지 기간에는 오전 9시부터 오후 6시까지 근무하므로 참고하도록 한다.

모구리야영장은 소형 텐트를 위한 나무데크가 곳곳에 마련되어 있지만 잔디가 좋아 어느 곳에 사이트를 꾸며도 나쁘지 않다. 그 중에서도 야영장 동남쪽 언덕 위에 자리한 '일출봉영지' 부근이 명당으로 꼽힌다. 사람들의 통행이 많지 않아 조용할 뿐 아니라 풍광이 빼어나고 취사장과 화장실이 가까워 편리하다. 하지만 거실이 딸린 투룸 텐트나 거실형 텐트+타프(그늘막) 등으로 큰 사이트를 꾸밀 계획이라면 운동장 북동쪽과 남동쪽 주변 잔디밭을 추천한다. 도로가 가까워 차에서 짐을 싣고 내리기 편하고 취사장과 화장실도 그리 멀지 않다.

짐을 내린 후에는 차를 입구 주차장으로 옮겨야 한다. 겨울철에

는 지대가 낮은 북동쪽이 바람의 영향을 덜 받는다. 모구리야영장
은 서북쪽과 서남쪽에 도로가 있지만 차량 통행이 적어 특별히 예
민한 사람이 아니면 소음 때문에 스트레스 받을 일은 없을 것이다.

　　캠핑용 화로대를 쓰면 잔디와 지면을 손상시키지 않으므로 모닥
불 피우기가 허용된다. 장작은 캠핑장에서 팔지 않으므로 미리 준
비해 간다. 바람이 많은 날에는 불똥이 튀어 주위 텐트에 피해를 주
거나 잔디에 불이 붙을 수 있으므로 사용을 삼가도록 한다.

정보톡톡

오토캠핑 장비 마련하기

텐트는 인원수보다 넉넉한 사이즈로 마련하되 가벼운 것을 고
른다. 겨울에는 실내에서 모든 생활을 할 수 있는 투룸이나 거
실형 텐트가 좋다. 비와 햇볕을 가리는 타프도 쓰임새가 많으
므로 갖춰 두면 좋다. 취사용 장비인 코펠과 스토브, 식기 역
시 인원수에 맞게 장만한다. 잠자리는 봄~가을에 쓸 수 있는
하계용 침낭이면 충분하나, 겨울철에 난방을 하지 않을 경우
에는 동계용을 따로 마련한다.

랜턴은 사이트 전체를 밝히는 메인용과 텐트 안에서 쓰는 보
조용 두 가지가 기본. 스토브와 랜턴용 연료는 통일하는 것이
편리하다. 의자와 테이블도 인원수에 맞추어 준비하되 테이블
은 낮고 아담한 것이 활용도가 크다. 키친 테이블과 화로대 세
트, 더치 오븐 등은 필요할 경우에만 장만한다.

캠핑을 즐길 수 있는 곳

▶ 모구리야영장

주소 : 서귀포시 성산읍 서성일로 260(난산리 2971)
전화 : (064) 760-3408
홈페이지 : moguri.sgpyouth.or.kr
요금 : 야영비(1박) 성인 2천400원, 청소년 2천 원
운영기간 : 연중무휴
시설 : 대형 텐트 200동 규모, 취사장 2동, 샤워장 2동,
　　　화장실 2동, 화로대 사용 가능
주변 볼거리 : 성읍민속마을, 성산일출봉, 섭지코지, 다랑쉬오름, 비
　　　자림, 표선해변치해변, 제주민속촌박물관 등
대중교통 : 대중교통 없음. 택시나 렌터카 이용

▶ 서귀포자연휴양림

주소 : 서귀포시 1100로 882(대포동 산1-8)
전화 : (064) 738-4544
홈페이지 : huyang.seogwipo.go.kr
요금 : 입장료 1천 원, 야영비(1박) 6천 원, 주차료 3천 원
운영기간 : 봄~가을
시설 : 대형 텐트 20동+소형 텐트 60동 내외, 취사장 2동, 샤워장
　　　없음, 화장실 1동, 화로대 사용 불가
주변 볼거리 : 한라산, 신비의도로, 이시돌목장, 중문관광단지, 천지
　　　연폭포, 테디베어박물관 등
대중교통 : 1100도로 제주 시외버스를 타고 자연휴양림 정류장에
　　　서 하차

▶ 돈내코야영장

주소 : 서귀포시 돈내코로 114(상효동 1459)
전화 : (064) 733-1584
요금 : 야영비(1박) 1천 원, 주차료 1천200원
운영기간 : 봄~가을
시설 : 소형 텐트 30동 내외, 취사장 2동, 샤워장 1동, 화장실 1동,
　　　화로대 사용 불가
주변 볼거리 : 성읍민속마을, 중문관광단지, 신영영화박물관 등
대중교통 : 서귀포 시내버스 3번, 9번을 타고 국민관광단지 정류장
　　　에서 하차

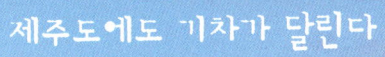

제주도에도 기차가 달린다

기차 체험

제주는 예로부터 돌과 바람과 여자가 많아 삼다도(三多島)라 불렸고, 한편으로는 도둑과 거지와 대문이 없어 삼무(三無)의 섬으로 일컬어지기도 했다. 그만큼 서로 믿고 도우며 살기 좋은 섬이었다는 소린데…. 어쨌든 그건 그렇다 치고, 모든 것이 현대화 되면서 제주도에 없는 게 하나 더 생겼다. 그러니까 영국의 사회사상가 존 러스킨(John Ruskin)의 주장을 빌리자면 모든 사람이 100원을 갖고 있으면 부(富)라는 개념이 존재하지 않지만 소수만이 100원을 갖고 있을 때 비로소 빈부가 생기는 것처럼, 원래 세상 어디에도 없던 기차라는 물건이 다른 곳들에 생겨나면서 제주도는 자연스레 '기차가 없는' 혹은 '기차를 갖지 못한' 섬으로 불리게 되었다는 슬픈(?) 전설이 그것이다.

하지만 우리의 유쾌한 제주도는 그 같은 '결핍'을 멋진 아이디어로 말끔히 해결했다. 도착시간에 맞추느라 늘 여유 없어 보이지도, 짐을 많이 실어 지쳐보이지도 않는 재치 있고 즐거운 관광열차가 제주를 달리기 시작한 것이다.

제주의 유일한 기차 테마파크

이 근사한 열차는 2010년 가을 문을 연 에코랜드에서 만날 수 있다. 그것도 다섯 편씩이나. 테마파크 안 66만㎡ 넓이의 부지에 천연 생태지역인 곶자왈을 따라 이어진 철도는 출발지인 메인역을 시작으로 에코브리지와 레이크사이드역, 피크닉가든역, 그린티&로즈가든역을 지나 다시 메인역으로 돌아오는 50분 정도의 코스다.

곶자왈은 화산활동으로 흘러내린 마그마가 제주 중산간의 완만한 지대에서 천천히 식으면서 만들어진 지대로, 지표면을 덮고 있는 다공질 암석층은 온도와 습도유지 효과가 탁월해 종가시나무와 참가시나무, 동백나무 등이 울창하고 육박나무와 백서향, 골고사리 등 여러 희귀식물의 보금자리 역할을 한다. 아울러 이곳은 빗물을 거르고 저장하는 능력이 뛰어나 제주도의 중요한 식수 공급원이 되기도 한다.

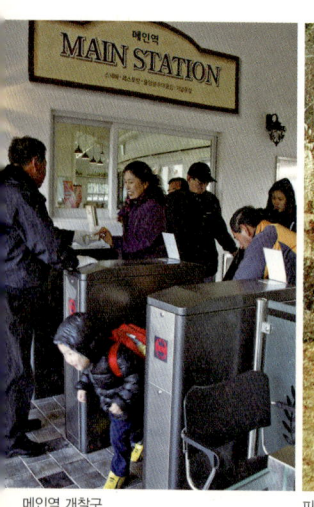
메인역 개찰구

피크닉가든역

에코랜드 메인역에서 기차에 오르면 처음 들르는 곳이 에코브리지역이다. 이곳은 약 6만6천㎡ 넓이의 인공호수를 가로 지르는 140m 길이의 수상데크를 갖춰 고요한 수면 위를 산책하는 기분을 느낄 수 있다. 호수를 건너면 넓게 펼쳐진 잔디동산 뒤로 우뚝 선 풍차가 손님을 맞는다. 스낵바를 겸하고 있는 풍차에서는 호수를 운항하는 관광용 호버크래프트의 티켓도 판매한다.

다음역인 레이크사이드역은 그대로 걸어서 가거나, 에코브리지역으로 돌아가 다음 기차를 타고 억새터널을 지나서 가도 된다. 원래 말을 기르던 넓은 초지 위에 건설된 레이크사이드역 주변에서는 차와 스낵을 즐길 수 있는 수상카페와 제주를 테마로 꾸민 삼다정원, 호수 위를 달리는 호버크래프트를 감상할 수 있다.

드넓은 금잔디 위의 피크닉가든역에 내리면 산책로인 에코로드를 따라 걸으며 곶자왈의 생태를 볼 수 있다. 산책로 끝에는 어린이들을 위한 키즈타운과 쉼터인 에코로드 카페, 제주 보존자원 1호인 화산송이 맨발체험장이 마련되어 있다.

다음역인 그린티&로즈가든역으로 들어서면 제주의 오름을 재현한 오름동산과 각종 야생화로 아름답게 꾸민 정원이 방문객을 맞는다. 순박한 차나무와 우아한 장미가 어우러진 유럽식 정원은 특히 여성 관람객들 사이에 인기가 좋다고.

에코브리지역의 풍차

기차만 타고 한 바퀴 돌면 한 시간도 안 걸리는 거리지만 코스 중간 중간 각종 테마별로 꾸민 역에 내려 사진도 찍고 먹을거리, 볼거리를 즐기다보면 어느새 두세 시간은 쏜살같이 지나간다.

에코랜드는 외지 관광객만 주로 찾는 제주도의 여타 테마파크와 달리 제주 현지인들의 방문이 많은 편이다. 기차를 볼 수 없었던 곳이기에 제주도민들이 '기차 한번 타보자'며 앞 다퉈 찾는다고. 기차에 익숙한 관광객이라고 해도 에코랜드는 한번쯤 들러볼 만한 곳이다. 제주의 '천연식물원'격인 곶자왈과 호수, 아름다운 정원 등으로 특색 있게 꾸민 역들을 아기자기한 기차로 둘러보는 재미가 보통을 넘는다.

주소 : 제주시 조천읍 번영로 1278-169(대흘리 1221-1)
전화 : (064) 802-8000
홈페이지 : www.ecolandjeju.co.kr
요금 : 성인 1만1천 원, 청소년 9천 원, 어린이 8천 원
운영시간 : 09:00∼18:00(하절기 08:30∼19:00, 동절기 09:00∼17:30)
체험소요시간 : 1시간 내외(기차만 탈 때)
대중교통 : 남조로 제주 시외버스를 타고 제주돌문화공원 정류장에서 하차 후 교래사거리 방향으로 걸어서 5분

에코브리지지역 인공호수

에코랜드를 달리는 링컨 기차

에코랜드를 달리는 다섯 편의 링컨 기차는 지난 61년간 영국에서 테마파크용 기차만 만들어온 세번램 새(Severn Lamb UK Ltd.)의 장인들이 '한 땀 한 땀' 손으로 제작한 수제품. 에코랜드에서 주문한 링컨 기차 다섯 편은 창사 이래 단일주문으로는 최대 규모였다고 한다. 미국 최초의 증기기관차인 볼드윈의 모양을 본 따 만든 링컨 기차는 미국 포드사의 LPG 엔진으로 움직이며 네 량의 객차를 연결해 최대 144명의 성인 혹은 192명의 성인 및 아동이 함께 탑승할 수 있다. 세번램 사는 링컨 외에 주피터와 텍산, 애로우 리버 등 다양한 크기와 모양의 기차를 만들고 있다.

에코로드

에코로드카페 앞 물펌프

직접 딴 감귤이 더 맛있다
감귤농장 체험

'달렸다' '열렸다'는 말보다 '피었다'는 표현이 먼저 떠오른다. 늦가을에서 겨울까지, 제주도의 거리나 골목에는 꽃보다 아름다운 감귤이 활짝 핀다. 짙은 주황색에 가까운 샛노란 감귤은 환한 빛처럼 사방을 비추고 오가는 이들에게 미소를 보낸다. 그뿐이랴. 감귤은 맛있고 기특하다. 제주도에서 감귤나무는 '대학나무'라고 불릴 만큼 대단한 위세를 떨쳤다. 온 가족이 먹고 살고 자녀들 대학까지 보낼 수 있는 힘이 이 새콤달콤한 열매에서 나왔다. 제주지역 전체 농가의 85%가 감귤농사를 짓고 오랫동안 가격이 제자리걸음을 한 탓에 지금은 예전만 못하다지만.

감귤체험농장을 찾으면 그 예쁜 감귤을 직접 따먹고 값싸게 살수도 있다. 체험 과정은 단순하나 수확의 즐거움을 짐작해볼 수 있는 체험이라는 데 의미가 있다. 아이와 함께 하는 제주여행이라면 필수 코스로 넣어도 좋다.

제주에는 수많은 감귤체험농장이 있고 체험비도 3천 원대로 비슷하다. 어디를 들어가도 체험은 할 수 있지만 이왕이면 검증된 곳을 찾는 게 마음 편하다. 그 가운데 하나가 은하감귤체험농장. 이곳을 다녀간 이들이 체험담을 인터넷 블로그에 올리면서 '믿을 만한' 농장으로 알려지기 시작했다. 입소문대로 즐거운 시간을 보낼 수 있을지, 직접 찾아가 보기로 했다.

"우리는 인터넷을 잘 이용하지 않아서 몰랐는데, 손님들이 얘기해 줘서 알았어요. 글 올려주신 분들께 고맙죠."

은하감귤체험농장&직판장을 운영하고 있는 고수양, 문성실 씨가 환하게 웃는다. 넉넉한 웃음만 봐도 왜 은하농장의 평이 좋은지 감이 온다. 은하농장의 감귤은 그동안 인터넷을 통해 살 수가 없었다. 직접 찾아오는 손님이나 전화 주문 고객에게만 팔다가 최근 인터넷 판매를 준비중이다. 도매도 않고 오로지 소매로만 파는데 해마다 '완판'이란다. 좋은 감귤로 친절하게, 정직하게 손님을 대하는 것 말고 비결이 따로 있었겠는가.

적은 비용으로 온 가족 '오감 만족'

은하농장은 서귀포시 안덕면 덕수리 '명당'에 위치해 있다. 맑은 날이면 종일 거침없는 햇빛이 내리고 바람이 부는 곳이다. 햇빛을 많이 받을수록 감귤은 잘 자란다.

"귤 고르는 눈은 전문가나 일반인이나 비슷해요. 진한 주황색일수록 잘 익은 거죠. 귤이 너무 말랑말랑하고 꼭지가 검다면 오래된 귤이라고 보면 됩니다. 딴 지 얼마 안 된 귤이라면 1주일에서 10일쯤 그냥 두세요. 그러면 단맛이 더 진해집니다. 여기까지는 집에서 귤을 사 드시는 분들께 드리는 말씀이고요, 뭐니 뭐니 해도 12월이나 1월에 나무에서 직접 따먹는 귤 맛이 최고죠."

　　문성실 씨의 설명을 들으며 잘 익은 귤을 찾아 농장으로 나갔다. 나무 사이사이 작은 길들이 나 있어 돌아다니며 마음에 드는 귤을 고르면 된다. 아이들은 이때부터 신이 난다. 숨바꼭질도 할 수 있는 은밀한 숲(?)에서 마음껏 돌아다닐 시간이다.

　　귤을 따는 방법은 간단하다. 한 손으로 잡은 듯 잡지 않은 듯 귤을 살짝 쥐고 가위를 든 손으로는 귤 꼭지보다 0.5~0.7cm 위쪽을 자른 뒤 다시 짧게 꼭지를 잘라내면 된다. 한 번에 따는 게 아니라 두 번에 나눠 따는 게 포인트다. 아이들이 체험할 수 있도록 도와줄 때는 귤에 상처를 내거나(귤에 상처가 나면 금방 상한다) 가위에 손을 다치지 않도록 주의를 준다. 다 가져갈 수 없을 만큼 너무 많이 따는 것도 삼가도록 한다.

　　귤 인심은 그때그때 다르다. 작황이 좋지 않을 때는 직접 딴 귤만 챙겨갈 수 있는 정도지만 귤이 풍작인 해에는 농장에서 따로 한 봉지씩 주기도 한다. 귤에 신맛이 많이 남아 있는 때에도 농장에서 맛좋은 귤을 챙겨준다. 1~2월에는 체험비도 2천 원으로 싸다.

　　고수양 씨로부터 한해 감귤농사가 어떻게 이뤄지는지 얘기를 듣는데, 허리가 바로 휠 것 같다. 전지와 파쇄, 비료 주기, 소독하기, 칼슘 살포, 효소 제작과 살포…. 봄부터 가을까지 끊임없이 이어지고 수차례 반복되는 농사 과정이 듣기만 해도 힘겹다. 일손을 구하기 어려운 겨울 수확기도 고되긴 마찬가지.

　　"보도를 보니 농수산물, 공산품 통틀어서 최근 10~20년 동안 가장 오르지 않은 품목 3위가 감귤"이라며 미간에 근심을 담아 보이지만, 이들 부부에게도 감귤나무는 '대학나무'였다. 평생 성실하게

은하농장 대표
고수양(오른쪽)·문성실 씨 부부

감귤농사를 지어오는 동안 아이 셋이 나란히 국립대에 진학했다고. 체험하는 내내 기분 좋은 웃음으로 함께해 준 문성실 씨의 표정이 아이들 얘기에 이르자 감귤 빛만큼 환해진다. '네티즌이 옳다'는 어느 웹사이트 슬로건이 생각난다. 직접 가보니, 이 농장을 추천한 블로거들이 옳았다.

정보톡<

감귤농장 체험할 수 있는 곳

▶ 은하감귤체험농장
주소 : 서귀포시 안덕면 덕수서로 250(덕수리 1700)
전화 : (064) 792-0008, 010-7570-3443(문성실)
요금 : 어른 3천 원(10~12월), 2천 원(1월부터), 어린이 2천 원
영업시간 : 09:00~17:00
체험 소요시간 : 30분 내외
대중교통 : 제주시외버스터미널에서 제주~대정간 평화로노선버스
         (20분 간격)를 타고 덕수리에서 하차, 저지 방향으로 15
         분쯤 걸어가면 오른쪽으로
         은하감귤체험농장이 보인다.
사진ⓒ육아블로거 양띠모모

그 외 추천할 만한 감귤체험장

서귀포농업기술센터 농업생태원
seogwipo.agri.jeju.kr
(064) 733-5959 서귀포시 남원읍 중산간동로 7413(하례리 1558)

한라감귤체험농원
www.hallapark.co.kr
(064) 782-2479 서귀포시 성산읍 서성일로 991번길 1(수산리 735)

운하친환경체험관광농원
(064) 794-6677, 010-2698-2466
서귀포시 안덕면 서광남로 84(서광리 2462-6)

영혼을 정화하는 맑은 소리

오카리나

　오카리나는 듣는 순간 영혼이 맑아지는 느낌을 받는, 청아한 음색을 지닌 악기다. 1980년대 중반 일본 NHK에서 만든 다큐멘터리 '대황하'의 배경 음악으로 잔잔히 깔렸던 맑고 소박한 피리 소리가 바로 노무라 소지로의 오카리나 연주였다. 그 소리의 정체를 알게 된 건 10여 년 뒤 애니메이션 '이웃집 토토로'를 통해서였다. 작고 귀엽게 생긴, 낯선 생김새의 악기를 연주하는 장면에서 인상 깊었던 피리 소리가 들려온 것. 얼마 지나지 않아서 악기의 이름이 오카리나라는 것도 알게 되었다.

오카리나 제주공방을 운영하고 있는 송승헌(왼쪽), 이정은 씨 부부

오카리나 만들기부터 연주법까지

언젠가는 악기를 구해 연주법을 배워 보고 싶다는 생각만 했을 뿐, 행동으로 옮기지 못했다. 그러던 차에 제주도에서 다시 오카리나를 만났다. 제주시 용담동에 자리한 '오카리나 제주공방'에서다. 오카리나 전문 제작자와 연주가 부부가 운영하는 곳으로, 오카리나 만들기부터 연주에 이르는 전 과정을 체험할 수 있다. 오카리나 만들기는 흙을 주물러 악기를 만드는 과정을 통해 감수성을 기르고 정서적인 안정을 얻을 수 있어 자녀를 동반한 가족 여행객들로부터 좋은 반응을 얻고 있다.

매주 토요일 오전 11시와 오후 2시에 오카리나 체험 프로그램을 운영 중이고, 주중엔 제주지역 초등학교 등에서 오카리나 만들기와 연주법을 가르치므로 주중에 방문하려면 최소 하루 전에 연락해 일정을 맞추도록 한다.

오카리나 만드는 과정을 살펴보자. 우선 도자기용 백토를 이용해 악기 모양을 빚는다. 몸통이 크면 낮은 소리가 나고 작을수록 고음이 난다. 오카리나의 매력은 맑은 고음에 있으므로 손바닥만한 크기가 적당하다. 새끼 거위를 닮은 기본형 외에 속을 파서 공간을 만들 수 있는 것이라면 과일, 물고기, 자동차 등 어떤 모양으로든 오카리나를 만들 수 있다.

대략적인 형태를 잡아 커터를 이용해 반으로 자른 다음 속을 파서 소리가 울리는 공간을 만든다. 손으로 잡고 연주할 때 부서지지 않을 만큼 적당한 두께를 유지하며 골고루 파낸 다음 공기를 불어넣을 취구(吹口)와 손가락 구멍인 지공(指孔)을 만든다. 지공 네 개로 한 옥타브를 낼 수 있고, 열 개 내외로 웬만한 곡은 연주할 수 있다고.

오카리나 만드는 과정

1. 흙 빚기
2. 기본모양 완성
3. 속 파내기
4. 합체!
5. 취구·지공 뚫기
6. 짜잔~ 완성

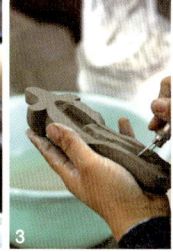
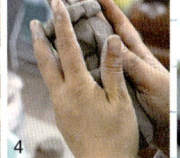

안쪽 작업이 마무리되면 반으로 자른 부분에 물을 묻혀 조심스레 붙이고 보기 좋게 다듬는다. 이때 뭉그러진 취구나 지공도 다듬어서 모양을 바로잡는다. 정확한 음을 낼 수 있도록 강사가 직접 지공의 크기를 조절해 주기 때문에 망칠 염려는 없다.

이렇게 만든 오카리나는 일주일 정도 자연 건조를 거쳐 가마에서 초벌구이를 하면 연주가 가능한 악기로 거듭난다. 색을 칠하고 유약을 입혀 한 번 더 구우면 표면이 반들반들한 도자기가 완성된다. 재벌구이를 끝낸 오카리나는 윤기가 나서 보기 좋고, 장식품으로서의 가치도 있지만 음색은 초벌구이만 했을 때가 더 좋다고. 완성된 오카리나는 택배로 보내 준다.

오카리나는 누구나 쉽게 익힐 수 있는 악기 중 하나다. 기초 연주법을 배워 한 시간 정도 연습하면 간단한 곡을 연주할 수 있다. 처음부터 어려운 곡에 도전하지 말고 수준에 맞는 곡을 골라 꾸준히 연습하는 것이 실력을 키우는 비결이다.

정보톡

오카리나란

이태리어로 '작은 거위'를 뜻하는 오카리나는 새끼 오리를 닮은 독특한 생김새에서 그 이름이 유래한다. 오늘날 사용하는 근대적인 오카리나는 19세기 말 이태리의 주제페 도나티가 중국의 훈(塤)이라는 도자기 피리를 참고해서 만들었다는 설이 유력하다. 맑고 청아한 소리가 나는 오카리나의 지공(指孔)은 4개에서 12개 정도이고, 공기가 빠져나가는 구멍이 따로 없는 폐관(閉管)악기다. 일본에서는 전문 잡지가 발행될 정도로 큰 인기를 끌고 있으며, 우리나라에서도 동호인이 꾸준히 늘고 있는 추세다.

▶ 오카리나 제주공방

주소 : 주소 : 제주시 남성로 54(용담1동 266-2)
전화 : (064) 796-8102, 011-690-2749
홈페이지 : www.ocarina.or.kr
요금 : 만들기 체험 1만 원(목걸이형), 3만 원(작품용) /
　　　채색 및 연주 체험 2만~8만 원
　　　※토요일에는 50% 할인
운영시간 : 월~토요일 10:00~18:00 / 토요일 11시,
　　　　　14시 상설 오카리나 체험 프로그램 운영(평일
　　　　　은 예약 필수)
체험 소요시간 : 1시간 안팎(오카리나 제작 및 연주)
대중교통 : 제주시외버스터미널에서 남성로터리 방향으
　　　　　로 걸어서 10분. 제주공항에서는 택시로 이동
　　　　　(기본요금)

갈대밭 살금살금 걸어 엿보는 철새의 낙원
철새 탐조

　무성한 갈대밭을 울타리처럼 두른 물가. 은빛 비늘처럼 반짝이는 저수지 수면에는 까뭇까뭇한 물오리들이 무리지어 둥둥 떠 있고 온몸이 하얀 백로가 홀로 둑이나 바위에 서 있다가 문득 생각이라도 난 듯 긴 다리로 겅중겅중 걸음을 재촉한다. 겨울을 앞둔 하도철새도래지의 한낮 풍경이다.

　제주에는 성산포 부근이나 한경면의 용수저수지 등 몇 곳의 철새도래지가 있지만 찾아오는 철새들의 숫자와 종류로 보면 구좌읍의 하도철새도래지가 으뜸이다. 민물과 바닷물이 섞인 연안습지에 먹잇감이 풍부하고 주변으로 키 큰 갈대가 무성해 알을 낳고 새끼를 키우기에 좋은 조건을 갖추었다. 겨울이 되면 저어새, 고니, 알락오리, 흰물떼새, 민물도요, 기러기 등 30여 종 5천여 마리의 철새가 찾아든다. 갈대밭으로는 산책로가 나 있어 물가에 가깝게 다가설 수 있다. 혹시 사진을 찍고 싶다면 망원렌즈를 가져가자. 눈치 빠르고 겁 많은 철새는 인기척을 느끼면 일제히 하늘로 날아올랐다가 반대편 물가로 자리를 옮긴다.

　구경만 하려면 연안습지 남쪽에 있는 '하도철새탐조대'로 가면 된다. 이층목조건물인 이곳에는 철새를 자세히 관찰할 수 있도록 망원경이 설치되어 있고 하도철새도래지에서 볼 수 있는 철새·텃새의 사진을 자세한 설명과 함께 전시해 놓았다.

▶하도철새도래지
주소 : 제주시 구좌읍 화도1길(하도리)
전화 : (064) 728-7732
요금 : 무료
소요시간 : 1시간 내외
대중교통 : 제주시외버스터미널에서 동일주 노선버스를 타고 하도리 버스 정류장에서 하차. 탐조대까지 걸어서 20분

노루 생태 관찰

제주에는 노루의 생태를 살펴볼 수 있는 '노루생태관찰원'이 있다. 2007년 8월 문을 연 이곳은 200여 마리의 노루와 이를 관찰할 수 있는 관찰로, 상시관찰원을 갖추고 있다. 노루의 생활상을 볼 수 있는 영상전시실도 마련되어 있다.

노루에게 먹이를 주는 시간인 오전 8시 30분이나 오후 4시경에 찾으면 많은 노루를 관찰할 수 있다. 노루뿐만 아니라 울창한 산림과 오름, 각종 동식물들이 자연 그대로 보호되고 있어 산책하며 둘러보기에 좋다.

노루생태관찰원에서는 무료로 생태체험 프로그램도 진행한다. 3~11월에 생태체험장에서 나무를 이용해 동물, 놀이기구, 장난감 등을 만들어 볼 수 있다.

▶ 노루생태관찰원
주소
제주시 명림로 520(봉개동 산51-2)
전화
(064) 728-3611
홈페이지
roedeer.jejusi.go.kr
요금
성인 · 청소년 1천 원, 어린이 6백 원
개장시간
07:00~18:00(3~10월),
08:00~17:00(11~2월)
연중 무휴
체험 소요시간
상시관찰원 및 전시실 관람 30분,
거친오름 관찰 코스 50분
대중교통
제주시청에서 1번 시내버스를 타고 절물자연휴양림 입구에서 하차. 명도암 방향으로 걸어서 10분

천연비누 만들기

제주에서 천연비누 만들기를 체험할 수 있는 '곱뜨락아띠'는 '고운친구'라는 뜻의 제주 방언. 비누 베이스를 녹여 아로마 오일과 글리세린 등 원하는 재료를 섞은 후 틀에 부어 완성하면 된다. 방부제, 합성세제, 인공향 등을 쓰지 않고 자연에서 온 재료들로만 비누를 만들기 때문에 피부에 좋고 환경오염 걱정이 없다.

아로마 향기 가득한 공방에서 이뤄지는 작업은 그 자체로 휴식 같다. 예쁘고 다양한 수제 비누를 직접 만들어 가져갈 수 있는 점도 매력이다. 곱뜨락아띠에서는 비누체험교실을 운영하는 한편 다양한 천연비누와 허브 제품들을 판매하고 있다. 카페도 함께 있으므로 비누가 굳는 동안 허브티와 커피, 전통차를 맛보며 느슨한 시간을 보낼 수 있다.

▶ **곱뜨락아띠**
주소 : 제주시 한경면 칠전로 429(조수리 4087)
전화 : (064) 772-5664
요금 : 천연비누 만들기 1만7천 원
영업시간 : 11:00~16:00(사전예약 필수)
체험 소요시간 : 약 1시간
대중교통 : 서일주 제주 시외버스를 탄 후 한경 면사무소에서 하차. 대정~고산 읍면순환버스로 갈아타고 평지동에서 내린 다음 걸어서 10분(황금룡 맞은편)

천연염색 체험

기껏 제주도 여행 와서 옷감 염색이나 한다고 투덜댈 사람도 있을지 모르나 제주도만큼 천연염색을 잘 체험하고 이해할 수 있는 곳도 드물다. 제주도는 천연염색 중에서도 설익은 감(땡감)을 이용한 감물염색으로 유명한데, 이는 제주의 덥고 습한 기후와 연관이 크다.

감물염색은 옷감을 튼튼하게 해줄 뿐 아니라 항균·방취 기능에 속건성까지 좋아 제주에서는 오래전부터 이렇게 물들인 갈중이(갈옷)라는 생활복을 널리 입었다. 갈옷은 감물염색으로 옷감이 빳빳하게 되므로 풀 먹이기나 다림질 등의 잔손질이 필요 없고 통기성이 좋고 열전도율이 낮아 여름에 시원하다. 또 습기에 강해 땀이나 물에 젖어도 옷감이 몸에 잘 달라붙지 않고 빨리 마른다고. 아울러 감즙이 천연방부제 역할을 해 땀에 젖은 옷을 방치해도 부패하지 않는다. 이처럼 섬유의 강도를 높여주기 때문에 어부들이 밧줄이나 그물을 더 튼튼하게 하기 위해 물들이던 것이 시초였다고.

감물염색을 체험할 수 있는 곳으로는 몽생이와 감마을이 대표적이다. 몽생이는 4인 이상, 감마을은 5인 이상이면 예약이 가능하고 두 곳 모두 천연재료로 물들인 의류와 손수건 등 다양한 제품을 판매 중이다.

▶몽생이

주소 : 제주시 한림읍 명월로 48(명월리 1734)

전화 : (064) 796-8285

홈페이지 : www.mongsengee.co.kr

요금 : 면 3만5천 원, 실크 6만 원(4인 이상 가능, 예약 필수)

운영시간 : 09:00~17:00(공휴일 휴무)

체험 소요시간 : 1시간 30분 이내

대중교통 : 서일주 제주 시외버스를 탄 후 한림에서 하차,
　　　　　 명월~한림 읍면순환버스로 갈아타고 명월리 정류
　　　　　 장에서 하차

▶감마을

주소 : 제주시 수목원길 23(연동 1318-3)

전화 : (064) 711-1766

요금 : 1만 원(5인 이상 가능, 예약 필수)

운영시간 : 10:00~18:00(7~8월에만 염색체험 가능)

체험 소요시간 : 1시간 30분 이내

대중교통 : 제주공항이나 제주시외버스터미널에서 300번 시내
　　　　　 버스를 타고 한라수목원 입구에서 하차

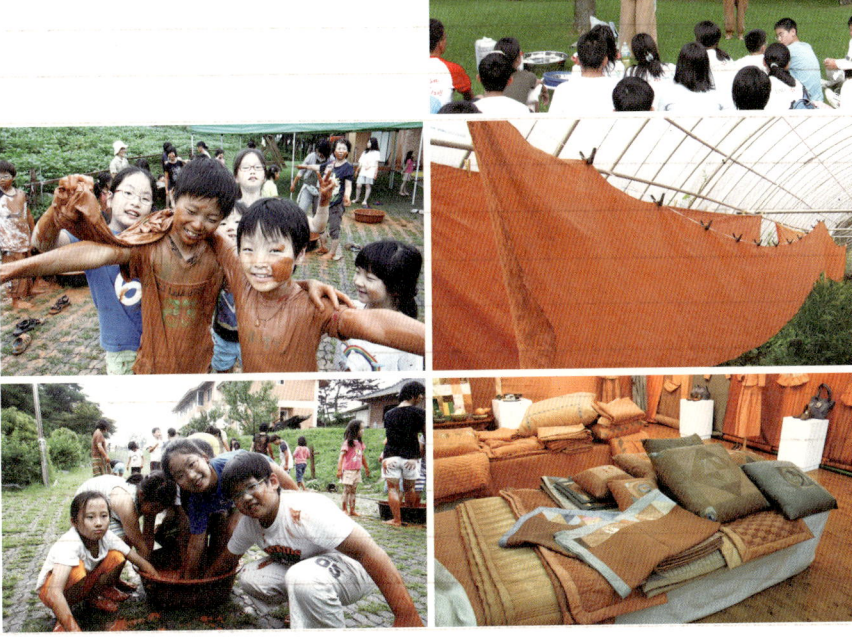

도예 체험

  어느 도예가에게는 '도자기가 아닌 마음을 빚는 작업'이겠지만 아이들에게 도예는 주물럭주물럭 컵 하나 그릇 하나 새 한 마리 뚝딱 만드는 그저 재미난 '찰흙놀이'다. 여행지에서 무언가 기념이 될 만한 것을 남기고 싶거나 아이와 함께 즐겁고 여유로운 시간을 보내고 싶다면 도예 공방을 찾아보자. 제주도에는 방문객들에게 기초 과정을 가르치는 도예 상설 체험 교실이 여럿 있다. 체험에 참가한 이들이 만든 작품은 건조와 굽기 과정을 거친 후 집까지 택배로 보내준다.

  기초 체험은 크게 흙 빚기와 물레 체험으로 나뉘는데 그 중 '흙 빚기'는 점토를 자르고 붙이고 다듬어 그릇과 화분, 장식품 등 원하는 모양으로 만드는 도예의 가장 기초적인 작업 중 하나다. 영화 〈사랑과 영혼〉의 한 장면으로 등장해 유명해진 '물레 체험'은 전체적인 균형미를 눈으로 가늠하며 손끝으로 세밀하게 다듬어 가는 것이 중요하다고. 덩어리 진흙이 하나의 쓸모 있는 '작품'으로 탄생하는 과정을 직접 체험하고 나면 왜 도예 장인들을 '도예공'이 아닌 '도예가'라고 부르는지 고개를 끄덕이게 된다.

성지도예

▶ 산하도예

주소 : 제주시 애월읍 광령평화2길 1(광령리 2698)

전화 : (064) 799-1004

홈페이지 : www.sanhadoye.kr

요금 : 도자기 체험 1만2천 원

운영시간 : 09:00~18:00

체험 소요시간 : 약 1시간(흙 빚기 30분, 물레 체험 30분)

대중교통 : 제주시외버스터미널에서 평화로 노선버스나 중문고속
　　　　　화버스를 타고 유수암단지 정류장에서 하차. 체험장까지
　　　　　걸어서 10분

▶ 성지도예

주소 : 서귀포시 표선면 성읍2로 85(성읍2리 288-1)

전화 : (064) 787-2773, 010-7660-3796

요금 : 3만 원(택배비 포함 머그컵 2개 기준)

운영시간 : 09:00~19:00(예약 필수)

체험 소요시간 : 약 1시간

대중교통 : 번영로 제주 시외버스를 타고 성읍2리 정류장에서 하차

▶ 일출랜드

주소 : 서귀포시 성산읍 중산간동로 4150-30(삼달리 1010)

전화 : (064) 784-2080, 782-7654

홈페이지 : www.ilchulland.com

요금 : 도자기 체험 1만5천~3만 원

운영시간 : 08:30~18:00(동절기 09:00~17:00)

체험 소요시간 : 약 1시간

대중교통 : 제주시외버스터미널에서 번영로 노선버스를 타고 표선
　　　　　리에서 하차. 성산~고성 읍면순환버스로 갈아탄 후 일
　　　　　출랜드 버스정류장에서 하차

초콜릿 만들기

　감귤, 백년초, 녹차 등의 특산물을 재료로 만든 제주도산 초콜릿이 인기여서인지, 아니면 여행에 깃든 달콤하면서 낭만적인 기운과 초콜릿의 이미지가 잘 어울리기 때문인지, 제주도에는 초콜릿 체험장이 많고 인기가 높은 편이다. 과정이 복잡하지 않으면서 예쁜 작품들을 만들 수 있어 어른이든 아이든 만족도가 꽤 높다.

　초콜릿이 만들어지는 과정을 직접 경험해 보는 것도 재미있고, 씁쌀하고 순수한 맛이 느껴지는 수제 초콜릿을 먹을 수 있는 점도 매력이다. 사랑하는 가족이나 연인끼리 직접 만든 초콜릿을 선물한다면 한결 달콤한 추억으로 남을 것이다.

▶ 초콜릿랜드

주소 : 서귀포시 중문관광로110번길 15(색달동 2864-36)

전화 : (064) 738-1197

홈페이지 : chocolateland.kr

요금 : 1만2천 원

운영시간 : 09:30~18:00

체험 소요시간 : 1시간 내외

대중교통 : 제주공항에서는 600번(공항리무진) 버스, 서귀포시외버
스터미널에서는 100번, 110번 버스를 타고 한국관광공
사 정류장에서 하차

▶ 방선문 체험월드

주소 : 제주시 오남로 247-4(오라2동 860-1)

전화 : (064) 744-0093

요금 : 1만2천 원

운영시간 : 09:00~17:00

체험 소요시간 : 1시간 내외

대중교통 : 제주시외버스터미널에서 5번 시내버스를 타고 한라도서
관 정류장에서 하차

▶ 동부레저

주소 : 서귀포시 표선면 번영로 2454(성읍리 2873)

전화 : (064) 787-5220~1

홈페이지 : www.jejucart.com

요금 : 1만 원

운영시간 : 하절기 09:00~19:00, 동절기 09:00~17:00

체험 소요시간 : 1시간 내외

대중교통 : 번영로 제주 시외버스를 타고 성읍2리 정류장에서 하차

토피어리 만들기

토피어리(topiary)는 로마시대 어느 정원사가 나무에 '다듬는다'는 의미의 라틴어 토피아(topia)를 새겨 넣은 것이 시초라고 한다. 17~18세기 유럽에서 크게 유행했는데, 정원을 아름답게 꾸미기 위해 나무나 화초 등을 자르고 다듬어 사각형과 삼각형 등 가급적 인공적인 모양으로 만들수록 호평을 받았다고. 이 같은 토피어리를 잘 표현한 영화가 바로 조니 뎁이 주연한 〈가위손〉이다.

토피어리 중에서도 말린 물이끼를 철사로 엮어 토끼나 고양이 등 동물의 모양을 만든 뒤 여기에 식물을 심어 작은 실내 장식용으로 꾸민 것을 모스 토피어리(moss topiary)라고 부르며, 우리나라에서 토피어리라고 하면 주로 이것을 뜻한다.

에코랜드에 가면 1인당 1만 원의 비용으로 토피어리를 만들어볼 수 있다. 이곳은 어린이를 동반한 가족 단위 여행객들에게 특히 인기다.

> ▶ 에코랜드
> 주소 : 제주시 조천읍 번영로 1278-169(대흘리 1221-1)
> 전화 : (064) 802-8000
> 요금 : 1만 원
> 운영시간 : 10:00~17:00(12~3월은 운영)
> 체험 소요시간 : 1시간 내외
> 대중교통 : 제주시외버스터미널에서 남조로 방면 시외버스를 타고 제주돌문화공원에서 하차. 교래사거리 방향으로 걸어서 5분

에코랜드 토피어리

석부작 만들기

제주에서 즐길 수 있는 다양한 체험거리 가운데 석부작(石附作)은 꽤 고급스러운 체험이다. 풍란과 콩란 등 다양한 식물을 돌에 붙여 만드는 석부작은 분재의 일종으로 모두 나무나 돌에 붙어 뿌리를 뻗고 자라는 식물의 성질을 이용한 것이다. 돌을 이용한 석부작 외에도 나무를 이용한 것을 목부작, 실내 공기정화를 위해 숯으로 만든 것을 숯부작이라고 부른다.

석부작은 약간의 요령만 익히면 누구나 손쉽게 즐길 수 있는 취미로 만드는 과정은 의외로 간단한 편이다. 우선 가장 많이 쓰이는 소엽 혹은 대엽 풍란과 보기 좋은 돌, 그리고 이를 놓아둘 넓은 화분을 준비한 뒤 돌 한 쪽 적당한 곳에 풍란을 고정하고 본드나 철사로 뿌리를 붙인다. 이끼로 자연스럽게 주변을 장식한 후 뿌리가 잘 자라도록 통풍이 잘되고 햇빛이 은은한 곳에 놓아두되 하루 간격으로 잎과 뿌리가 촉촉이 젖도록 물을 주면 된다. 장식적인 요소가 크기 때문에 풍란뿐 아니라 돌과 화분의 모양과 크기에 따라 다양한 개성의 석부작을 만들 수 있다.

▶ **석부작박물관**
주소 : 서귀포시 일주동로 8941(호근동 569-2)
전화 : (064) 739-5588
홈페이지 : www.seokbujak.com
요금 : 3만 원부터(크기와 모양에 따라 다름)
운영시간 : 08:30~18:00
체험 소요시간 : 1시간 내외
대중교통 : 2번 서귀포 시내버스를 타고 용당 정류장에서
          하차 후 월드컵경기장 방향으로 걸어서 5분
▶ **방선문 체험월드**
주소 : 제주시 오남로 247-4(오라2동 860-1)
전화 : (064) 744-0093
요금 : 5만 원
운영시간 : 09:00~18:00(방학 기간에만 운영)
체험 소요시간 : 1시간 내외
대중교통 : 제주시외버스터미널에서 5번 시내버스를 타고
          한라도서관 정류장에서 하차

방선문 체험월드

Section 2

바다에서
놀자

제주도 바다 와 물 에서 누리는 여유로운 시간

Part 1

배 타고 놀자

배를 띄우고 떠나온 곳을 본다
떠나야만 눈에 들어오는 그 섬의 아름다운 표정
물결이 출렁, 마음도 따라 흔들린다

바다에서 구경하는 제주의 '진면목'
유람선

　유람선을 타고 바다로 나가보자. 똑같은 항구 풍경이라도 뭍에서 볼 때와는 느낌이 완전히 다르다. 해설사의 설명을 들으면서 바위, 동굴, 백사장, 오름 등을 보고 있으면 어느 하나 평범한 것이 없다. 제주도 유람선들은 제주도와 우도, 마라도 등 일대의 절경을 둘러보는 데에 그치지 않고 공연과 이벤트, 일몰 출항, 밤바다 여행 등 다양한 프로그램을 운영 중이다.

　여름에는 시간이 바뀌기도 하고 사람들이 많이 몰리기 때문에 예약이 필수. 여행사를 통한 예약이나 할인쿠폰을 이용하면 정가보다 싸게 즐길 수 있다. 홈페이지에서 할인이벤트를 벌이거나 쿠폰을 다운 받을 수 있도록 해둔 유람선 업체도 있다.

서귀포 유람선

서귀포항을 출발해 새섬과 정방폭포, 섶섬, 범섬, 외돌개, 12동굴을 돌아오는 약 1시간 코스로 짜여 있다. 제주도 남부는 특히 해안이 아름답기로 유명한데 주상절리, 해안 동굴 등을 바다 쪽에서 바라보면 훨씬 직설적인 감동으로 다가온다.

600명을 수용할 수 있는 뉴 파라다이스호는 제주도 유람선 중 규모가 큰 축에 속한다. 유람선 안에서 펼쳐지는 '품바' 공연 덕에 효도 관광 상품으로도 인기다.

출발지 : 서귀포시 남성중로 40(서홍동 707-5)
선박명 : 뉴 파라다이스(600명)
코스 : 새섬 - 정방폭포 - 섶섬 - 범섬 - 외돌개 - 12동굴(약 1시간)
출발시간 : 11:00, 14:00, 15:30
홈페이지 : www.submarine.co.kr
요금 : 성인 1만6천 원, 청소년 1만1천 원, 어린이 9천500원
문의 예약 : (064) 732-1717
대중교통 : 서귀포시외버스터미널 앞 중앙로터리에서 1번 서귀포 시내버스를 타고 천지연폭포
　　　　　버스정류장에서 하차. 유람선 선착장까지 걸어서 10분

마라도 유람선

마라도는 우리나라 최남단에 위치해 있지만 유람선을 타면 쉽고 편하게 다녀올 수 있다. 마라도 유람선은 배 위에서 즐기는 유람보다 마라도 관광이 목적이다. 마라도까지는 30분쯤이면 도착하고 1시간 30분 동안 마라도를 둘러볼 수 있다. 해안의 기암절벽과 해식동굴, 최남단비 등 구경할 곳이 많고 천연잔디가 골고루 깔린 섬 풍경은 평화롭기 그지없다. 1시간 30분이면 충분히 둘러볼 수 있으므로 배가 제때 떠날 수 있도록 돌아오는 시간은 꼭 지키도록 한다.

유람선이 뜨는 산수이동 포구는 올레 10코스의 경승지 가운데 하나다. 송악산과 산수이동 해안, 산방산 등 절경이 이어진다. 조금 일찍 도착해 주변을 산책하는 것도 좋다.

출발지 : 서귀포시 대정읍 송악관광로 424(상모리 133-2)
선박명 : 송악산101(240명) / 송악산2(280명)
코스 : 산수이동 – 마라도(마라도 관광 1시간 30분 포함 2시간 10분)
출발시간 : 10:00, 11:30, 13:00, 14:10
홈페이지 : www.marado-tour.co.kr
요금 : 성인 1만3천500원, 청소년 9천 원, 어린이 7천 원
문의 예약 : (064) 794-6661
대중교통 : 제주시외버스터미널에서 대정 방면 평화로 노선버스를 타고 모슬포에서 내린 다음 읍면 순환버스로 갈아탄 후 산이수동 버스정류장에서 하차. 유람선 선착장까지 걸어서 5분

산방산 사랑의 유람선

'스위스-올레 우정의 길'이라는 별칭을 갖고 있는 올레 10코스를 따라 운항하는 유람선이다. 길이 좋기로 이름난 올레 10코스를 먼 발치에서 구경하는 재미가 있다. 산방산 사랑의 유람선을 타보면 제주도 일대가 얼마나 아름다운지 확실히 알 수 있다. 세계지질공원으로 선정된 산방산과 용머리해안, 화산활동의 백화점이라 불리는 송악산의 주상절리, 보는 각도와 시간에 따라 3~8개까지 섬의 개수가 달라진다는 형제섬, 우뚝 솟은 병풍바위 박수기정, 멀리 한라산까지, '바다 올레'를 항해하며 즐기는 눈맛이 짜릿짜릿하다. 새해 첫 일출을 유람선 위에서 볼 수도 있다. 2011년 1월 1일에는 아침 7시에 출발해 7시 45분 형제섬에서 새해 첫 일출을 보고난 후 정규코스를 도는 특별 유람선이 떴다. 일출제 이벤트는 해마다 실시한다.

출발지 : 서귀포시 안덕면 화순중앙로 172(화순리 636-15)
선박명 : 제주그린월드(330명)
코스 : 화순항 - 산방산 - 용머리 해안 - 송악산 - 형제섬 - 박수기정(1시간)
출발시간 : 11:30, 14:00, 15:30
홈페이지 : www.jejuyuram.co.kr
요금 : 성인 1만7천500원. 청소년 1만2천 원. 어린이 1만 원
문의 예약 : 1599-1567
대중교통 : 제주시외버스터미널에서 대정 방면 평화로 노선버스를 탄 후 안덕농협 버스정류장에서 하차. 유람선 선착장까지 걸어서 15분

성산포 유람선

　제주도가 자랑하는 비경, 우도와 성산포를 함께 돌아보는 유람선이다. 소가 누워 있는 듯한 섬의 모습을 가까이서 살펴 볼 수 있고 홍우도산호해변을 비롯해 조각품 같은 해안 풍경, 천연 동굴 등 유명한 우도팔경을 구경할 수 있다. 바다 쪽에서 보는 성산일출봉도 장관 중의 장관이다. 제주씨월드호가 성산항에서 출항한다. 우도잠수함 타는 곳 바로 옆에 유람선 선착장이 있다.

출발지 : 서귀포시 성산읍 성산등용로 112-7(성산리 347-9)
선박명 : 제주씨월드(278명)
코스 : 우도와 성산일출봉 일대(1시간)
출발시간 : 14:30
홈페이지 : www.jejuseaworld.co.kr
요금 : 성인 1만5천 원, 청소년 · 어린이 7천500원
문의 예약 : (064) 784-6161
대중교통 : 제주시외버스터미널에서 성산 방면 동일주 노선버스를 탄 후 성산항에서 하차. 유람선 선착장까지 걸어서 5분

제주 유람선

바다에서 노을 물드는 제주도와 야경까지 볼 수 있는 독특하고 낭만적인 유람선이다. 한라산과 공항, 제주시 해안도로 카페촌, 용연계곡, 항구를 수놓은 불빛들이 제주를 얼마나 아름답게 그려내는지 확인할 수 있다.

깔끔한 유람선 '미르호' 내에는 가족홀과 노래방 시설, 와인바, 카페, 식당 등 각종 편의시설이 들어서 있으며 선상 결혼식도 진행한다. 제주의 자연을 둘러보는 다른 유람선 프로그램과 차별화하는 데 성공해 비교적 젊은 층으로부터 인기를 모으는 중이다. 하지만 미르호는 현재 시설 공사로 인해 휴항 중이다. 2014년경부터 다시 운항할 예정이다.

출발지 : 제주시 도두항길(도두1동) 도두항
선박명 : 미르호(399명)
코스 : 도두동 – 용두암 – 탑동 – 사라봉(1시간 20분)
출발시간 : 18:30
요금 : 성인 1만9천 원, 청소년 1만3천 원, 어린이 9천 원
문의 예약 : (064) 712-9090
대중교통 : 제주시청이나 중앙로터리에서 7번 제주 시내버스를 탄 후 도두동 버스정류장에서 하차. 유람선 선착장까지 걸어서 5분

때때로 지상보다 황홀하다

잠수함

잠수함 체험은 제주도의 인기 관광 상품 가운데 하나다. 2010년 제주관광학회의 설문조사에서도 제주를 찾은 관광객들은 가장 해보고 싶은 체험으로 '잠수함 타기'를 꼽았다. 평소 접해볼 수 없는 잠수함 체험 자체도 흥미로운데다가 아름답기로 유명한 제주도의 바닷속 세상을 안전하게 둘러볼 수 있다는 점도 큰 매력이다.

동그란 창밖으로 스쳐가는 수백 마리 물고기 떼와 형형색색 산호들이 꽃처럼 피어 있는 풍경. 실제로 잠수함을 타고 본 우도 연안의 바닷속은 기대만큼 선명한 시야를 보여주지는 못했지만 때때로 지상의 풍경보다 황홀했다.

흐린 날 더 멋진 바닷속 비경

화창한 날 찾은 성산항 우도 잠수함 선착장에는 관광객이 많이 모여 있었다. 성수기에는 매일 오전 7시 20분부터 오후 6시 40분까지 총 18회 출항한다. 여객선을 타고 우도 연안의 바지선까지 간 다음 바다에서 대기 중인 잠수함으로 갈아탄다. 우도 앞 바닷속 풍경을 관람할 수 있는 잠수함은 제주씨월드에서 운영하는 용궁48호와 용궁49호.

바다 위를 10분쯤 달린 배가 우도의 해안절벽을 코앞에 둔, 해상 정류장 역할을 하는 바지선에 닿았다. 수십 명의 승객들이 여객선에서 바지선으로 옮겨 타 기념사진을 찍는 동안 해안 절벽 쪽에 있던 노란 잠수함 용궁 48호가 수면 위를 미끄러지듯 다가온다. 이 잠수함은 승객 48명과 승무원 2명을 태우고 75m까지 잠수 가능하며 물속에서 4노트(약 1.8km)의 속도로 움직인다. 전체 길이가 19.6m로 내부가 그리 크지는 않지만 자리마다 동그란 창이 달려 바닷속 풍경을 잘 볼 수 있다. 배가 물속으로 서서히 잠기는 과정은 내부에 설치된 모니터를 통해 지켜볼 수 있다. 모니터에는 수심도 함께 표시된다.

수심 10m를 지날 즈음이면 암반에 붙어사는 미역·감태·우뭇가사리·모자반 등의 해조류가 많이 보인다. 20m를 넘어서면 처음 잠수함과 함께 잠수했던 다이버가 쇼를 시작한다. 먹이로 유인한 수백 마리의 물고기를 끌고 다니며 잠수함 주위를 한 바퀴 도는 것. 다이버와 물고기 떼가 창 앞을 지날 때 놓치지 말고 사진을 찍어두자. 수심 30m를 넘어서면 잠수함은 주황, 노랑, 분홍, 연초록 등 다양한 색깔의 산호들이 피어 있는 산호 군락지를 지난다. 물이 그다지 맑지 않아서인지 바오밥나무 숲을 그린 파스텔화를 보는 것 같다.

부상할 차례가 되자 하얀 눈을 보여준다는 안내방송이 나온다. 잠수함은 밸러스트 탱크라는 곳에 물을 채워 잠수하고 배출하면서 부상한다. 이 과정에서 엄청난 양의 공기방울이 생겨나는데 마치 바닷속에 눈이 내리는 것 같다. 창밖 바다가 점점 환해지고 약간의 진동이 느껴지면 잠수함은 완전히 부상한 상태. 해치를 열고 위로 올라가니 햇빛 환한 딴 세상이다. 30분쯤 천연색 꿈을 꾼 것 같다.

비용은 5만5천 원(성인 기준)이지만 제주도가 아니면 해보기 힘든 체험이고, 할인쿠폰을 이용하면 훨씬 싼 가격에 즐길 수 있으므로 반드시 쿠폰을 챙겨가도록 한다(351쪽 '알뜰여행 팁' 참조).

창 밖 바다의 선명도는 플랑크톤의 활동량에 따라 결정된다. 아침이나 비 오는 날, 흐린 날에는 플랑크톤의 활동이 저하되어 물이 맑지만 맑은 날에는 그 반대의 상황이 벌어진다. 따라서 맑은 바다를 보려면 이른 아침이나 흐린 날 잠수함을 타면 된다.

정보톡톡

잠수함 탈 수 있는 곳

▶ 우도 잠수함

주소 : 서귀포시 성산읍 성산등용로 112-7(성산리 347-9)
전화 : (064) 784-2333
요금 : 성인 5만5천 원, 청소년 4만4천 원, 어린이 3만3천 원
영업시간 : 07:50~17:35(비수기, 성수기, 기상 상황에 따라 변경)
소요시간 : 1시간 10분~1시간 20분(여객선 이동시간 포함)
홈페이지 : www.jejuseaworld.co.kr
대중교통 : 서귀포 신시외버스터미널에서 동일주 노선버스를 타고
성산항 정류장에서 하차, 10분쯤 걸어 성산항에 도착하
면 바로 옆에 잠수함 선착장이 있다.

▶ 마라도 잠수함

마라도해안은 해저경관이 매우 뛰어나 스쿠버다이버들 사이에서 최고의 다이빙 포인트로 꼽힌다. 한라산과 산방산, 송악산, 형제섬, 마라도가 병풍처럼 두르고 있다. 운항구역은 약 100m. 수심 23m까지 잠항

특징 : 마라도와 산방산, 송악산 등 아름다운 주변 경치. 지상 못지 않게 멋진 해저 경관. 스쿠버다이버들의 다이빙 포인트
주소 : 서귀포시 안덕면 사계남로 151(사계리 2126)
전화 : (064) 794-0200
요금 : 성인 5만5천 원, 청소년 4만4천 원, 어린이 3만3천 원
영업시간 : 09:00~18:20(일출 · 일몰, 운항 사정에 따라 변경)
소요시간 : 1시간 10분~1시간 20분
홈페이지 : www.jejusubmarine.com
대중교통 : 서일주나 평화로 노선버스를 이용해 사계리 정류장에서 하차. 사계항 방향으로 걸어서 15분

154 Section 2

▶ 서귀포 잠수함

특징 : 1994년 세계수중촬영대회가 열렸을 만큼 아름다운 해저 세계를 보여주는 문섬을 운항한다. 세계 최대의 맨드라미산호 군락지

주소 : 서귀포시 남성중로 40(서홍동 707-5)

전화 : (064) 732-6060

요금 : 성인 5만5천 원, 청소년 4만4천 원, 어린이 3만3천 원

영업시간 : 07:20~18:40(동절기 16:40분까지)

소요시간 : 1시간 10분

홈페이지 : www.submarine.co.kr

대중교통 : 600번(공항리무진) 버스를 타고 서귀포항 입구 하차, 무료셔틀버스 이용

▶ 차귀도 해적잠수함

특징 : 보물을 찾아 떠나는 콘셉트의 잠수함 체험. 해적 복장의 승무원이 아이들에게 인기

주소 : 제주시 한경면 노을해안로 1146(고산리 3615-6)

전화 : (064) 772-2808

요금 : 성인 5만5천 원, 청소년 4만4천 원, 어린이 3만3천 원

영업시간 : 07:20~18:40(비수기, 성수기, 기상 상황에 따라 변경)

소요시간 : 1시간 10분

홈페이지 : chagwido.kr

대중교통 : 서일주 노선버스를 타고 고산1리우체국앞 정류장에서 하차. 차귀도 잠수함 매표소까지 택시 이용

바다를 '럭셔리'하게 즐겨 보자
요트 투어

한번 타 보니 알겠다, 왜 세계의 부호들이 개인 요트를 소유하는지. 안타깝다, 왜 요트 탈 때 로맨틱한 말 한마디 건넬 연인과 동승하지 못했는지. 지금도 들린다, 펄럭펄럭 바람을 받던 돛의 소리가. 눈에 선하다, 온 세상과 사람을 물들이던 노을이. 그래서 미치겠다, 다시 요트 타고 싶어서.

일출, 일몰 때의 요트 투어가 최고

제주에서 요트 체험을 할 수 있는 대표적인 곳으로는 서귀포시 중문의 '요트투어 샹그릴라'와 제주시 김녕의 '김녕 요트투어'를 꼽을 수 있다. 둘 가운데 요트와 함께 돌고래 쇼 · 제트보트 · 해산물 뷔페 레스토랑을 같은 장소에서 즐길 수 있는 '요트투어 샹그릴라'를 찾아가 보았다.

아름다운 바다를 보려면 일출이나 일몰 시간대에 출항하는 요트를 타는 것이 좋은데, 특별히 일몰시간을 선택했다. 계란 노른자처럼 동그란 태양이 수평선으로 가라앉으며 저녁 바다를 오렌지 빛으로 물들이는 장면을 꼭 보고야 말겠다는 강력한 의지가 발동해…서는 아니고 아침에 못 일어날 것 같기 때문이다. 여름에 일출투어를 하려면 새벽 5시까지는 출발 장소에 도착해야 한다.

요트는 정해진 시간에 출항하지 않는다. 일몰 시간과 예약 손님의 숫자에 따라 출항 스케줄이 달라진다. 따라서 정확한 출항 시간은 최소 하루 전에 전화로 확인해야 한다. 운항 횟수는 보통 여름에는 8~9회, 겨울에는 6~7회다. 소요시간은 상품에 따라 다르다. 사람들이 가장 많이 이용하는 퍼블릭 투어의 해피코스는 1시간으로 다른 관광객들과 함께 승선한다. 프라이빗 투어는 요트를 전세 내는 것으로 요금은 퍼블릭 투어의 5~10배다.

늦은 오후 중문색달해변(중문해수욕장) 입구에 도착하니 깨끗한 건물 주변에 커다란 야자나무가 늘어서 있고 건물 뒤로 이국적인 바다가 펼쳐져 있다. 접수대에서 주민번호, 연락처, 주소, 이메일(요트에서 찍은 사진을 받을 때 필요하다) 등을 적고 대기 장소(씨푸드 레스토랑 건물 1층)로 간다. 목에 패찰을 걸고 구명조끼를 착용한 뒤 추우면 방한용 외투도 빌려 입는다.

갈 때는 엔진으로 돌아올 땐 돛으로

선착장(마리나 항구)에는 돛을 접은 흰색 요트와 노란색 제트보트가 나란히 정박해 있다. 요트 몸통에 적힌 'Shangri-La'는 제임스 힐튼의 소설 〈잃어버린 지평선〉에 등장하는 지명으로 지상에 존재하지 않는 이상향, 낙원을 지칭한다. '요트투어 샹그릴라'가 보유한 요트는 넉 대. 모두 부산의 한 선박제조회사에서 만든 것으로, 구조는 선체 두 개를 연결한 캐터머랜(catamaran) 형식이다. 선체가 하나인 것은 모노헐(monohull), 세 개를 연결한 것은 트리머랜(trimaran)이라고 한다.

샹그릴라호의 최고시속은 12노트(약 22km). 요트 투어 때는 엔진을 이용해 평균 3노트(약 5.5km)로 출항했다가 귀항할 때 돛을 올려 5노트(9.2km) 정도의 속력을 내는 풍력을 이용한다. 승무원 4명을 포함해 총 30명이 탈 수 있고, 요트 가격은 15억~20억 원에 이른다. 샹그릴라호, 샹그릴라 1~2호까지 석 대는 일반 관광객용이고, 샹그릴라 3호는 웨딩 상품 전용으로 쓰인다.

이번에 타게 된 요트는 샹그릴라 2호. 승선을 시작하면 승무원들

이 일일이 사진을 찍어 주는데, 나중에 이메일로 받아볼 수 있다. 요트는 매끄럽게 선착장을 벗어나 해가 저물기 시작하는 바다로 나간다. 테이블에 차려진 빙떡(메밀전에 익힌 무채를 넣어 둥글게 만 제주 전통음식) · 생선회 · 과일 · 과자 · 와인 · 소주 · 음료 등은 모두 무료. 함께 건배를 외치고 잠시 다과 시간을 갖는다. 갑판으로 나가면 요트가 저물어 가는 태양을 향해 달리고 있다. 잔잔한 음악이 흐르는 가운데 몸으로 느껴지는 바닷바람이 상쾌하다.

요트가 바다 한가운데 멈추면 승객들이 가장 좋아한다는 '낚시'를 15분 정도 즐긴다. 갑판에 세워진 낚싯대에 미끼를 끼워 바다에 던지기만 하면 된다. 문제가 있으면 승무원들이 도와주니 낚시의 'ㄴ'자도 모른다고 염려할 필요가 없다.

샹그릴라2호 박성훈 선장의 설명에 따르면 용치놀래기, 쥐치, 방어, 구문쟁이(다금바리 사촌)들이 주로 잡히며, 8~10월에 조황이 가장 좋다고 한다. 실제로 짧은 시간 동안 여기저기서 '손맛'을 본 사람들의 탄성이 들린다. 잡은 생선은 주방장이 회를 떠서 돌아오는 길에 맛보게 해준다.

수평선에 내려앉은 태양이 사람들의 얼굴과 요트를 물들일 때 승무원들은 귀항을 위해 돛을 올린다. 갑판 위로 길게 드리웠던 노을이 점점 옅어져 마지막에는 흔적조차 남지 않았다. 정말 집으로 돌아갈 시간이다. 선장이 틀어 준 케니 지의 음악, '고잉 홈(Going Home)'처럼.

요트 위의 달콤한 이벤트

렉씨웨딩(Rex-Sea Wedding)은 중문마린파크 퍼시픽 랜드(요트투어 상그릴라)에서 운용하는 웨딩 상품이다. 일반적인 결혼식과 청혼, 리허설 웨딩, 리마인드 웨딩 등 웨딩 세레모니에 관한 모든 행사가 가능하다.

중문 앞바다를 배경으로 한 마리나 항구 일대와 해상 요트에서 장엄하게 행사를 치른다. 해상웨딩(Sea-wedding)에 라틴어로 제왕을 뜻하는 'Rex'를 덧붙여 이름 지은 행사답게 30명에 이르는 진행요원이 동원된다. 행사는 3부로 나눠 웨딩홀에서 테라피, 메이크업 등을 받는 식전 행사, 상그릴라 3호에서 치르는 웨딩, 마리나 가든에서의 피로연과 관광 등 식후 행사로 짜여 있다. 상품은 구성에 따라 렉씨웨딩 상그릴라(450만 원), 렉씨웨딩 에어카텔(660만 원), 렉씨웨딩 프러포즈(300만 원), 렉씨웨딩 스카이(문의), 렉씨웨딩 허니문(48만 원)으로 나뉜다. 제주를 많이 찾는 중국, 일본 관광객을 위해 해당 국가의 예식문화를 추가한 웨딩상품도 있다.

www.y-tour.com

김녕요트투어에서는 요트 위의 '프러포즈 이벤트'를 진행하고 있다. 꽃다발과 축하 케익, 각종 장식과 커플사진 현수막, 자연산 회, 과일, 고급와인 등을 준비해 주고 요청하는 사진촬영, 반주 음악 등 모든 이벤트를 대행한다.

www.gnytour.com

요트 탈 수 있는 곳

▶요트투어 상그릴라

주소 : 서귀포시 중문관광로 154-17(색달동 2950-5)

전화 : (064) 738-2111

요금 : 퍼블릭 투어(60분 6만 원 / 30분 4만 원), 프라이빗 투어(70분 30만 원 / 90분 40만 원 / 120분 50만 원 / 120분 이상은 상담 후 결정), 일출 투어(퍼블릭 70~90분 8만 원 / 프라이빗 120분 60만~80만 원)

영업시간 : 일출에서 일몰까지

소요시간 : 퍼블릭 투어(60분 / 30분), 프라이빗 투어(70분 / 90분 / 120분 / 120분 이상)

대중교통 : 600번 공항리무진 → 여미지 식물원 입구 하차 → 중문색달해변 방향으로 걸어서 3분

▶김녕 요트투어

주소 : 제주시 구좌읍 구좌해안로 229-16(김녕리 4212-1)

전화 : (064) 782-5271

요금 : 일반 투어(60분 6만 원) 전세요트-용선 투어(시간은 협의 후 결정 50만~80만 원), 스페셜 요트투어(70분 8만~11만 원), 일출 투어(90분 80만 원)

영업시간 : 일출에서 일몰까지

소요시간 : 일반 투어(60분) 전세요트-용선 투어(시간은 협의 후 결정), 스페셜 요트투어(70분), 일출 투어(90분)

대중교통 : 제주시외버스터미널 → 김녕 하차 → 픽업 서비스를 이용해 김녕 요트투어로 이동

물과 공기의 경계를 유랑하는 법
카약

'카약을 한 척 사야겠다. 아니, 기왕이면 두 척은 돼야지. 한 척은
간단한 먹을거리와 캠핑 장비를 싣고 강과 호수를 유유히 떠다니는
투어링용, 나머지 하나는 물결 굽이치는 계곡에서 스릴을 즐기는 자
그마한 급류타기용으로. 가격은 투어링용이 대략 300만 원, 급류타
기가 200만 원…'이라는 메모를 써놨다가 마누라에게 걸린 날을 A
씨는 차마 잊을 수가 없다. 그날 플라잉 니킥을 트리플 콤보로 얻어
맞은 대참사 이후로 A씨에게 카약은 점차 마누라 몰래 즐기는 어둠
의 취미가 되어가고 있다. 그럼에도 카약이 무슨 향정신성(?) 레저
스포츠라도 되는지 도무지 끊으려야 끊을 수가 없다.

'투명 카약' 찾아 쇠소깍으로

사정을 잘 모르는 사람들은 카약을 그저 '배 타고 노 젓는 취미' 정
도로 여기지만, 모니터 들여다보며 키보드 두들기는 게 컴퓨터와 인
터넷의 전부가 아니듯 카약은 자연 속에서 무궁무진한 즐거움과 감
동을 느낄 수 있는 레저스포츠다. 특히 이른 아침 물안개 피어오르
는 잔잔한 수면 위를 스르르 가르며 나아가는 맛은 그 어떤 취미와
도 비교할 수 없는 희열 그 자체다.

제주도에서도 이 재미있는 카약을 즐길 수 있다. 레저 천국 제주도답게 간판에 카약 체험을 내건 곳이 5곳 정도. 그중에 쇠소깍에서는 자연용천수와 바닷물이 만나는 신비롭고 아름다운 절경을 감상하기 좋고, 함덕서우봉해변에서는 출렁대는 바다에서 카약을 타는 즐거움을 맛볼 수 있다. 어디를 고를까 고민하며 조건반사적으로 '최저가' 검색을 시도하려던 찰나, 문득 올레 코스를 걸으며 눈여겨봤던 쇠소깍의 투명 카약이 떠오른다. 연락을 하고 찾아가니 그 아름다운 쇠소깍 풍경도, 그때 봤던 카약 선착장도, 심지어 구릿빛 피부의 건강미 넘치는 가이드 총각도 그대로다.

다만, '쇠소깍 카약은 선체를 투명한 폴리카보네이트 재질로 만들어 환상적인 물속 풍경을 들여다 볼 수 있습니다.'라는 것이 영업개시 당시의 마케팅 포인트이자 자랑거리였지만 현재는 선체 여기저기에 자잘한 흠집이 나 매끈했던 처음 모습과는 다소 차이가 있다.

쇠소깍에서 카약을 타려면 우선 간이 선착장으로 가야한다. 그곳에서 간단한 안전교육과 코스 안내를 받은 뒤 구명조끼를 착용하면 모든 준비 끝. 구명조끼는 사이즈가 아주 중요하기 때문에 반드시 자신의 몸에 맞는 것으로 골라야 한다. 그렇지 않으면 물에 빠지는 순간 구명조끼와 사람이 훌러덩 분리되는 사태가 벌어질 수 있다.

물결 때문에 술 취한 듯 휘청대는 카약에 조심스럽게 한 발을 내딛고 몸의 중심을 유지하며 살포시 엉덩이를 시트 위에 안착시키면 카약 타기의 절반은 성공. 그만큼 초보자들이 타고 내리기가 쉽지 않다.

몸체에 거의 물이 들어가지 않아 침몰할 걱정이 없는 일반 카약과 달리 쇠소깍 카약은 보트처럼 선체가 오픈된 욕조형 구조다. 즉 물이 일정수준 이상 들어차면 가라앉을 수 있다는 소린데, 설사 그 같은 상황이 벌어지더라도 선체가 가라앉지 않도록 선수와 선미부분에 공기튜브를 달아놓았다. 만약의 사고에 대비해 1인당 최대 1억원까지 보상받을 수 있는 화재보험도 가입해두었다고(흠, 가이드 총각이 건강미만 넘치는 건 아닐세).

카약 탑승에 성공했다면 그 다음은 노를 쥘 차례. 카약의 노를 '패들'이라고 한다. 그 중 손으로 잡는 막대 부분을 '샤프트', 물을 저을 수 있도록 샤프트 양 끝에 달린 넙적한 부분을 '블레이드'라고 부른

다. 영업용이다 보니 내구성에 중점을 두고 만든 듯 패들이 다소 무거운 편. 더군다나 욕조형 카약은 폭이 넓어 패들을 움직이기가 생각만큼 쉽지 않다.

패들을 저을 때는 앞을 보며 힘차게

　패들을 저을 때 시선은 뱃머리 쪽, 즉 가려는 방향으로 둔다. 우리 몸은 좌우 완벽한 대칭이 아니기 때문에 양 팔로 노를 저어도 카약은 직진하지 않는다. 그래서 항상 앞쪽을 바라보며 배가 반듯하게 나아갈 수 있도록 양쪽 팔 힘을 적절히 조절해야 한다. 좌우를 번갈아 저어 전진하고, 방향을 바꿀 때는 선회하려는 쪽 수면에 패들을 꽂으면 된다. 초보자들이 흔히 범하는 실수가 회전하려는 반대편 수면을 패들로 열심히 젓는 것인데, 그럴 경우 회전반경이 커져 체력소모가 심해진다.

　패들을 젓는 힘을 카약에 전달해 힘차게 전진하려면 카약의 가운데 부분에 앉는 것이 효과적이지만 쇠소깍 카약은 기본적으로 2인승 구조여서 노를 젓는 사람이 뒤쪽에 앉게 되어 있다. 아울러 선체 바닥이 전문 카약과는 달리 일반 관광용 보트처럼 매끈하다. 물 위에 떠있는 기능에는 충실하지만 의도한 방향으로 똑바로 나아가거나 선회할 때 아무래도 쉽지 않다. 하지만 쇠소깍 카약을 찾는 발걸음이 멈추지 않는 이유는 쇠소깍의 아름다움을 가장 가까이에서 보고 느낄 수 있다는 매력 때문일 것이다.

　카약을 타고 쇠소깍에 떠 있으면 바닷물이지만 마치 호수처럼 맑고 잔잔하다. 누군가 귀띔해 주지 않았다면 맑은 계곡쯤으로 착각할 정도. 신비로움마저 감도는 초록빛 물속은 한참 들여다봐도 질리지 않는다. 쇠소깍 카약의 체험시간은 대략 30분으로, 간이 선착장에서 출발해 쇠소깍 안쪽을 반시계방향으로 돈 다음 선착장 앞을 지나 다시 시계방향으로 쇠소깍 바깥쪽을 돌아오는 800m 가량의 코스로 이뤄져있다.

　바다와 민물이 만나는 잔잔한 쇠소깍을 벗어나 바다에서 제대로 카약을 즐겨보고 싶다면 '제주카약'을 찾으면 된다. 제주카약에서는 1~2인승 카약과 낚시 겸용 피싱카약을 이용할 수 있고 스노클링 체험도 가능하다. 피싱카약은 낚시장비 일체가 기본으로 포함(미끼 별매)된다. 다만 연중무휴를 표방하는 쇠소깍 카약과 달리 11월부터 이듬해 3월 중순까지는 문을 닫는다.

정보톡

카약을 즐길 수 있는 곳

▶쇠소깍 수상레저
주소 : 서귀포시 쇠소깍로 118(하효동 994-1)
전화 : (064) 767-1616, 010-6417-1617
홈페이지 : www.jejukayak.co.kr
요금 : 성인 7천 원, 어린이 5천 원, 소아만 3세 미만) 무료
영업시간 : 09:00~18:00(12~3월은 17:00시까지)
체험 소요시간 : 30분 내외
대중교통 : 8번, 100번 서귀포 시내버스 혹은 남조로, 동일주 노선버스를 타고 두레빌라 정류장에서 하차. 쇠소깍까지 걷거나 (20분) 택시 이용

▶제주카약
주소 : 제주시 조천읍 평사길 19(함덕리 207-1) 함덕서우봉해변
전화번호 : (064) 711-1786, 011-697-4466
홈페이지 : www.jejukayak.com
요금 : 일반카약 성인 · 청소년 · 어린이 1만7천 원, 피싱카약 성인 3만 원
영업시간 : 09:00~18:00(11월 1일~ 3월 15일 휴무)
체험 소요시간 : 일반카약 1시간, 피싱카약 2시간, 스노클링 1시간
대중교통 : 동일주 노선버스나 10번, 20번, 38번 제주 시내버스 타고 함덕리(3구) 정류장에서 하차

카약이란?
카약(kayak)은 '물에 떠다니는 탈 것'이라는 원초적인 기능에 충실한 배다. 원래는 북극의 이누이트인들이 목재와 고래의 뼈, 동물가죽 등을 이용해 천렵용으로 만들어 쓰던 조그만 1~2인승 배였다. 현재는 작고 심플하다는 이유로 플라스틱과 합성고무 등 다양한 소재로 만든 카약이 낚시에서 급류타기까지 레저스포츠에 두루 쓰이고 있다. 하지만 정작 이누이트인들은 요즘 모터보트를 쓴다고.

'통~통~통~' 물 위를 널뛰다
제트보트

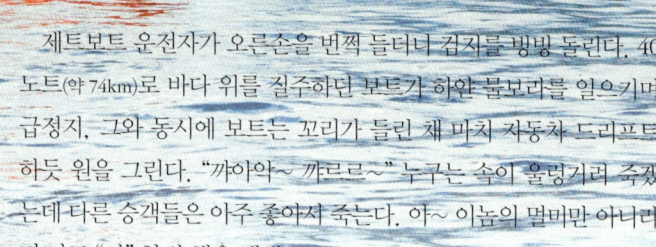

제트보트 운전자가 오른손을 번쩍 들더니 검지를 빙빙 돌린다. 40노트(약 74km)로 바다 위를 질주하던 보트가 하얀 물보라를 일으키며 급정지. 그와 동시에 보트는 꼬리가 들린 채 마치 자동차 드리프트하듯 원을 그린다. "꺄아악~ 꺄르르~" 누구는 속이 울렁거려 죽겠는데 다른 승객들은 아주 좋아서 죽는다. 아~ 이놈의 멀미만 아니라면 나도 "꺄" 한번 했을 텐데….

젤리 같은 바다를 갖고 노는 배

액션영화를 보면 악당에게 쫓기던 주인공이 아주 높은 폭포나 다리 등에서 바다나 강으로 뛰어들어 위기를 모면하는 장면이 자주 나온다. 그럴 때 주인공을 받아 안는 바다나 강물을 보며 막연하게 든 생각은 물이 아주 부드러운 물질이라는 거였다.

그러나 제주에서 제트보트를 타며 물에 대한 생각이 완전히 바뀌었다. 제트보트는 최고 40노트(약 74km)로 바다 위를 질주하는 보트다. 보트의 속도나 파도의 상태에 따라서, 바닷물을 가르며 달리는 것이 아니라 반고체 상태 같은 바다 위를 정말 널뛰듯이 누빈다. 특히 정면으로 밀려오는 파도를 뚫고 지나갈 때는 '퉁~퉁~퉁~' 젤리 같은 바다에서 튕겨 올라 점프를 하는데, 그럴 때마다 놀이기구 타는 것처럼 가슴이 '철렁철렁' 내려앉는다.

서귀포시 대포동의 아담한 항구, 대포포구로 가면 짜릿하기 그지없는 이 '물건'을 타볼 수 있다. 제트보트는 사전예약제로 실시되므로 인터넷으로 미리 예약하도록 한다. 그러면 요금을 30% 할인 받을 수 있고 현지 접수대에서 예약자 이름과 승선 시간만 확인하면 된다.

보트에 타기 전, 소지품은 모두 맡기고 방수코트(그냥 비옷처럼 생겼다)와 그 위에 구명조끼를 덧입는다. 이곳의 제트보트는 (주)제주제트에서 운영하는 것으로 뉴질랜드에서 수입한 기종이다. '해밀턴274'라는 엔진을 달아 수압을 이용, 420마력의 힘을 낸다. 일반 중형차가 채 200마력이 안 되는 것을 생각해 보면 그 힘이 얼마나 대단하지 알 수 있다

탑승 가능한 인원은 운전자를 제외하고 12명이지만 9명 이상이면 출항한다. 힘이 넘치는 엔진 소리와 함께 출발한 제트보트가 서서히 포구를 빠져나가더니 본격적으로 속도를 내기 시작한다.

주상절리대 비경 보며 쾌속질주

캐노피(제트보트의 덮개로 겨울이나 비올 때 사용)를 덮지 않은 제트보트가 불어오는 바닷바람을 그대로 받아들인다. 바람 때문인지 보트에서 시작된 진동인지는 모르겠으나 몸이 찌릿찌릿하다. 고속으로 달리기 시작한 제트보트가 코너링할 때는 선체가 왼쪽, 오른쪽으로 급격히 쏠려 공포에 가까운 짜릿함을 선사한다. 직진만 할 때는 '갈 수 있는 데까지' 내달고 싶다. 제트보트 운전자가 갑자기 오른손을 번쩍 들더니 검지를 곧추세워 허공에 대고 빙빙 돌린다. 슬리핑(slipping, 빠르게 감속하며 미끄러지기)하겠다는 뜻이다. '우우우~웅' 엔진음이 잦아들면서 몸이 앞으로 쏠린다 싶더니 보트가 팽이처럼 홱 돈다. 순간 숨이 막힐 듯 짜릿하다. 문제는 멀미가 심하면 이때 고역이라는 것. 자지러지는 다른 승객들처럼 기뻐할 수 없는 상황이 억울하다. 슬리핑 횟수는 대여섯 번. 승객의 호응도에 따라 횟수가 늘어나기도 한다.

슬리핑만큼 짜릿한 주행방법이 또 있다. 속도를 높인 채 밀려오는 파도를 정면으로 돌파하는 것. 제트보트가 물 위를 달리는 것이 아니라 그냥 널뛴다. 파도를 타고 잠시 허공에 뜬 보트는 앞머리부터 '퉁~'하고 떨어졌다가 다시 점프하기를 반복한다. 손잡이를 잡은 손에 땀이 차고 '허~헉' 짧은 신음만 올라온다.

제트보트의 매력은 단순히 타는 것에만 있지 않다. 바로 제주비경 중 하나인 주상절리대를 보트 타고 가까이에서, 온전한 모습으로 볼 수 있다는 사실. 주상절리는 화산폭발 때 용암이 굳는 속도에 따라 해안절벽이 4~6각형의 기둥형태로 깎여나간 것을 말한다. 국내에서 이런 주상절리대를 볼 수 있는 곳은 제주, 그중에서도 중문 앞바다가 유명하다.

정신이 멍멍해질 만큼 바다를 질주하고 주상절리대의 비경을 보여주었던 제트보트가 출발했던 대포포구로 되돌아간다. 어떤 이에게는 '고작', 다른 어떤 이에게는 '무려' 20분만이었다.

정보톡<

제트보트 탈 때 주의사항
운전자가 손을 들어 검지를 돌리면 보트를 회전하겠다는 뜻이므로 앞의 손잡이를 꽉 잡도록 한다.
운항 중에는 일어서거나 보트 밖으로 팔을 내밀지 않는다.
동승자 중에 어린이나 노인이 있을 경우 보트 가운데 좌석에 앉힌다.

제트보트를 즐길 수 있는 곳
▶제주제트
주소 : 서귀포시 대포로 172-5(대포동 2184-10)
전화 : (064) 739-3939
요금 : 성인 2만5천 원, 청소년 · 어린이 2만 원(예약 필수. 사전 예약 시 30% 할인)
영업시간 : 09:00~17:00, 하절기는 평균 20분 간격으로 출항. 사전문의
체험 소요시간 : 20분 내외
대중교통 : 600번 공항리무진을 타고 대포포구 하차

▶비바제트
주소 : 서귀포시 중문관광로 154-17(색달동 2950-5)
전화 : 1544-2988 (064) 738-2111
홈페이지 : www.vivajet.co.kr
요금 : 성인 2만5천 원, 청소년 · 어린이 2만 원(예약 필수)
영업시간 : 일출 후 30분~일몰 전 30분
체험 소요시간 : 20분 내외
대중교통 : 600번 공항리무진을 타고 여미지식물원 입구 하차. 중문색달해변 방향으로 걸어서 3분

초보부터 전문 '꾼' 까지 만족스런 손맛
바다낚시

1. 초보자나 온가족이 즐길 수 있는 선상낚시

    사방이 바다인 제주도에서는 낚시를 즐길 수 있는 곳이 셀 수 없을 만큼 많다. 그중에서 초보자가 쉽게 접할 수 있고 괜찮은 조과도 노려볼 수 있는 낚시가 이른바 '선상낚시'다. 선상낚시는 남녀노소, 온 가족이 안전하게 즐길 수 있다. 운이 좋으면 낚싯대를 드리우기만 해도 입질이 팍팍 오고 어린아이가 팔뚝만한 물고기를 건져 올리는 진풍경도 볼 수 있다.

    제주도에는 선상낚시 체험장이 여럿 있다. 대부분 입장료만 내면 장비를 무료로 대여해주므로 간편하게 낚시에 도전해 볼 수 있다. 그중 성산일출봉과 우도 사이 바다에 둥둥 떠 있는 제주마린리조트는 최신 시설을 갖춘 '선상호텔'이면서 선상낚시로 유명하다. 숙박과 낚시를 동시에 할 수 있다는 점이 가장 큰 매력. 숙박료는 1박에 19

선상낚시를 즐길 수 있는 제주마린리조트

만5천~23만 원이다. 레스토랑, 다이버숍, 노래방 등 편의시설도 갖추고 있다. 숙박을 할 경우에는 시간제한 없이 선상낚시를 즐길 수 있으며 이용요금도 1인당 1만 원으로 싸다. 숙박하지 않고 선상낚시만 즐기는 비용은 1인당 2시간에 2만5천 원이다. 미끼는 필요에 따라 5천 원에 살 수 있고 물고기를 잡으면 전문 요리사들이 즉석에서 회를 떠준다(비용 1만 원).

바지선 선상낚시도 있다. 홈페이지에서 회원가입 후 예약을 하거나 문자예약서비스를 이용하면 15%, 이용후기를 작성하면 30% 할인 받을 수 있다. 잡은 물고기는 무료로 회를 떠준다. 서귀포항에서 배를 타고 바지선으로 이동하면 된다.

한경면 자구내포구에 있는 차귀도 수용횟집에서는 1인당(2시간 기준) 2만5천 원에 손맛을 볼 수 있다. 전화로 예약을 하면 1만5천 원을 할인해 준다. 운영하는 배만도 12척, 180여 명이 동시에 낚시를 즐길 수 있는 규모. 6천 원만 내면 잡은 물고기를 회, 튀김, 매운탕으로 다양하게 요리해준다.

서귀포 앞바다에서 즐기는 바지선선상낚시

정보톡톡

'선상낚시' 즐길 수 있는 곳

▶제주마린리조트
주소 : 서귀포시 성산읍 성산등용로 112-7(성산리 347-9)
전화 : (064) 784-6161
홈페이지 : www.jejumarine.net
요금 : 주간낚시-2시간 기준 성인 2만5천 원, 청소년·어린이 2만 원
　　　야간낚시-2시간 기준 성인·청소년·어린이 3만 원
　　　미끼-5천 원
영업시간 : 주간낚시 10:00~일몰
　　　야간낚시 일몰~22:00(사계절 운영)
소요시간 : 2시간 이상
대중교통 : 제주공항에서 100번, 300번 버스를 타고 제주시외버스
　　　터미널에서 내린 후 동일주 노선버스를 타고 성산항 버
　　　스정류장에서 하차한다. 성산항 선착장까지 걸어서 이동
　　　한 후 마린리조트에서 운영하는 배를 타고 마린리조트
　　　로 간다. 배는 오전 9시부터 오후 4시(동절기는 오전 10
　　　시~오후 3시)까지 매시간 출발

▶차귀도 수용횟집 배낚시
주소 : 제주시 한경면 노을해안로 1150(고산리 3613)
전화 : (064) 773-2288
홈페이지 : www.수용횟집.kr
요금 : 주간낚시-2시간 기준 성인·청소년·어린이 2만5천 원(전
　　　화 예약 시 1만5천 원 할인)
　　　야간낚시-2시간 기준 성인·청소년·어린이 4만 원(전화 예
　　　약 시 2만5천 원 할인)
　　　미끼-무료

영업시간 : 주간낚시 10:00~18:00
　　　야간낚시 18:00~22:00(여름·가을 운영)
소요시간 : 2시간 이상
대중교통 : 제주공항에서 100번, 300번 버스를 타고 제주시외버스
　　　터미널에서 내린 후 서일주노선버스로 갈아타고 고산우
　　　체국 앞 버스정류장에 하차. 자구내포구에 있는 수용
　　　횟집까지 걸어서 10분

▶바지선선상낚시
주소 : 서귀포시 칠십리로 61(서귀동 673-2)
전화 : 010-3692-7906
홈페이지 : www.bajisun.com
요금 : 주간낚시-2시간 기준 성인·청소년 3만 원, 어린이 1만5천 원
　　　야간낚시-2시간 기준 성인·청소년 4만 원, 어린이 2만원 원
　　　미끼-무료
영업시간 : 주간낚시 08:00~일몰
　　　야간낚시 일몰~22:00(여름·가을 운영)
소요시간 : 2시간 이상
대중교통 : 제주공항에서 600번(공항리무진) 버스를 타고 서귀포항
　　　에서 하차한 후 바지선선상낚시에서 운영하는 배를 타
　　　고 바지선으로 이동한다. 배는 서귀포항에서 오전 9시부
　　　터 오후 6시(야간낚시 시즌에는 오후 8시까지)까지 매시
　　　간 출발

2. 오직 제주에서만 가능한 '낚시 마니아' 코스

　정말 제주도다운, 오직 제주에서만 즐길 수 있는 바다낚시는 '보트 여치기'다. 보트 여치기란 낚싯배보다 작은 '보트'를 타고 썰물이 되어야 드러나는 야트막한 '여(암초)'에 상륙하여 큰 고기들이 입질할 시간에만 '치고 빠지는' 게릴라식 낚시를 말한다. 어느 정도 경험이 쌓인 전문 꾼들의 분야이며 여성이 도전하기에는 힘들다. 초보들도 쉽게 해볼 수 있는 어렝이(황놀래기) 배낚시가 트레킹이라면 보트 여치기는 암벽등반쯤 되는 것이다.

　제주시내의 보트 여치기 출조점은 대부분 낚시장비를 대여해주며 방수복과 구명동의를 빌려준다. 낚시초보자라면 여에 내리지 않고 보트에 남아서 '선상찌낚시'를 하면 낚시실력과는 무관하게 대어를 걸어볼 수 있다. 주로 낚이는 어종은 뱅에돔, 긴꼬리뱅에돔, 방어, 부시리, 참돔인데, 크게는 1m 넘게 자라는 방어·부시리나, 체구는 작아도 사납기 그지없는 뱅에돔을 걸어보면 '인간이 물고기에게 쩔쩔맬 수 있구나' 하고 깨닫게 된다.

　그런데 왜 제주바다에서는 크고 안락한 낚싯배 대신 일엽편주 같은 고무보트를 타고 나가는 걸까? 그 이유는 낮은 배가 더 안전하기 때문이다. 배는 갑판이 높을수록 잔파도를 막아줘서 안락하지만 단 한 번의 큰 파도에 뒤집어질 수 있다. 반대로 갑판이 낮으면 늘 파도에 젖지만 뒤집어지지는 않는다. 어쩌면 우리의 인생과도 비슷하지 않은가. 제주바다가 우리나라에서 가장 거칠기 때문에 그 격랑을 헤치고 가기 위해 낚시인들은 가장 나지막한 보트를 선택한 것이다.

제주에서 배를 타고 인근 섬으로 가 낚시를 즐기기도 한다.

고무보트 여치기 오후낚시 코스

형제섬, 가파도, 마라도, 지귀도

제주시의 여치기 전문 출조점을 찾는다. 낚시시간은 3~4시간으로 짧지만 조과는 탁월하다. 1회 출조에 드는 비용은 4만 원(마라도는 5만 원). 이 돈에 낚시미끼와 밑밥, 뱃삯, 포구까지의 승합차 왕복교통비가 모두 포함돼 있다. 가파도, 홀애미여, 마라도, 형제섬. 지귀도 등이 대표적 보트 여치기 낚시터다. 초보자는 보트에서 선상찌낚시를 하는 것이 대어를 낚을 확률이 더 높은데 그 경우 밑밥 값을 추가로 개인부담해야 한다. 제주시내 낚시점에서 낮 12시쯤 출발해 어둑어둑해져서야 철수한다. 벵에돔이 오전보다 오후, 특히 해질 무렵에 잘 낚이기 때문이다.

고기가 많이 잡히는 여치기 낚시

▶ 주요 여치기 전문점

상호	대표	주소	연락처
남양낚시	김남용	제주시 일주서로 7725(도두1동 2270)	(064) 748-3339, 010-3699-0886
도남낚시	조성호	제주시 일주서로 7515-2(이호1동 1764-7)	(064) 743-6596, 010-2690-1111
해성낚시	김상근	제주시 일주동로 324(삼양2동 2142-5)	(064) 723-6577, 010-2699-6576
부산낚시	고영종	제주시 국기로1길 10(연동 1484-3)	(064) 745-0031~2

여밭 포인트에 접안한 여치기 보트

낚싯배 부속섬 당일낚시 코스

우도, 차귀도, 범섬

제주도에도 육지처럼 낚싯배를 타고 진입하는 섬들이 있다. 성산포의 우도, 고산의 차귀도, 서귀포의 범섬이 그런 곳인데 조과는 여치기보다 떨어지지만 여유로운 낚시를 즐길 수 있다. 각 포구에서 오전 6시에 첫배가 출항하며, 오후 5시가 막배다. 각 포구의 낚싯배는 낚시객만 있으면 수시로 출항하지만 최소 비용은 맞춰줘야 한다. 가령 성산포에서 우도로 가는 낚싯배의 최소 비용은 6만 원인데 혼자 지불하기에는 부담스러우므로 보통 3~4명이 어울려 가게 된다. 그러나 아침 첫배는 항상 낚시꾼들이 있으므로 혼자 가도 걱정 없다. 각 섬별 출항지까지 가는 길은 내비게이션에 포구 이름만 입력하면 쉽게 찾을 수 있다.

▶ 낚싯배 정보

섬	출항지	낚싯배 · 업체	선비	연락처
우도	성산포항	파랑도호	2만 원	011-691-5157
차귀도	자구내 포구	태양배낚시 외	1만5천 원	064-772-3810
범섬	법환 포구	타크라 외	1만5천 원	064-739-7013

여객선 유인도 민박낚시 코스

가파도, 마라도

시간의 여유가 있다면 여객선을 타고 유인도로 들어가 1박2일 동안 산책과 워킹낚시를 즐기는 유인도 민박낚시를 해볼 만하다. 국토 남단 마라도와 그 직전의 가파도가 대표적 민박낚시 명소다.

▶ 마라도

국토 남단 마라도는 해안선 길이가 4.2km에 불과한 작은 섬이라 1시간이면 걸어서 일주할 수 있다. 최남단비와 초콜릿박물관, 등대박물관이 볼거리이며 남대문 절벽 위에서 보는 일몰이 장관이다. 관광객들이 모두 빠져나간 오후 5시부터 다음날 오전 9시까지 마라도는 낚시인 차지가 된다. 해거름과 새벽에 해안으로 접근하는 팔뚝만한 긴꼬리벵에돔이 꾼들의 혼을 빼놓곤 한다. 팔도민박, 마라도 게스트하우스가 꾼들이 자주 찾는 숙소다. 집 주인이 풍향, 물때, 물색, 파도에 맞춰 그날의 낚시명당을 선정해 준다. 마라도의 민박집은 밑밥과 미끼, 낚시소품을 판매하고 있으므로 낚싯대와 기본 장비만 준비해가면 되며 초보자에게는 낚싯대를 빌려주기도 한다. 숙박비는 1박 3식에 3만5천 원을 받는 곳이 많다.

민박집: 팔도민박 (064) 792-1325, 마라도 게스트하우스 (064) 792-7179
가는 길: 모슬포항에서 마라도까지 모슬포호가 매일 7차례 운항한다.
첫배 오전 10시, 막배 오후 4시. 소요 시간은 30분
요금은 왕복 1만5천500원(공원 이용료 포함)
(064) 794-5490, 3500. www.wonderfulis.co.kr

▶ 가파도

가파도는 마라도보다 세 배는 넓지만 관광객은 적다. 그래서 한가로운 산책낚시를 즐기기 좋은 곳이다. 가파도는 전역에서 어렝이, 벵에돔이 낚이고 해거름이나 새벽에 루어낚시를 하면 1m에 가까운 농어와 넙치농어를 만나는 행운도 누릴 수 있다.

북쪽 상동마을과 남쪽 하동마을에 민박집이 한 곳씩 있다. 양쪽 모두 시설이 깔끔하고 특색 있다. 상동에 있는 '바다별장민박'은 펜션 형태의 신식 민박집이다. 방 13개를 갖춘 본관과 4개의 방갈로로 구성돼 있다. 5분 거리의 상동방갈로에서는 벵에돔 외에도 감성돔, 무늬오징어 등이 함께 올라온다. 1식에 8천 원, 방 1실에 4만 원 받는다.

하동에 있는 '가파도민박'은 어촌 가옥이지만 깔끔한 내부 시설이 눈길을 끈다. 안주인이 각종 분재와 장식물로 내부를 예쁘게 꾸며놓아 마치 작은 박물관에 온 느낌이다. 숙박비는 바다별장민박과 같다. 가까운 하동방파제와 냉장고 포인트에서 벵에돔과 무늬오징어를 쉽게 낚을 수 있다.

민박집: 바다별장민박 (064) 794-6885, 가파도민박 (064) 794-7083,
가파도 블루오션 (064) 794-4500
가는 길: 모슬포항에서 삼영호와 21삼영호가 하루 4차례 가파도로 들어간다.
첫배 오전 9시, 막배 오후 4시. 왕복 요금 삼영호 8천 원, 21삼영호 1만 원
(064) 794-5490, 3500. www.wonderfulis.co.kr

*공항에서 모슬포까지는 택시를 이용하는 게 빠르고 편하다. 정류장에 대기 중인 제주시 택시를 타면 3만5천 원 이상을 받지만 제주시로 나와 있는 모슬포 택시를 이용하면 공항에서 모슬포항까지 2만 원, 모슬포항에서 공항까지는 3만 원에 이용할 수 있다.

모슬포 택시
(064) 794-5200,
794-0707, 792-0082

큰 배보다 안전한 제주도의 낚시보트

제주도의 낚싯배는 고무튜브와 FRP 몸체를 붙인 '콤비보트'를 사용한다. 길이는 10m, 무게는 약 3톤이다. 일반적인 10톤급 낚싯배보다 훨씬 작고 선실도 없어서 파도를 덮어쓰기 십상이지만 그래도 작은 고무보트를 쓰는 이유는 FRP 낚싯배보다 복원력이 뛰어나 높은 파도에도 전복되지 않으며 바닥이 얕아서 1m 안쪽의 얕은 암초대까지 마음대로 들어갈 수 있기 때문이다. 250~300마력 엔진을 단 제주도의 낚시보트들은 30노트의 속도를 자랑하며 모슬포항에서 마라도까지 20~30분에 주파한다.

'뱃길여행' 낭만과 카페리의 편리함까지
배 타고 제주도 가기

저가항공이 많아져서 이전보다 저렴한 비용으로 제주도를 여행할 기회가 늘었지만 비행기 티켓을 확보하고 공항까지 움직이는 일이 누구에게나 편리하고 유리한 것은 아니다. 바다 위를 달리는 고전적인 낭만도 느껴보고 싶고 교통비도 줄이고 싶다면 배를 타고 제주도로 떠나는 여행을 고려해 볼 만하다. 함께 여행 가는 인원이 3~4명쯤 되고 제주도에 머무는 기간이 길다면 자동차를 배에 싣고 제주도로 가는 것도 좋다. 자동차 운임이 싼 편은 아니지만 렌터카 비용을 줄일 수 있기 때문에 여행 기간이 길수록 유리하다.

제주도행 배는 전국 여섯 곳에서 출항한다. 이 가운데 2010년 7월부터 운항중인 오렌지호(전남 장흥 → 제주도 성산항)는 요금(승객, 자동차 선적)이 싸고 운항시간이 짧아 큰 인기를 모으고 있다. 또한 부산과 인천에서 출발하는 배는 밤에 운항하기 때문에 시간을 아낄 수 있는 것이 장점이다.

배를 타고 제주도를 여행할 계획이라면 홈페이지를 통해 되도록 빨리 예약을 하고 여행 정보를 얻도록 한다. 날씨를 체크하고 배가 제시간에 출항하는지도 꼭 확인한다.

인천-제주도

인천-제주를 오가는 오하마나호

인천에서 제주도를 오가는 배는 오하마나호(정원 945명)로 월, 수, 금요일에 출발한다. 저녁 7시에 출항해 이튿날 아침 오전 8시 30분에 제주항에 닿는다. 요금은 3등실 6만3천 원, 2등실 침대 8만6천500원, 2등 가족실(4명) 36만3천 원 등이다. 2, 3등실에 한해 청소년 20% 할인되고, 성수기 때는 10% 할증료가 붙는다.

승용차는 60대를 실을 수 있다. 운임은 경차 13만2천600원, 소형차 15만~17만 원대, 중대형차 19만~23만 원대, 수입차 26만~33만 원대. 자전거는 5천 원이다. 같은 배로 왕복할 경우 자동차 운임 및 승객 요금 30%를 할인해준다. 인천연안여객터미널의 주차요금은 하루 1만 원이다.

인천 → 제주 : 약 13시간 30분
선박명(정원)
오하마나(945명)

홈페이지(예매 가능)
www.cmcline.co.kr

문의 예약
(032) 889-7800

부산-제주도

부산에서 제주도 가는 배는 부산연안여객터미널에서 저녁 7시에 출항해 이튿날 아침 7시에 제주항에 닿는다. 배는 파라다이스호 (613명 정원, 월수금 출발)와 아일랜드호(880명 정원, 화목토 출발)가 번갈아 오간다. 파라다이스호의 경우 요금은 4만3천 원(3등실), 7만 원(4인침대A), 17만 원(특실, 2인 기준) 등이 있다. 특실을 제외한 객실들은 청소년 10%, 어린이 50% 할인된다. 여름철 성수기에는 모든 객실에 10%의 할증료가 붙는다.

승용차를 가져갈 경우 경자동차 12만3천300원, 소형차 14만3천800원, 중형차

부산 → 제주 : 약 11시간
선박명(정원)
파라다이스호(613명)
아일랜드호(880명)

홈페이지(예매 가능)
www.skferry.co.kr

문의 예약
1688-7577

최근 새로 취항한 씨스타크루즈호.
전남 목포와 제주를 오간다.

목포 → 제주 : 4시간 20분

선박명(정원)
씨스타크루즈(1천935명)
레인보우(642명)
핑크돌핀(250명)

홈페이지(예매 가능)
www.seaferry.co.kr

문의 예약
(061) 243-1927

**완도 → 제주 : 2시간 50분,
5시간**

선박명(정원)
한일카훼리 1호(975명)
한일카훼리 3호(255명)
한일블루나래호(572명)

홈페이지(예매 가능)
hanilexpress.co.kr

문의 예약
1688-2100

전남 목포-제주도

전남 목포에서 제주까지는 씨스타크루즈, 핑크돌핀 등 세 척의 배가 운항한다. 이 가운데 씨스타크루즈호가 카페리다. 씨스타크루즈호(1천935명)는 오전 9시 출발해 오후 1시 20분에 제주항에 도착한다. 2011년 2월 4일 새로 취항한 호화 크루즈 여객선으로 요금은 일반실 3만 원부터 VIP(로열 스위트룸, 2인 기준) 30만 원까지 다양하다.

250명 정원의 핑크돌핀호는 오후 2시에 출발, 오후 5시 10분에 제주에 닿는다. 요금은 4만9천650원. 청소년은 10%, 어린이는 50% 할인되며, 성수기에는 요금이 10% 올라간다.

차량 운송 요금은 차종에 따라 다르지만, 경차 9만5천 원, 소형차 10만7천 원, 중형차 11만9천 원, 대형차 14만2천 원 선이다. 운전자는 50% 할인된다. 목포항여객터미널의 주차장은 무료로 운영된다.

전남 완도-제주도

전남 완도에서는 한일카훼리 1호(975명)와 3호(255호), 한일블루나래호(572명)가 승객을 실어 나른다. 한일카훼리 1호는 오후 4시, 한일카훼리 3호는 오전 8시, 한일블루나래호는 오전 9시와 오후 3시에 출항한다. 한일카훼리 1호는 제주까지 2시간 50분, 한일카훼리 3호는 추자도를 경유해서 가기 때문에 5시간이 걸린다. 한일블루나래호는 1시간 40분이 걸려 가장 빨리 제주도로 갈 수 있다.

요금은 한일카훼리 1호의 경우 2등 객실 2만4천750원, 2등 침대(32인실) 3만300원, 1등 침대(4인실) 4만1천600원, 특등 침대(2인실) 5만2천900원이다. 한일카훼리 3호는 3등실 2만4천750원, 2등실 2만6천850원이다. 한일블루나래호는 일반실 3만5천500원, 우등실 4만2천500원이다.

세 배편 모두 차를 싣고 제주로 갈 수 있으며, 운송요금은 경차 7만 원대, 소형차는 8~9만 원대, 중형차 11~12만 원대, 대형차 12~13만 원대다.

전남 고흥-제주도

전남 고흥 녹동항에서 아이리스호와 남해고속카훼리 7호가 월~토요일 제주도로 운항한다. 아이리스호는 오후 4시, 남해고속카훼리 7호는 오전 9시에 출발한다. 제주까지 각각 2시간 10분, 4시간 걸린다. 아이리스호의 요금은 전 좌석 4만2천500원이고, 남해고속카훼리 7호는 3등 객실 2만7천 원, 2등 의자 3만4천500원, 2등 객실 3만7천500원, 2등 침대 6만2천500원, 1등 침대 10만2천500원이다. 두 배 모두 중고생은 10%, 20인 이상 단체는 20% 할인받는다.

차량 운송 요금은 차종에 따라 다르다. 경차 6~7만 원대, 소형차는 6~9만 원대, 중형차 7~12만 원대, 대형차 9~13만 원대다.

녹동 → 제주 : 2시간 10분, 4시간

선박명(정원)
남해고속카훼리7호(1천100명)
아이리스호(550명)

홈페이지
namhaegosok.co.kr

문의 예약
녹동 (061) 842-6111
제주지점 (064) 723-9700

전남 장흥-제주도

2010년 7월 전남 장흥 노력항과 제주 성산항을 오가는 카페리가 생겨 선풍적인 인기를 끌고 있다. 2시간 20분이면 제주에 발을 들여놓을 수 있다는 것이 큰 장점이다. 승객 825명, 자동차 80대를 실을 수 있는 4천200톤급 오렌지 1호가 오전 8시 20분과 오후 3시 30분 두 차례 장흥에서 출발한다(출발시간은 매월 변경). 요금은 일반석 4만 원, 우등석 4만5천 원(청소년 10%, 어린이 50% 할인). 성수기에는 10% 할증료가 붙는다. 비수기에는 홈페이지에서 40%대 깜짝 할인 이벤트도 곧잘 실시하므로 뱃길 여행을 계획 중이라면 자주 들러 체크해 보는 것이 좋다.

승용차 운반 요금은 국산차 7만2천~10만8천 원대, 외제차 10만5천~15만2천 원대이다. 노력항의 주차장은 무료로 운영된다.

장흥 → 성산 : 2시간 20분

선박명(정원)
오렌지 1호(825명)

홈페이지(예매 가능)
www.jhferry.com

문의 예약
1544-8884

Part
2

물에서 놀자

투명한 바닷속에
세상의 모든 색깔이 있다
자, 이제 제주와 사랑에 빠질 시간이다

제주도가 숨겨 놓은 '시크릿 가든'
스쿠버다이빙

스쿠버다이빙은 제주에서 인기 있는 수상레저다. 독특한 지형과 온화한 기후 덕분에 육지 가까운 바다에서는 볼 수 없는 풍경이 펼쳐져 웬만한 국내 다이버들치고 제주 바다에 몸을 담가보지 않은 이가 없을 정도. 그만큼 스쿠버다이빙을 즐길 수 있는 곳도 많은데, 그중 으뜸으로 꼽히는 데가 서귀포 앞바다. 수중생태계의 보고인 문섬과 범섬, 섬 전체가 천연기념물로 지정된 숲섬(섶섬)이 서귀포 쪽에 몰려 있는데다 물이 맑고 수심이 적당해 초보들도 부담 없이 스쿠버다이빙을 즐길 수 있다.

스쿠버다이빙 체험을 위해 서귀포항에서 배를 타고 문섬으로 이동했다. 서귀포항에서 문섬까지는 배로 10분 거리. 문섬은 해양수산부에서 도립해양공원으로, 유네스코에서 생물권보전지역으로 지정한 아름다운 섬이다. 문섬과 붙어 있는 새끼섬에는 넓고 편평한 해식대지(海蝕臺地, marine plateau) 구역이 있어 수십 명이 동시에 다이빙을 할 수 있고, 초보자들도 도전하기 좋은 수심 10~15m의 포인트가 있다. 온갖 산호들이 자라고 열대·아열대 물고기들이 유영하는 제주 특유의 수중세계를 살피기

에 안성맞춤인 곳이다.

선장이 새끼섬의 주상절리 아래 배를 대고 일행들을 내리게 하더니 "스쿠버다이빙이 끝날 때쯤 다시 오겠다"며 서귀포항으로 휙 돌아가 버린다. 조그만 섬에 스쿠버다이빙 업체인 '블루샤크제주'의 이태훈 강사, 그리고 육지에서 온 초보만이 남았다.

아름다운 자태를 뽐내는 문섬의 연산호. 문섬은 일급 스쿠버다이빙 포인트다.

연산호 하늘거리는 세상서 물고기와 조우

스쿠버다이빙 전에 '수중호흡법' 교육을 받고 있다.

바람이 쌀쌀했지만 물에 발을 담가보니 의외로 차지 않다. 스쿠버다이빙을 하기 가장 좋은 계절은 가을이라고 한다. 여름철 수온이 제일 높을 거라 생각하기 쉽지만 실제로는 찬 편이라고. 바닷속 계절은 육지보다 한 계절쯤 늦다. 육지가 여름이라면 바다는 봄이라는 얘기다.

준비운동과 기본교육이 끝나고 30kg에 육박하는 장비를 착용한 후 호흡기를 물었다. 이전에도 스쿠버다이빙을 해본 적은 있지만 오랜만에 다시 하는 거라 많이 긴장된다. 꽉 끼는 슈트가 불편하게 느껴진다. 허리를 지나 가슴까지 물에 잠기자 숨이 턱 막힌다. 잠수 전부터 숨이 가빠온다.

"준비됐나요?" "…." "오케이!" "…!"

강사가 손을 꼭 잡고 물속으로 이끈다. 주저하는 마음이 남아 있었지만 충분한 안전장비와 강사의 리드를 믿고 입수. 새로운 세상을 향한 서툰 '물질'이 시작됐다.

긴장한 탓에 주위를 둘러볼 겨를이 없다. 몸이 물속 세상에 좀처럼 적응하질 못한다. 귀로 전달되는 수압도 약간 부담스럽다. 5m 정도 하강하자 수압이 크게 느껴져 물 밖으로 나가고 싶은 충동이 인다. 겁을 먹은 탓인지 호흡이 가빠져 자연스레 몸에 힘이 들어간다. 상태를 눈치 챘는지, 강사가 "긴장을 풀고 호흡을 편하게 하라"는 손짓을 보낸다. 그의 수신호에 따라 깊게 숨을 들이마신다. 몇 번의 심호흡을 하고 나니 마음이 안정된다. 얼마쯤 지났을까. 손을 쭉 뻗자 딱딱한 바위가 잡힌다. 드디어 해저다. 발이 땅에 닿자 오히려 안심이 된다.

바다를 뚫고 들어온 햇살이 머리 위에 아른거린다. 플랑크톤이 잘게 부서진 유리조각처럼 반짝인다. 바닷속 맞구나. 호기심 많은 물고기들이 얼굴 가까이 다가와 서성인다. 군락을 이룬 연산호가 물결에 하늘거린다. 초록빛 캔버스에 펼쳐진 세상이 더없이 화려하다. 제주의 '시크릿 가든'은 바로 물속에 있었다. 한동안 넋을 놓고 주위를 둘러본다. 이태훈 강사가 바위틈으로 라이트를 비추자 검은 물체가 황급히 사라진다. 오, 저것은 말로만 듣던 제주산 다금바리!

이태훈 강사가 미리 준비한 물고기 먹이를 손바닥에 올려놓자 흩어져 있던 물고기들이 순식간에 모여든다. 어떤 물고기는 손가락을 톡톡 치거나 깨물기까지 한다. 물에서 물고기에게 먹이를 주는 것을 '피싱 피딩(fishing-feeding)'이라고 하는데, 스쿠버다이빙에 입문한 사람들이 두려움을 덜고 흥미를 느낄 수 있도록 자주 쓰는 방법이다.

40분 정도 잠수 후 물 위로 떠올랐다. 갑작스런 햇빛에 눈이 시큰거린다. 긴장했던 탓인지 땅에 올라서자 다리가 휘청거렸다. 귀는 여전히 먹먹하다. 짐을 정리하는 사이 배가 고동을 울리며 다가왔다. 여전히 꿈을 꾸는 기분이다.

멀어져 가는 문섬이 아까와는 다르게 보인다. 보물이 묻힌 곳을 알아내고 돌아가는 기분이 이럴까. 설명하기 어려운 신비가 바닷속 저 아래 가득하다. 왜 다이버들이 바닷속 세상에 중독되는지 이제 알 것 같다. 수중사진 제공 _ 정현민

스쿠버다이빙이란?

이태훈(블루샤크제주) 씨는 스쿠버다이빙 전문강사로 한국청소년스쿠버협회 서귀포 지부장을 겸하고 있다. 최근에는 문화재청 주관 '한문화재 한지킴이'의 수중문화재지킴이로 활동하면서 제주 바다의 정화작업에도 참여중이다. 스쿠버다이빙에 대해 궁금했던 점을 그에게 물었다. 다음은 일문일답.

'스킨스쿠버'와 '스쿠버다이빙'이 같은 말인지?

'스킨스쿠버'는 스킨다이빙과 스쿠버다이빙을 함께 부르는 편의상의 용어일 뿐 정식 명칭이 아니다. 스쿠버다이빙과 달리 공기통 없이 숨대롱(snorkel)과 오리발만 착용하고 수면에서 바닷속을 구경하는 것을 스킨다이빙이라고 한다.

어린이도 스쿠버다이빙을 할 수 있나?

초등학생 이상이면 누구나 할 수 있다. 그러나 성인이라도 평소 술이나 담배를 즐겨하거나 비염이 심하고 고막에 이상이 있다면 되도록 하지 않는 것이 좋다.

수영을 못해도 가능한가?

가능하다. 물속에 들어간 순간부터 나올 때까지 전문강사가 손을 잡아 주기 때문에 수영실력과 상관이 없다.

제주도의 스쿠버다이빙 포인트를 추천한다면?

서귀포의 범섬과 문섬, 숲섬이 인기지역이다. 성산포에 있는 성산일출봉, 연산호 군락지를 이루고 있는 송악산 앞바다도 즐겨 찾는다.

스쿠버다이빙을 즐기기에 좋은 계절은?

바다의 수온이 가장 높을 때는 9~11월이고, 가장 낮을 때는 3~5월이다. 수온이 높을수록 체험다이빙을 하기에 좋다고 보면 된다.

스쿠버다이빙을 즐길 수 있는 곳

제주도에는 스쿠버다이빙 체험프로그램을 진행하는 업체가 많다. 다이빙 포인트가 많은 서귀포시에 대부분 위치해 있다. 요금은 10만 원(승선료, 장비 포함) 선이다.

▶ 블루샤크제주

주소 : 서귀포시 태평로 390-11(서귀동 597-1)
전화 : 010-9688-6326
홈페이지 : www.jejublueshark.com
요금 : 성인·청소년·어린이(초등학생 이상) 10만 원
영업시간 : 10:00~18:00
체험 소요시간 : 2~3시간
대중교통 : 제주공항에서 600번(공항리무진) 버스를 타고 서귀포시 뉴경남호텔 정류장에서 하차. '블루샤크제주'까지 걸어서 10분 거리. 서귀포시외버스터미널에서 2, 8, 110번 버스를 타고 뉴경남호텔 정류장에서 하차. 걸어서 10분 거리

그 외 제주도 스쿠버다이빙 업체 연락처

제주스쿠버스쿨 www.ssijeju.com
제주시 서해안로 301(도두2동 1669-3) (064) 713-2711

우도스쿠버리조트 www.udoscuba.com
제주시 우도면 우도해안길 1128(연평리 317-4) (064) 784-5956

씨월드 www.jejudive.com
서귀포시 월드컵로 84(강정동 349-1) (064) 739-3333

제주스쿠버아카데미 www.jejudoscuba.com
서귀포시 대정읍 하모백사로 54(하모리 584-7) (064) 794-1117

제주스쿠버 www.jejuscuba.co.kr
서귀포시 막숙포로 40번길 22(법환동 236) (064) 739-8288

다이브랜드 www.diveland.co.kr
서귀포시 천지연로 41번길 41(서귀동 674-1) (064) 732-9092

블루마린
서귀포시 칠십리로91번길 12(서귀동 777-1) 777-1 (064) 732-1711

천지스쿠버 www.cheonjiscuba.com
서귀포시 부두로 52(서귀동 779-3) (064) 733-7774

제주 바닷속의 생물들

"아빠, 여기 또 와요!"
제주바다체험장

아이들은 대개 보고 듣고 만지는 것을 좋아하며 기다리는 시간이 길면 싫증을 잘 낸다. 그래서 아이와 함께 하는 가족나들이는 아이의 안전과 정서, 교육적인 측면을 우선시하지 않을 수 없다. 제주바다체험장이라면 이 모든 조건에서 합격점이다. 손만 뻗으면 문어, 소라게, 전복, 참돔, 장어 등을 직접 만져 볼 수 있다. 바다보다 안전한 장소에서 바닷속 생물들을 살피고 만지고 배울 수 있는 것이다. 그렇다고 어른들에게 시시한 장소도 아니다. 일반 횟집보다 싸게 파는 해산물에 소주 한 잔까지 곁들일 수 있으니, 사실은 어른들이 더 좋아한다는 이야기가 나올 법도 하다.

손으로 직접 만져보는 문어 · 바다장어

김녕성세기해변 부근의 일주도로변에 자리한 건물 한 채. 하늘색 페인트로 칠한 벽에는 파도 일렁이는 바다와 생선들이 그려져 있고 '낚시, 맨손으로 소라, 전복, 문어잡기 체험'이라는 문구가 적혀 있다. 전국에서 유일하게 실내공간 안에서 생선과 해산물을 만져보고 잡아서 먹을 수 있는 '제주바다체험장'이다.

체험비 1만 원을 내면 건물 안에서 맨손으로 문어 · 소라게 · 키조개 · 전복 잡기, 바구니로 참돔 · 방어 · 바다장어 잡기, 낚시를 해볼 수 있다. 수심 80m에서 깨끗한 바닷물을 끌어와 꾸민 실내 양식장에 생선과 해산물을 칸별로 풀어놓고 쉽게 그것들을 낚고 만질 수 있게 해 놓은 것. 잡은 해산물은 따로 마련된 자리에서 시가(마트보다 싼 수준)로 구매해 먹을 수 있다.

'바다 체험'은 릴낚시부터 시작했다. 때는 겨울, 가두리 안에는 이맘때면 살이 올라 더 맛있어진다는 참돔이 돌아다닌다. 눈으로 훤히 보이는 물고기들 사이에 미끼 꿴 낚싯대를 드리우자 낚싯줄이 바로

'팽'하고 당겨진다. 넣자마자 참돔이 미끼를 문 것이다. 기다림의 미
학을 완전히 무시한 이 낚시, 은근 매력 있다. 다만 갇혀있는 생선이
다 보니 힘이 약해 '손맛'은 일반 낚시에 비해 덜한 편.

　체험할 때는 지켜야할 에티켓이 있다. 아무리 횟감이 될 운명일
지라도 생선, 문어 등은 엄연히 생명체이고 업주의 재산이다. 지나
치게 이놈 저놈 낚았다가 놓아주고, 심하게 주물러서 상처를 입히면
빨리 죽는다. '맛볼' 대상이 아니라면 절대 괴롭히지 말자.

　이어지는 체험은 맨손으로 문어잡기다. 낚시와 달리 물에 직접 들
어가야 하므로 방수바지를 입는다. 발목보다 조금 높게 물이 찬 가
두리에 들어가면 바닥에는 크고 작은 돌들이 깔렸는데 문어가 그 밑
에 숨어있다. 돌을 들추자 놀란 문어가 반질반질한 머리를 앞세워
재빠르게 도망친다. "첨벙첨벙" 문어 따라 걸음을 옮기며 결국은 포
획. 손안에서 꼬물대며 8개의 다리를 쭉쭉 뻗는 모습이 징그럽기보
다 귀엽다. 문어 말고도 돌 틈에는 소라게가 숨었다. 물에서 건져 집
게발을 만져보려고 하자 소라 속으로 몸을 쏙 숨긴다. 피부가 약해
단단한 소라를 외피로 삼아 사는 갑각류로, 최근에는 애완용으로 키
우는 사람들이 늘어날 정도로 아이들이 좋아한다. 그 외에 사람 머
리만한 키조개, 귀한 전복도 만져볼 수 있다.

잡은 참돔회에 얼큰한 매운탕까지

제주바다체험장의 이영한 사장은 맨손으로 방어를 잡는 모슬포방어축제에서 영감을 얻어 이 일을 시작했는데, 초창기에는 관련 지식이 부족하다보니 멋모르고 손님들에게 마음껏(?) 체험하도록 했다가 손해를 많이 봤다. '너무 시달린' 생선과 문어들이 하루를 넘기지 못하고 죽어나갔던 것이다. 그러나 이제는 몇 가지 규칙을 만들고 노하우를 쌓아 비교적 빨리 자리를 잡았다. 여름성수기 때는 수용하지 못할 만큼 손님이 몰릴 정도. 특히 아이들이 좋아해서 한번 왔다간 가족 손님들은 꼭 다시 찾는다고 한다. 인터넷을 검색해 보면 한여름 이곳을 찾았던 관광객들이 블로그에 올린 글과 사진에서 그 인기를 체감할 수 있다.

제주바다체험장이 즐거운 또 하나의 이유는 직접 잡은 해산물을 싸게 먹을 수 있다는 점이다. 바구니로 펄떡펄떡 뛰는 방어, 참돔, 바다장어까지 잡아봤다면 이제는 '맛 좀 봐야할' 시간이다. 손 대신 바구니로 잡는 이유는 방어나 참돔 같은 어종은 지느러미가 억세고 날카로워 아이들이 다칠 수 있기 때문이다.

잡은 생선과 해산물을 구매해 먹을 수 있도록 양어장 한쪽에 식탁이 마련되어 있다. 겨울철 제주에서 많이 잡힌다는 방어회와 문어숙회를 먹어봤다. 꼬들꼬들한 문어몸통과 다리를 초장에 콕 찍어 입에 넣으니 혀에 착착 감긴다. 겨울이 제철이라는 두툼한 방어회도 고소하게 씹히는 맛이 일품이다. 단돈 5천 원만 더 내면 건더기 푸짐하게 들어간 생선매운탕도 한 냄비 즐길 수 있다. 무려 5~6인분의 양. 개운한 매운탕 국물에 소주 한 잔 곁들이면 즐겁지 않을 '아빠'가 있을까. 아이와 함께 들렀다면 틀림없이 아이가 이렇게 얘기할 것이다. "아빠 여기 또 와요." 아니, 아빠가 먼저 말할지 모른다. "○○야, 내년에 또 오자!"

주소 : 제주시 구좌읍 동복리 608-3
전화 : (064) 784-5757
요금 : 체험비 1만 원. 각종 회 시가. 매운탕 5천 원
영업시간 : 09:00~20:00
체험 소요시간 : 40~50분
대중교통 : 버스 없음. 택시나 렌터카 이용

애교 작렬! 바다 친구에게 반하다
돌고래 체험

고대 그리스에서는 돌고래를 '바다의 사람'이라고 불렀다고 한다. 영민하고 유달리 사람을 잘 따라서다. 실제로 서귀포 마린파크에서 돌고래를 만나보니 정말 그럴지도 모르겠다는 생각이 든다. 분명 처음 만난 사이임에도 돌고래는 애완견처럼 애교 넘치고 똑똑했다. 스킨십을 좋아해 사람이 손을 내밀면 물속에서 우뚝 솟아나 둥그스름한 주둥이를 갖다 대고 앞 지느러미로 박수치는 시늉을 내는가 하면 기분 좋으면 휘파람 같은 소리를 내기도 한다.

조련사가 된 기분을 느껴 보자

서귀포 화순의 해안가로 가면 국내에서 유일하게 '돌고래 체험'이 가능한 마린파크가 있다. 마린파크의 '돌고래 체험'은 일반적인 돌고래 쇼와 완전히 다르다. 관람석에서 그저 구경만 하는 게 아니라 직접 물에 들어가 돌고래와 함께 노는 일이다. 돌고래를 관람의 대상으로 보는 것이 아니라 친구로 만나는 것이다.

건물 1층의 실내풀 안에는 '화순이' 등 네 마리의 돌고래가 산다. 풀장의 얕은 곳에서 돌고래를 만지고 먹이를 주는 '조련사 체험' 때는 가슴까지 오는 방수바지만 덧입으면 되지만 깊은 풀에서 '돌핀 스위밍'이나 '체험 다이빙'을 하려면 반드시 사전 예약을 해야 한다. 산소통ㆍ전용 수트 같은 장비를 준비하고 전문 강사를 업체에서 미리 초빙해야 하기 때문이다.

　몸길이 3m, 몸무게 250kg에 달하는 화순이는 마린파크의 에이스다. 이미 일본에서 교육을 받고 온 상태라 관광객의 정확하지 않은 수신호도 잘 알아보고 따라한다. 돌고래는 본디 호기심 많고 온순한 데다 조련사들이 동행하기 때문에 화순이뿐만 아니라 어떤 돌고래를 만나든 안전하고 즐겁게 놀 수 있다. 방문한 때는 마침 먹이를 주는 시간이었다. 매일 12kg에 달하는 고등어를 먹이로 주는데 돌고래가 고등어를 좋아하기도 하고 영양도 풍부해서다.

　돌고래에게 질병이 전염되는 것을 예방하기 위해 손과 신발을 소독하고 나서야 조련사를 따라 실내풀로 들어갈 수 있었다. 토막 낸 고등어를 플라스틱 바구니에 담아 풀장의 얕은 곳으로 들어서자 돌고래가 강아지처럼 다가와 머리를 물 밖으로 쏙 내민다. 눈은 커다란 포도 알처럼 동그랗고 검다. 옅은 회색 피부는 은은한 광택이 돈다. 주둥이 쪽 피부가 많이 벗겨져 있는데 이는 돌고래 피부의 특성. 사람의 때처럼 쉽게 벗겨지고 그 대신 회복속도가 빨라 웬만한 상처

는 하루 만에 다 아문다. 주둥이와 뺨을 쓰다듬어 보니 촉감이 대리석처럼 단단하고 매끈하다. 스킨십을 좋아하는 동물이지만 눈 주위와 정수리 쪽 숨구멍은 민감한 부위이므로 만지지 말아야 한다.

"어릴 때부터 동물과 관련된 일을 하고 싶었어요. 막상 돌고래 조련을 해보니 너무 즐거워요. 앞으로도 계속 하고 싶은 일이에요." 먹이를 주면서 수신호 연습 중인 마린파크의 한 예비조련사는 돌고래와 지내는 일이 무척 즐겁다고 말한다. 몸을 360도 뱅그르르 돌리거나 꼬리를 위 아래로 움직여 풀장의 물을 튀기던 화순이의 입에 고등어를 넣어주고 호루라기를 불자 화순이가 "끼우욱~~" 소리를 낸다. 호루라기 소리에 대한 우렁찬 화답이다.

체험 다이빙은 예약이 필수

실내풀은 바닷물을 정화해서 채우고 물 온도는 바닷물의 온도와 같다. 따라서 깊은 풀에서 해야 하는 '돌핀 스위밍'이나 '체험 다이빙' 프로그램에 참여하려면 봄에서 여름 사이에 방문하는 것이 좋다. 두 체험 모두 전문 강사가 동행하며 다이빙은 산소통을 착용해야 한다.

돌핀 스위밍은 한마디로 돌고래와 사람의 '아름다운 놀이'다. 돌고래는 등에 사람을 태우고 쏜살같이 물 위를 달리거나 주둥이로 사람발을 밀어 수면을 일직선으로 날게 하는 듯한, 고난이도의 장면을

연출하기도 한다. 수면 위로 돌고래가 높이 솟구쳐 오를 때에는 장관이 따로 없다. 신체 대부분이 근육인 돌고래는 수면 위로 5m 이상 점프할 수 있다. 체험 다이빙은 가장 아름답다는, 돌고래가 물속에서 유영하는 모습을 볼 수 있는 체험이다. 오감이 먹먹해진 수중에서 3m에 달하는 커다란 동물이 사람에게 호기심을 보이며 장난치는 체험은 잊지 못할 추억으로 남는다.

"워낙 사람을 잘 믿고 따르는 동물이라 체험 중에 사고가 일어날 가능성은 거의 없습니다. 어린아이가 있으면 오히려 얌전해지죠. 설령 사람이 과격한 행동을 하더라도 피할 뿐 공격하지 않습니다."

마린파크 관계자가 돌고래가 얼마나 안전한 동물인지 설명한다. 돌고래는 낯선 사람이 내민 손길에 화답하고 장난치며 입에 손을 넣어도 물지 않는다. 심지어 뽀뽀하는 것까지 즐긴다. 사람을 신뢰하는 DNA라도 지니고 태어나는 걸까. 이 사랑스러운 동물의 몸짓을 보고 있으면 그의 설명에 충분히 공감하게 된다.

▶ 마린파크
주소 : 서귀포시 안덕면 화순중앙로 132(화순리 823)
전화 : (064) 792-7777
홈페이지 : www.marinepark.com
요금 : 입장료 성인 9천 원, 청소년 8천 원, 어린이 7천 원, 돌핀스위밍&스노쿨링 16만 원, 돌핀다이빙 25
        만 원, 조련사 체험 6만 원
영업시간 : 09:00~17:30
체험 소요시간 : 1시간 30분~2시간
대중교통 : 서일주노선 버스를 타고 안덕농협 정류장에서 하차. 안덕우체국 옆 주택가 길로 들어서서 10분
          정도 걸어간다.

마린파크의 또 다른 재미

– 3D포토존/수족관/고망낚시

마린파크 건물 지하에 있는 '3D포토존'은 착시현상을 일으키는 그림인 트릭아트 체험 공간이다. 돌고래를 소재로 한 그림부터 상어, 올림픽, 패러디 명화, 천사의 날개 등 다양한 그림 앞에서 재미있는 사진을 찍을 수 있다.

건물 2층 아쿠아리움에서는 화려한 색상을 가진 열대어와 산호를 볼 수 있다. 애니메이션 '니모를 찾아서'에 나온 니모(광대물고기, clown fish)도 한번 찾아보길. 주황색 몸통에 흰 줄과 검은 줄이 섞인 모습이다.

제주전통 낚시인 고망(구멍)낚시도 즐길 수 있다(미끼 3회 체험비 무료). 낚시가 가능한 수족관에 낚싯대를 드리우고 돌돔 등의 물고기를 낚는 체험인데, 간단히 해볼 수 있는 실내낚시여서 아이들에게 인기가 높다. 바로 옆 작은 수족관에서는 소라, 전복, 몸길이가 50cm에 불과한 불범상어 등이 자라는 모습도 살펴볼 수 있다.

물놀이테마파크

　사방 깨끗한 바다로 둘러싸인 섬이지만 제주도에도 '민물' 물놀이 시설이 있다. 월드컵경기장 내에 있는 제주워터월드는 실내외 수영장 시설을 갖춘 사계절 물놀이테마파크다. 실제 파도처럼 철썩이는 파도풀을 비롯해 튜브에 몸을 맡기면 알아서 흘러가는 200m의 유수풀, 롤러코스터를 탄 듯 짜릿한 기분을 만끽할 수 있는 77m와 88m의 워터슬라이더, 아이들이 안전하게 즐길 수 있는 아쿠아플레이풀과 '연인 전용'의 2인용 튜브 슬라이더 등 다양한 물놀이 시설을 갖추고 있다.

　이밖에도 유럽풍의 노천카페와 서귀포 앞바다가 시원하게 바라보이는 선탠장, 스파, 사우나, 찜질방도 있어 가족이나 연인끼리 휴식을 겸해 즐거운 시간을 보낼 수 있다.

주소 : 서귀포시 월드컵로 33(서귀포시 법환동 914) 제주월드컵경기장 내
전화 : (064) 739-1930~3
홈페이지 : www.jejuwaterworld.co.kr
요금 : 자유이용권 – 성인 · 청소년 3만5천 원,
　　　　　　　　　　어린이 2만8천 원
대여요금 : 수영복 4천 원, 수영모 2천 원, 튜브 3천 원
영업시간 : 10:00~19:00(성수기 21:00까지)
대중교통 : 제주공항에서 600번(공항리무진)이나 제주시외버스터미널에서 중문고속화 버스를 타고 월드컵경기장에서 하차. 서귀포시외버스터미널에서는 1번, 100번, 110번, 120번 버스를 타고 월드컵경기장에서 하차

윈드서핑

　제주에서는 언제 어느 때나 윈드서핑을 즐길 수 있다. 가장 바람이 좋은 시즌은 늦봄부터 가을까지다. 체험 장소로 인기가 많은 곳은 제주 시내에서 접근성이 좋은 이호테우해변, 입문자가 즐기기 좋은 신양섭지코지해변, 수상레저의 메카로 불리는 중문색달해변 등이다. 이들 해변은 제주도민뿐만 아니라 전국의 윈드서핑 동호회 회원들이 즐겨 찾는다.

　초보자도 도전해 볼 수 있다. 윈드서핑은 바람과 호흡을 맞추는 것이 중요하다. 처음에는 물에 자주 빠지지만 2~3시간 연습하면 제법 바람을 가르며 달려볼 수 있을 것이다. 강습료를 포함한 체험 비용은 6만~7만 원. 혼자서도 충분히 즐길 수 있는 수준이라면 장비만 대여(3만 원)해도 된다.

윈드서핑을 즐길 수 있는 곳

▶ 이호레포츠센터
주소 : 제주시 테우해안로 168(이호1동 1700-1) 이호테우해변 내
전화 : (064) 743-3887
홈페이지 : http://이호레포츠센터.qir.kr
요금 : 6만 원(강습료 3만 원 포함)
영업시간 : 09:00~20:00
체험 소요시간 : 3~4시간
대중교통 : 제주시청에서 7번 제주 시내버스를 타고 사대부속고등학교
　　　　　버스정류장에서 하차. 현대3차아파트 방향으로 걸어서 5분

▶ 레포츠클럽 씽
주소 : 서귀포시 표선면 표선당포로 29(표선리 45-5) 표선해비치해
　　　　변 내
전화 : (064) 782-7522
홈페이지 : www.jejusing.com
요금 : 7만 원(강습료 4만 원 포함)
영업시간 : 10:00~18:00
체험 소요시간 : 3~4시간
대중교통 : 제주시외버스터미널에서 동일주 노선버스를 탄 후 신양리
　　　　　입구 버스정류장에서 하차. 신양섭지코지해변 방향으로 걸
　　　　　어서 5분

제트스키

　'물 위의 오토바이'로 불리는 제트스키는 '짜릿함'에 있어서는 별 중의 별이다. 작동 방법은 간단하다. 그냥 손잡이만 당기면 앞으로 팍팍 튀어나가고, 버튼 하나로 정지와 출발을 할 수 있다. 150마력의 강력한 파워로 거침없이 내달리다 보면 스트레스가 다 날아간다. 속도감과 스릴은 다른 수상레포츠와 비교해 단연 으뜸이다.

　제트스키를 처음 탈 때는 앉아서 타는 법과 서서 타는 법을 배운다. 익히기가 쉬워 5분 정도만 강습을 받으면 직접 혼 자서 조종하며 바다를 누빌 수 있고, 점프나 360도 회전 등 다양한 기술도 구사할 수 있다. 2인 탑승이 가능해 아이들과 함께 즐길 수 있는 것도 매력이다.

제트스키를 즐길 수 있는 곳

▶ 제주해양레저
주소 : 서귀포시 중문로 105번길 37(중문동 2658) 중문관광단지 내
전화 : (064) 738-5111~2
홈페이지 : www.jejuleisure.kr
요금 : 6만 원
영업시간 : 10:00~18:00
체험 소요시간 : 10~15분
대중교통 : 제주공항에서 600번(공항리무진) 버스를 타고 씨에스호 텔 입구에서 하차

▶ 이호레포츠센터
주소 : 제주시 테우해안로 168(이호1동 1700-1) 이호테우해변 내
전화 : (064) 743-3887
홈페이지 : http://이호레포츠센터.qir.kr
요금 : 4만 원
영업시간 : 09:00~20:00
체험 소요시간 : 10~15분
대중교통 : 제주시청에서 7번 제주 시내버스를 타고 사대부속고등학 교 버스정류장에서 하차

수영·물놀이

제주의 해수욕장은 이름난 곳만 헤아려도 20여 곳. 너무 많아서 어디를 가야할지 감이 오지 않는다. 어디든 깨끗한 해변과 맑은 물이 반기지만 그 가운데에서도 특히 수영을 하거나 각종 물놀이(윈드서핑, 제트스키, 제트보트, 바나나보트, 패러 세일링, 스쿠버다이빙, 수상스키, 레프팅 등)를 즐길 수 있는 곳을 꼽으면 아래 표와 같다(각 해수욕장 정보는 '권역별 추천 여행지' 참조).

수영·물놀이를 즐길 수 있는 추천 해수욕장

이름	주소	연락처	수상레저
이호테우해변	제주시 대동길(이호동)	(064) 728-8292	윈드서핑, 제트스키, 제트보트, 바나나보트, 패러세일링, 스쿠버다이빙, 수상스키, 레프팅 등
삼양검은모래해변	제주시 원당로(삼양동)	(064) 728-8174	스쿠버다이빙, 제트보트, 바나나보트 등
함덕서우봉해변	제주시 조천읍 신북로(함덕리)	(064) 728-7882	패러세일링, 바나나보트, 제트보트, 제트스키 등
곽지과물해변	제주시 애월읍 애월원당길(곽지리)	(064) 728-8884	요트, 바나나보트, 과물노천탕, 제트스키 등
김녕성세기해변	제주시 구좌읍 해맞이해안로(김녕리)	(064) 728-7773	요트, 윈드서핑, 수상스키 등
금능으뜸원해변	제주시 한림읍 금능길(협재리)	(064) 728-7672	제트스키, 제트보트, 윈드서핑, 바나나보트 등
협재해변	제주시 한림읍 협재길(협재리)	(064) 728-7672	제트스키, 제트보트, 윈드서핑, 바나나보트 등
중문색달해변	서귀포시 산록남로(색달동)	(064) 760-4853	요트, 카약, 윈드서핑, 제트스키, 바나나보트, 파라세일링, 수상스키 등
신양섭지코지해변	서귀포시 성산읍 섭지코지로(고성리)	(064) 760-4282	윈드서핑, 스쿠버다이빙, 수상스키, 제트스키, 바나나보트, 땅콩보트 등
우도산호해변	제주시 우도면 우도해안길(서광리)	(064) 728-4385	바나나보트, 제트보트, 제트스키 등

Section 3

하늘에서
놀자

제주도 하늘의 짜릿한 선물

날지 않았지만 난 기분
자일 라펠

    제주도 레포츠랜드에서 자일 라펠을 보자마자 생각난 것이 오래전 군대에서 유격조교가 했던 질문, "애인 있습니까?"였다. 국가방위를 위해 목숨 걸고(?) 훈련하던 라펠을 관광지에서, 비용까지 지불하면서 탄다고 생각하니 좀 어이없었다. 그러나 군대 햄버거와 맥×날드 햄버거가 다르고 군복과 밀리터리룩이 다르듯 레포츠랜드의 라펠도 분명히 달랐다. 불편한 것은 모두 빼고 짜릿함만 남은 체험이었다.

'ㄴ' 자세를 유지하고 미끄럼 타듯

    주변 풍경이 한눈에 내려다보이는 타워에서 가볍게 점프. 동시에 양발을 딱 붙이고 들어 올려 몸을 'ㄴ'자 형태로 만든다. 자세가 안정되자 허공으로 비스듬히 그어진 와이어에 의지한 몸이 마치 YKK 지퍼를 열고 닫듯 부드럽게 움직여 바람을 가르며 나는 듯하다. 아쉽게도 그 황홀한 기분은 반대편 타워로 넘어오며 생각보다 금방 끝난다. 제주 조천읍 와흘리 레포츠랜드의 자일 라펠은 비행하지 않았으나 마치 비행한 것처럼 짜릿한 기분을 안겨준다.

    라펠(rappel)은 신체를 자일(seil, 밧줄)에 의지해 급경사면을 신속하게 내려가는 것으로 주로 뉴스에 나오는 암벽등반이나 특수부대 작전 장면을 통해서 볼 수 있다. 대한민국의 남성이라면 군시절 훈련 중 몇 번 겪은 것이 고작이면서 대북침투작전 때 헬기 라펠을 했다느니 빌딩에서 특수요원 버금가는 수직강하를 했다는 식의 '뻥'으로 부풀려 봤음직한 경험이기도 하다.

그러나 레포츠랜드의 자일 라펠은 훈련이 아닌 오로지 스릴에 초점을 맞춘 레포츠. 군대처럼 수직강하 형식이 아닌 양쪽 타워를 오가기 때문에 곤두박질칠 것 같은 공포는 거의 없고 착륙할 때 묵직하게 전해져오는 충격도 있을 리 없다. 14m 높이의 타워에서 와이어를 타고 70m 정도 떨어진 반대편 타워로 이동한 뒤 다시 지상 방향으로 연결된 와이어를 타고 내려오는 순서로 이뤄진다.

체험을 위해서는 가장 중요한 장비부터 착용한다. 하네스(harness, 다리부터 어깨까지 두르는 벨트)를 입고 카라비너(karabiner, 쇠고리)를 이용해 와이어와 연결할 줄을 허리쯤에 건다. 이 모든 과정은 업체 조교가 도와준다. 헬멧을 쓰고 장갑까지 낀 후 타워에 오른다. 인간이 가장 공포를 느낀다는 11m보다 조금 높은 이곳, 바람소리가 거세지고 사방이 모두 트이더니 제주의 땅과 그 뒤 바다가 파노라마처럼 펼쳐진다.

조교로부터 간단한 유의사항을 듣고 출발대 앞에 선다. 타워에서 발을 떼는 순간 몸이 훅 떨어진다 싶더니 와이어에 걸린 줄이 팽팽해지며 미세한 충격이 전해져온다. 그리고 '윙~' 와이어에 연결된 롤러소리가 경쾌하다. 눈으로 볼 수 있는 주변의 모든 풍경이 빠르게 흐르는 시간. 이때 사지를 늘어뜨리고 "어떡해~~" 외치기라도 한다면 폼이 안 난다. 중간에 멈춰 서지는 않겠지만 속도감을 느끼려면 'ㄴ' 자세를 기억해야 한다. 그 결과는 '나는 듯함'이다.

레포츠랜드에서는 자일 라펠 외에도 전국에서 규모가 가장 큰 1km의 서킷에서 즐기는 카트장, 서바이벌 게임장, 사계절 탈 수 있는 썰매장 등 다양한 레저시설을 갖추고 있다. 단체체험(10인 이상)은 20% 할인. 레포츠랜드 내에 있는 유스호스텔에서 숙박도 가능하다.

▶ 레포츠랜드
주소 : 제주시 조천읍 와흘상서2길 47(와흘리 870)
전화 : (064) 784-8800
홈페이지 : www.leportsland.net
요금 : 자일 라펠 1만5천 원, 카트 2만5천~3만 원, 썰매장 1만 원, 서바이벌 게임 3만 5천 원, 유스호스텔 17만5천(주중)~35만 원(주말)/50만 원(성수기)
영업시간 : 연중무휴, 체험은 09:00~일몰
체험 소요시간 : 자일 라펠·카트 15분, 사계절 썰매장 2시간, 서바이벌 게임 2시간
대중교통 : 남조로, 번영로 노선버스를 타고 전원마을 정류장에서 하차. 회천교차로에서 에스오일 주유소 옆길을 따라 20분 정도 걸어야 한다.

날개 달고 하늘을 유영하다
패러글라이딩

제주도는 거대한 패러글라이딩 활공장이다. 360여 개의 오름 중 비행 가능한 곳만 30군데가 넘고, 해안의 구릉이나 절벽까지 합하면 그 수는 훨씬 늘어난다. 이 가운데 입문자들이 패러글라이더를 타볼 수 있는 곳은 10여 군데. 특히 표고차가 200m나 되고 이착륙이 수월한 다랑쉬오름(월랑봉, 382m)이 최적의 장소로 꼽힌다.

20분 정도 산길을 올라 다랑쉬오름 활공장에 도착했다. 그런데 바람이 약하다. 제주에서 비행하기 좋은 풍속은 2~3㎧. 바람이 불길 기다리고 또 기다린다. 오늘 내로 날 수 있을지 걱정이다.

바람에 체온을 뺏기지 않기 위해 방풍재킷을 입고 이착륙할 때 다치지 않도록 발목까지 올라오는 신발을 신었다. 하네스(앉아서 기구를 조종할 수 있도록 되어 있는 장치)를 착용한 후 안전장치를 연결했다. 그리고선 산줄(캐노피와 하네스를 연결하는 줄)과 이어진 라이저(작은 산줄을 하나로 묶어 연결하는 끈)를 단단히 움켜진 채 정면을 응시했다. 번지점프대에 올라서서 고민하던 순간과 비슷한 기분이다.

비행 고수는 얼굴에 부딪히는 바람만으로 비행이 가능한지 안다. 오랜 기다림 끝에 국가대표 선수이자 2012년 2천400km 히말라야 비행 횡단에 성공했던 '패러매니아'의 함영민 강사가 OK 표시를 한다. 이 순간을 놓치면 또 얼마를 기다려야할지 모르는 상황.

"출발할 때는 젖 먹던 힘까지 다해서 힘차게 달립니다. 하나, 둘, 셋 하면 뛰세요. 하나, 둘, 셋, 출발!"

강사의 지시가 떨어지기 무섭게 내달렸다. 머리 위로 펼쳐진 캐노피에 공기가 꽉 들어차자 갑자기 몸이 휘청거린다. 공기저항을 받아서 제대로 속도가 나지 않아 걸음도 뒤뚱뒤뚱. 절벽으로 다가갈수록 가슴이 두근거린다.

정말 하늘로 떠오를까? 혹시 고꾸라지지는 않을까? 머릿속이 복잡해져왔지만 되돌리기엔 늦었다. 절벽이 코앞이다. 여기서 도약을

멈추면 큰 사고로 이어질 수도 있다. 눈을 질끈 감고 하늘을 향해 뛰었다.

지상에서 맛볼 수 없는 '무한자유'

발밑이 허전하다. 감촉이 모두 떠났다. 감았던 눈을 뜨자 푸른 하늘 저 멀리 기우뚱한 각도의 수평선이 보인다. 떠오른 지 몇 초도 안돼 드높은 창공이라니!

'날았다'는 안도의 한숨, 그리고 희열. 두근두근하는 이륙 과정을 마치고 하늘에 몸을 맡기니 마음이 한없이 편하다. 오름을 오르다가 구경거리라도 생긴 듯 바라보던 사람들이 개미만큼 작게 보인다. 발아래 초록빛 땅, 수평선 선명한 제주의 푸른 바다, 모두 그림처럼 잔잔하고 정적이다.

오름 주변에서 풀을 뜯던 노루들이 '이상 물체'에 놀라 부리나케 도망을 친다. 먼저 비행하던 클럽 동호인들이 공중에서 손 인사를 보낸다. 동호인들의 비행은 확실히 초보와 다르다. 말 그대로 한 마리 새처럼 스스로의 의지로 맘껏 날고 있다.

패러글라이딩은 상승기류만 잘 타면 몇 시간이든 하늘을 날 수 있다. GPS를 보니 시속 30~40km. 좌우로 왔다 갔다 할 때마다 주위 풍경이 순식간에 바뀐다. 지구가 자전한다더니, 세상이 제 스스로 돌고 있는 게 맞다.

스릴 넘치는 놀이기구를 지치도록 타면 이런 기분일까. 한참 땅을 쳐다봤더니 머리가 어질어질하다. GPS가 "삐~삐~" 소리를 낸다. 점점 고도가 낮아진다는 신호다. 정면으로 착륙장이 보인다. 제주에서는 대부분 빈 경작지 등을 활공장으로 이용한다. 기체가 땅에 처박힐 듯 빠르게 내려가다 착륙장에 도착할 때쯤 한 바퀴 크게 선회하더니 사뿐히 내려앉았다. 착륙이 익숙하지 않아 엉덩방아를 살짝 찧었지만 무사 착륙이다. 지상에서 경험해 보지 못한 '무한자유'의 시간이 그렇게 끝났다.

전문가와 함께 하늘을 나는 탠덤비행은 반드시 한국활공협회에서 발급한 공인 2인승 지도조종사 자격증을 가진 강사와 타야 안전을 보장받을 수 있다는 점을 명심하자. 탠덤비행을 즐기려면 적어도 3일 전에는 예약(패러매니아 인터넷 카페 게시판, 전화)하도록 한다. 차가 있을 경우 활공장에서 바로 강사와 만날 수 있고, 차량 이동이 어려울 때는 픽업도 해준다.

체험 소요시간은 10~20분이지만 활공장 이동 및 장비 정리 등을 고려해 2~3시간쯤 여유를 두고 움직여야 한다. 강사의 지도와 리드를 잘 따르면 누구나 안전하게 패러글라이딩을 즐길 수 있다. 별다른 준비물은 없지만 혹시 모를 착지 안전사고에 대비해 발목까지 올라오는 신발(중등산화 추천)을 신도록 한다.

패러글라이딩 주요 활공장

제주도에는 내륙처럼 표고차가 큰 활공장이 없는 대신 수많은 오름에서 비행을 즐길 수 있다. 표고차 100m 안팎에 잡목이 없는 오름 대부분에서 비행이 가능하다.

활공장	위치	해발고도(m)	표고차(m)	특징
다랑쉬오름 (월랑봉 활공장)	제주시 구좌읍 비자림로(송당리)	382	200	입문자에게 적합한 활공장. 빈 경작지가 많아 안전한 착륙 가능. 다른 오름보다 표고차가 커서 상승기류를 타기 좋음. 초입부터 활공장까지 20분 정도 걸어 올라가야 함
금오름 (금악 활공장)	제주시 한림읍 금악로(금악리)	430	100	오름 정상까지 차로 이동할 수 있어서 인기가 높음
사라봉	제주시 사라봉동길(건입동)	148	100	해안 절벽에서 뛰어내리는 짜릿함이 압권. 그만큼 대담성을 요구하지만 해풍을 이용한 비행이 매력적
서우봉 (함덕 활공장)	제주시 조천읍 함덕길(함덕리)	111	80	
군산	서귀포시 소보리당로 85번길(상예동)	335	130	제주 서남부권의 대표적 활공장. 주변 풍광이 빼어나 동호인들이 자주 찾음
고근산	서귀포시 고근산로(용흥동)	396	150	서귀포시 신시가지를 감싸고 있는 오름으로 시내를 한 눈에 볼 수 있고 해안 풍광이 뛰어남

패러글라이딩을 즐길 수 있는 곳

▶ 패러매니아

주소 : 제주시 조천읍 조천3길 4(조천리 3208-1) 종합경기장 내 제주패러글라이딩연합회

전화 : 010-2956-2611

인터넷 카페 : cafe.daum.net/paramania

요금 : 기본 코스 12만 원, 상승기류 코스 14만 원, VIP 코스 16만 원

영업시간 : 09:00~18:00

체험 소요시간 : 기본 코스 10~15분, 상승기류 코스 15~20분, VIP 코스 20~30분

대중교통 : 제주공항에서 100번 버스를 타고 종합경기장에서 하차. 제주시외터미널에서는 종합경기장까지 걸어서 10분 거리. 서귀포시외터미널에서는 중문고속화 버스 이용

바람을 거스르며 나는 쾌감

패러모터

패러글라이딩은 바람의 방향과 세기 등을 면밀히 파악하고 이용해야 즐길 수 있는 무동력 레저다. 하지만 영국청년 마이크 번(Mike Byrne)이 1980년 패러글라이더에 엔진을 달아 기존의 패러다임을 뒤집었다. 바로 패러모터(paramotor)의 등장이다. 패러모터의 정식 명칭은 '파워드 패러글라이더(powered paraglider)'. 우리나라에선 아직 생소한 레저다.

스스로의 힘으로 날아오르다

패러모터는 기존 패러글라이더와 비슷하지만, 흔히 낙하산이라고 부르는 캐노피를 탑승자와 연결해 주는 하네스에 소형 엔진과 프로펠러 등의 동력장치를 추가한 것이 다르다. 하네스에 고정된 소형 엔진은 컨트롤러를 통해 강약조절은 물론 켜고 끄는 것도 가능해 상승기류를 만나면 엔진을 끈 채 일반 패러글라이더처럼 무동력 비행을 즐길 수도 있다. 바람이 약해도 캐노피만 펼치면 날 수

있을 뿐 아니라, 20kg가 넘는 무게를 짊어지고 흔히 '활공장'이라 부르는 높은 언덕이나 산꼭대기로 올라야 했던 기존 패러글라이더와 달리 평지에서도 곧바로 날아오를 수 있다. 이 얼마나 신속하고 편리하며 획기적인가.

비행 당일, 제주시 구좌읍 다랑쉬오름 부근 추수가 끝난 가을 들판이 활공장으로 낙점됐다. 상·하의가 하나로 붙은 오버롤 타입의 비행복과 헤드셋이 달린 헬멧을 착용한 후 캐노피와 산줄로 연결된 하네스까지 걸치면 기본준비 완료. 패러글라이더를 탈 때와 마찬가지로 발목을 보호할 수 있는 신발을 신는 것이 좋다. 강사와 함께 날아오르는 탠덤비행은 뒤쪽의 강사가 조종을 맡고 체험자는 앞에서 즐기기만 하면 된다. 몇 가지 주의사항을 들은 후 장비점검을 마치고 캐노피를 펼치면 이륙 준비 끝.

탠덤비행에서 체험자가 '힘 좀 써야할 때'는 이륙할 때다. 마치 업소용 선풍기처럼 생긴 육중한 패러모터 장비를 하네스에 짊어진 강사가 체험자까지 들쳐 업고(?) 달릴 수는 없기 때문에 이륙할 땐 강사와 함께 보조를 맞춰 일정거리 이상 힘껏 달려줘야 한다.

힘찬 엔진 소리를 들으며 강사의 신호에 맞춰 10m 남짓 앞으로 달려 나가자 바람에 부풀어 오른 캐노피가 하늘로 떠오른다. 곧 뒤에서 잡아끌듯 아래쪽으로 향하던 체중이 몸에 걸친 하네스로 옮겨가며 자연스레 두 발이 땅에서 떨어진다. 세상에서 가장 가벼운 동

력 비행의 시작이다.

　발끝에서 머리끝까지 탁 트인 시야엔 지평선이 좌우로 일렁이고 발 아래 소나무 군락이 스치듯 지나간다. 온 몸으로 바람을 맞으며 서서히 고도를 높여가자 미지근한 공기가 물결치듯 사방을 휘감는다. 바람은 점점 거세지고, 여러개의 산줄을 지탱하며 하네스와 연결된 라이저를 꽉 움켜쥐자 무겁고 팽팽한 긴장이 느껴진다.

　시속 40~50km의 속도로 고도 60~70m 상공에 이르자 오름을 타고 하늘로 솟는 상승기류를 맛보기 위해 강사가 왼쪽 라이저를 당겨 천천히 방향을 튼다. 다랑쉬오름의 측면 능선을 따라 가다 기류를 찾았는지 이내 엔진을 끄고 활공을 시작한다. 요란한 엔진소리가 사라지자 팽팽한 산줄에 부딪히는 바람소리만 불규칙하게 들릴 뿐 하늘은 생각보다 고요하고 평온하다. '이렇게 손쉽게 저공비행을 즐길 수 있다니! 하나 질러?' 호흡이 가빠지며 '결재' 아이콘이라도 찾듯 오른손이 허공을 더듬는다. '지름신 강림'이 현실화될 찰나 곧 착륙하겠다는 강사의 목소리가 들려온다.

　현재 제주도에서 패러모터를 체험할 수 있는 곳은 패러글라이딩 전문 업체인 '패러매니아'가 유일하다. 이곳에서는 패러글라이딩 강습을 받거나 강사와 함께 비행체험(탠덤비행)에 나설 수 있다.

패러모터를 즐길 수 있는 곳

▶패러매니아

패러모터는 현재 패러글라이딩 체험자에 한해 각 코스별 요금에 1~3만 원 추가시 즐길 수 있다. 패러매니아 정보는 '패러글라이딩' 편 199쪽 참조
문의 : 010-2956-2611

'진품'은 아니지만 제주에서 유일
행글라이딩 체험

제주에서 타볼 수 있는 행글라이더는 기류를 타고 하늘을 나는 '일반적인' 종류가 아니다. 와이어를 타고 오르내리는 일종의 놀이기구다. 그럼에도 체험해볼 만한 가치가 있는 이유는 가격대비 우수한 만족도 때문. 제주여행 중 접하는 대부분의 체험에는 몇 만 원 이상의 비용이 들지만 '행글라이딩 체험'은 만 원이 채 안 되는 돈으로 즐길 수 있다. 쿠폰까지 사용하면 더 할인 받을 수 있을 터. 게다가 쉽고 안전해서 어린이들도 안심하고 태울 수 있다. 아이 포함 3인까지 함께 오를 수 있어 가족이나 커플들에게 인기가 많다.

제주의 강한 바람에 재미가 두 배

'행글라이딩 체험이 아니라 행글라이딩 맛 체험이겠구나.' 오름에 올라 바람을 등에 가득 업고 제주의 푸른 벌판 위를 활공하는 상상은 깨졌다. 현실은 대체로 꿈과 다른 법. 눈앞에는 와이어에 매달린

행글라이더가 있다.

　서귀포 안덕면 서광리의 '하늘여행 행글라이더 체험장'은 제주도에서 유일하고 전국을 통틀어서도 단 두 곳밖에 없는 행글라이더 체험장이다. 겉모습만 보자면 이곳 행글라이더는 날개, 방향 조정 역할을 하는 알루미늄 바, 탑승자의 몸을 받치는 시트까지 기본적인 구조를 그대로 갖추고 있으나 재질은 실제 자유 활공에 쓰이는 행글라이더의 것과는 다르다. 와이어로 기체를 지탱하고 있으니 굳이 활공에 필요한 값비싼 부품을 쓸 이유가 없겠다. 이용료가 싸고 안전하며 재미도 느낄 수 있다는 게 이 체험의 미덕이다. 막상 타보면 '괜찮다'는 정도를 넘어 나름 짜릿한 기분을 맛볼 수 있다.

　저 멀리 전방에는 얕은 오름 몇 개가 솟아 지평선 군데군데에 곡선을 그려 넣었다. 타워에 잠시 멈춰 선 동안 제주의 강한 바람이 행글라이더를 이리저리 흔든다. 이게 은근히 무서우면서도 재밌다. 바람 많은 날에 오히려 더 인상 깊은 행글라이딩을 즐길 수 있다는 것이 관계자의 귀띔이다.

　체험은 안전 복장을 갖추고 행글라이더에 탄 채로 400m 거리에 있는 17m 높이의 타워까지 거꾸로 올라갔다가 다시 내려오는 순서로 진행된다. 활공 중 몸을 일자로 받치는 역할을 하는 시트를 몸에 두르고, 엎드린 자세로 행글라이더의 바를 잡으면 조교가 시트에 연결된 고리를 행글라이더와 연결한다. 비행 중 흘릴 가능성이 있는

소지품은 미리 다 빼놓아야 한다.

출발 준비는 이것으로 끝. 출발해도 좋다는 사인을 내면 조교가 모터를 작동시켜 행글라이더를 400m 뒤에 있는 타워까지 '쏜다'. 재미있는 것이 타워로 오를 때나 내려올 때나 항상 같은 30~40km 속도인데 기분은 뒤로 갈 때(타워로 오를 때)가 훨씬 빠르게 느껴진다는 점이다. 타워까지 거꾸로 올라가 아래를 보면 초록색 덤불에 노란 귤이 점점이 박힌 귤밭과 카트장이다.

행글라이더와 연결된 와이어는 3중이라 안전에 전혀 문제가 없다. 앞을 보고 내려올 때는 상대적으로 느리게 느껴진다. 어려울 것 없이 안전하게 착륙. 행글라이더 '유사품'에 대한 아쉬움은 온데간데없이 사라지고 짧은 거리와 한 번의 '비행'이 준 갈증만 남는다.

행글라이딩 체험 동안 업체 관계자가 사진을 찍어주는데, 체험 후 행글라이더 타는 모습이 담긴 플라스틱 카드 기념품을 구입할 수 있다.

▶하늘여행 행글라이더 체험장
주소 : 서귀포시 안덕면 중산간서로 1877(서광리 775)
전화 : (064) 794-0822
홈페이지 : www.행글라이더.kr
요금 : 행글라이딩 체험 성인 · 청소년 · 어린이 1만1천600원, 기념카드 5천 원
영업시간 : 09:00~19:00(하절기), 09:00~18:00(동절기)
체험 소요시간 : 10분 내외
대중교통 : 평화로 노선버스를 이용해 서광리 정류장에서 하차. 서광1교차로에서 소인국테마파크 방향으로 조금만 걸어가면 왼쪽에 있다.

가장 안전한 낙하산 놀이
패러세일링

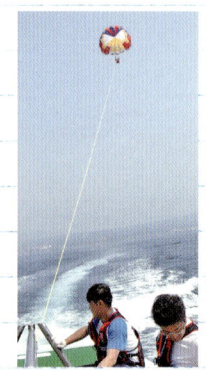

낙하산을 타는 것은 그 어떤 레저보다 짜릿하고 스릴 넘치긴 하겠지만 과연 안전할지 가끔 의문이 든다. 비행기나 헬리콥터에서 뛰어내리는 스카이다이빙은 낙하산이 퍼지지 않거나 낙하산 줄이 서로 엉키는 사고가 일어나기도 하고, 높은 활공장에서 이륙하는 패러글라이딩은 돌풍 등 불규칙한 기류를 만나면 예기치 못한 사고로 이어질 수 있다. 하지만 낙하산(parachute)을 배에 매달고 수면 위로 떠올라 하늘을 달리는 패러세일링(parasailing)은 튼튼한 로프로 연결되어 있어 추락할 위험이 없고 추락하더라도 바다 위라 안전하다.

이 같은 이유로 인해 패러세일링은 철저한 사전교육이나 일정 수준의 경험을 필요로 하는 여타 낙하산 레저와 달리 몇 가지 주의사항만 지키면 남녀노소 누구나 쉽게 즐길 수 있다. 더군다나 보트 갑판이 이·착륙장을 겸하므로 바다에서 즐기되 물에 젖을 염려도 없다. 물론 본인 의사에 따라 수면을 스치듯 낮게 비행할 수도 있다. 단 바다 위에서 즐기는 레저인 만큼 몸에 맞는 구명조끼 착용은 필수다.

패러세일링은 겉보기에 낙하산과 모터보트만 튼튼하게 연결하면 될 것 같지만 사실은 그렇지 않다. 뒤쪽에 바람의 저항을 받는 낙하산을 매달고 달리면 일반 보트는 가벼운 앞쪽이 위로 들려 뒤집힐 위험이 크다. 낙하산 역시 보트의 속도와 사람의 체중 등을 감안해 정교하게 만들어야 적당한 고도로 안정적인 비행을 할 수 있다. 이 같은 까다로운 조건들 때문에 우리나라에서는 쉽게 접할 수 없는 레

저였다가 지난 2005년 중순 패러세일링 전용 보트와 낙하산 등 핵심 장비들이 모두 국산화되면서 제주에서도 만나볼 수 있게 되었다.

제주에서 패러세일링을 즐길 수 있는 대표적인 업체로는 제트보트로 잘 알려진 제주제트가 있다. 이곳은 현재 230마력짜리 엔진을 얹은 패러세일링 전용 보트 2대를 보유하고 있다. 보트의 정원은 7명이고 각 보트에서는 모터로 작동되는 로프 견인장치를 달아 낙하산을 최고 200m 높이까지 띄울 수 있다. 요금은 성인 5만 원, 어린이 4만 원이다.

▶제주제트
주소 : 서귀포시 이어도로 163(서귀포시 대포동 2181-6)
예약전화 : (064) 739-3939
홈페이지 : www.jejujet.co.kr
요금 : 성인 5만 원, 어린이 4만 원(예약 필수)
영업시간 : 09:00~17:00(사전 문의)
체험 소요시간 : 10분 내외
대중교통 : 600번 공항리무진 → 대포포구 하차

제주행 항공편의 모든 것
비행기 타고 제주 가기

제주항공의 B737-800

　제주도를 가는 가장 빠르고 편한 방법은 비행기를 타는 것이다. 수십 년 동안 제주도 가는 항공편은 대한항공과 아시아나항공이 시장을 양분해 왔다. 그러다 지난 2006년 6월 한성항공(현 티웨이항공)이 유지비가 싼 프로펠러 여객기(지금은 일반 제트여객기로 바뀜)를 내세워 파격적인 요금으로 시장에 뛰어든 것을 신호탄으로 진에어와 이스타항공, 제주항공 등 낮은 요금을 내건 항공사들이 줄줄이 김포-제주 노선에 취항했다.

　기존 항공사와 신규 항공사의 가장 큰 차이점은 항공편에 따라 최대 4만 원 가까이 차이나는 요금이다. 후발업체들을 한데 묶어 '저가 항공사'라고 부르는 것도 이 때문. 그래서 초창기에는 '싼 게 비지떡'이라며 의심과 불신의 눈초리를 보내는 사람들도 적지 않았지만 현재의 저가항공은 제주도를 가는 싸고 편리한 방법으로 자리매김했다. 물론 기존 항공사보다 취소 수수료가 더 높다는 점 등 몇 가지 부담은 있지만 싼 요금을 감안하면 감수할 수 있는 부분이다.

연휴와 성수기에는 예매 서둘러야

제주까지 가는 비행시간은 우리나라 어디서든 1시간 이내다. 거리가 워낙 가까워 이착륙에 걸리는 시간이 절반 이상을 차지한다. 아울러 전체 국내선 항공편의 80%에 육박할 정도로 제주를 오가는 비행기가 많아 성수기를 제외하면 큰 불편 없이 이용할 수 있다.

항공요금은 사람들이 많이 이용하는 날짜나 시간대일수록 비싸다. 성수기와 연휴를 포함해 매주 금~일요일과 매월 말~다음 달 초까지 높은 편이다. 일례로 김포에서 제주로 가는 비행기는 하루 중 오후보다 오전 시간대가 비싸다. 제주발 김포행 항공편은 그 반대.

성수기나 연휴에는 일찌감치 표가 동날 때가 많으므로 비행기 티켓은 최소 두어 달 이상 여유를 갖고 예매에 나서는 것이 좋다. 꼭 가야하는데 이미 예약이 다 차 티켓을 구하지 못했을 때는 항공사 대기명단에 이름을 올려놓는 방법도 있다. 일반적으로 항공사는 항공예약의 10~20%를 취소분으로 가정해 그만큼 예약을 더 받아둔다. 다만 성수기나 인기 시간대에는 아무래도 취소분이 적어 표를 구할 확률이 낮다.

이용객이 가장 많은 김포-제주 노선은 대한항공과 아시아나항공, 진에어, 제주항공, 이스타항공, 티웨이항공에서 항공편을 운행 중이다.

인터넷이나 전화로 확인해도 표가 없을 때는 당황하지 말고 제주 여행상품을 주로 다루는 여행사에 문의하면 의외로 쉽게 표를 구할 수도 있다. 여행사들은 대개 항공사와 연계해 좌석을 미리 확보해 두기 때문이다. 또한 일찌감치 여행사의 할인항공권을 알아보거나 항공권을 포함한 제주도 여행상품을 선택하는 방법도 있다(관련 정보 349쪽 참조).

제주 취항 항공사

▶대한항공
안내전화 : 1588-2001
　　　(상담가능시간 05:00~23:00)
홈페이지 : kr.koreanair.com

▶아시아나항공
안내전화 : 1588-8000
　　　(상담가능시간 05:00~23:00)
홈페이지 : www.flyasiana.com

▶진에어
안내전화 : 1600-6200
　　　(상담가능시간 06:00~20:00)
홈페이지 : www.jinair.com

▶이스타항공
안내전화 : 1544-0080
　　　(상담가능시간 07:00~21:00)
홈페이지 : www.eastarjet.com

▶제주항공
안내전화 : 1599-1500
　　　(상담가능시간 07:00~21:00)
홈페이지 : www.jejuair.net

▶에어부산
안내전화 : 1666-3060
　　　(상담가능시간 07:00~21:00)
홈페이지 : www.airbusan.com

▶티웨이항공
안내전화 : 1688-8686
　　　(상담가능시간 07:00~21:00)
홈페이지 : www.twayair.com

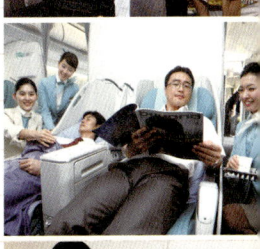

Section 4

낭만여행

권역별 추천 여행지

골프장·스파·쇼핑·숙박·맛집 안내

체험 + 여행 추천 일정표

제주시권

제주시권은 공항과 항만이 몰려 있는 제주도의 관문이다. 관공서와 상업지구를 비롯해 각종 문화시설 또한 밀집해 있다. 대부분의 지역이 도심화 하여 관광과는 상관없는 것 같지만 제주도의 어제와 오늘을 모두 보여준다는 점에서 둘러보는 재미가 크다. 탐라국부터의 역사가 곳곳에 남아 있고 스파나 마사지 등 심신을 이완하고 관리할 수 있는 시설도 제주시권에 가장 많다.

제주도의 시조가 나왔다는 삼성혈, 상상력을 자극하는 용두암, 제주문화를 한눈에 살필 수 있는 제주도민속자연사박물관, 용천수가 솟은 삼양검은모래해변 등은 한번쯤 들러볼 만한 명소다.

0   500m

이호테우해

외도동

애월읍

광령1리

제주공룡랜드

추자도

제주항

삼양동

라마다프라자
제주호텔

용두암/용연

오리엔탈호텔

제주목관아/관덕정

사라봉

건입동

국립제주박물관

화북동

1132

삼양검은모래해변

신촌리

조천읍

용담2동

스쿠버스쿨

도두항

제주유람선

이호레포츠센타

도두동

이호해변

1132

제주국제공항

제주민속5일장

보물섬테라피

태국정통타이왓포

아일랜드에스테틱스파

더호텔제주

호텔네이버후드제주

신라면세점

그랜드호텔

궁타이테라피

노형동

삼도1동

오카리나 제주공방

오라동

제주도청

제주오름공원

제주시외
버스터미널

제주시청

이도2동

칼호텔

민속자연사박물관

삼성혈

1131

97

1136

1139

한라수목원

연동

아라동

명도암관광휴양목장

라헨느CC

봉개동

제주대학교

제주마방목지

절물자연휴양림

한라산휴양
펜션ATV

오리CC

별빛누리공원

한라산CC

삼의악

한라생태숲

어승생승마장

이호테우해변 / 제주시 대동길(이호동)

제주시 이호동에 있는 해수욕장으로 도심에서 가까워 여름철 많은 인파가 몰린다. 검은색 모래와 자갈로 이뤄진 해변은 길이 약 600m, 너비 약 50m로 그리 크지 않고 경사가 완만한 편. 제주시의 야경을 보기 위해 찾는 사람도 많고 모살치(보리멸)가 유명해 낚시꾼도 적잖게 모여든다. 갓 잡은 회를 즐길 수 있는 횟집도 여럿 있다.

야영장을 비롯해 전망휴게소와 주차장, 탈의실 등 편의시설을 잘 갖추었고 해수욕장 초입에는 아까시 숲이, 모래사장 뒤편에는 소나무 군락이 자리 잡고 있다. 제주시외버스터미널에서 시내버스로 20여 분 거리에 있다. '이호해변'으로 줄여서 부르기도 한다.

대중교통 : 7, 36, 37번 시내버스를 타고 이호테우해변 입구에서 하차

삼양검은모래해변 / 제주시 선사로8길(삼양동)

제주시내에서 가장 가까운 해수욕장. 해변에 깔린 모래가 검은 이유는 철분이 섞였기 때문이다. 이 모래로 찜질을 하면 신경통·관절염에 좋다는 소문 때문에 여름에 사람들이 많이 몰린다. 해수욕장 주변에는 용천수를 끌어다 만든 노천탕도 있다. 7~8월에는 검은모래 조각전시회를 비롯해 스쿠버다이빙, 윈드서핑 같은 해양레포츠를 체험할 수 있는 축제가 열린다.

대중교통
버스 1, 2, 11, 20, 28, 38, 48번을 타고 삼양동주민센터에서 내려 바닷가로 15분쯤 도보

용두암·용연

용두암은 이름에서부터 짐작 가듯 용의 머리를 닮았다고 해서 이름 붙은 해안가의 바위다. 전설에서는 용이 되려던 백마가 승천하지 못해 굳어버린 모습이라고도 하고 한라산에 불로장생의 약초를 구하러 온 용왕의 사신이 산신에게 화살을 맞고 바다로 떨어진 모습이라고도 한다. 실제로는 화산폭발 당시 하늘로 치솟던 용암이 그대로 굳은 것으로 그 특이한 생성과정 때문에 지질학적 가치가 높은 것으로 평가 받고 있다.

용연은 용두암 근방에 있는 기암계곡에 자리한 하천의 하류다. 물이 마르지 않고 항상 차고 맑아 옛날 제주 사람들은 용이 사는 신성한 장소라고 믿었다. 가뭄 때 기우제를 지내면 어김없이 비가 내렸다고 한다.

주소 : 제주시 용두암길 15(용담2동 483) / 전화 : (064) 710-3423
대중교통 : 7번 버스를 탄 뒤 사대부고 정류장에서 하차. 해안가 방향 도보

사라봉

제주 시내에 위치한 사라봉은 작은 오름으로 전체가 공원화되어 있다. 별도봉까지 산책로가 연결되어 있어 운동하는 주민들이 많다. 기왕이면 늦은 오후에 찾아보자. 사라봉 정상에서 보는 일몰은 제주 10경의 하나다. 언덕 남쪽에 자리한 모충사는 절이 아니라 독립운동 중 순국한 열사를 기리는 사당으로 제주도민의 성금으로 건립되었다.

주소 : 제주시 사라봉동길 74(건입동 387-1) / 전화 : (064) 728-4643
대중교통 : 1, 2, 3, 10, 28, 38번 버스를 타고 국립제주박물관 정류장
           에서 하차. 공원 방향 도보

추자도

　제주도 최북단 섬이다. 본섬격인 상 · 하추자도는 추자교로 연결되어 있고 38개에 이르는 무인도가 있다. 2010년 섬의 둘레와 봉우리를 따라 추자올레 18-1코스가 개장했다. 올레를 걸으면 최영장군 사당, 나바론 절벽, 엄바위 장승, 황경헌의 묘, 돈대산 등 추자도의 명소들을 차례로 만나볼 수 있다.

　추자도는 낚시꾼들에게 바다낚시의 성지로 꼽힌다. 겨울철에 한류와 난류가 섞이는 조경수역이어서 어종이 풍부하고 돌돔, 감성돔, 벵에돔, 갓돔, 참돔, 부시리 같은 고급어종이 잘 잡힌다. 섬 안 횟집에서 파는 회들은 모두 인근바다에서 잡은 자연산. 특산물인 참굴비는 추자항 옆 수협에서 판다.

　제주항과 목포항, 완도항에서 추자도행 배가 뜬다. 쾌속선은 상추자도 추자항으로 입항하고 여객선은 하추자도 신양항으로 입항한다. 배편은 날씨가 나쁠 때 결항하는 경우가 있으니 출항 전 미리 확인하도록 한다.

〈쾌속선〉

목포항 → 추자항 (핑크돌핀호)
시간 : 14:00(2시간 25분 소요)
운임 : 4만6천50원
문의 : 1577-3567

제주항 → 추자항 (핑크돌핀호)
시간 : 09:30(2시간 25분 소요)
운임 : 1만1천500원
문의 : 1577-3567

〈여객선〉

제주항 → 신양항 (한일카훼리3호)
시간 : 14:00(2시간 40분 소요)
운임 : 1만 6천150원
문의 : (064) 751-5050

완도항 → 신양항 (한일카훼리3호)
시간 : 08:00(2시간 40분 소요)
운임 : 2만1천550원
문의 : (061) 554-8000

관덕정

현대식 고층빌딩이 곳곳에 솟은 제주시내 한가운데에 뜬금없이 기와지붕을 얹은 커다란 정자가 있다. 건축사 연구의 중요자료이자 제주도의 대표적인 고건축물인 관덕정이다. 보물 제322호. 1448년 (세종 30년) 제주목사 신숙청이 병사의 훈련장으로 사용하기 위해 처음 지었다. 세종대왕의 셋째아들인 안평대군이 편액을 썼으나 화재 후 소실되었다가 선조 때 영의정인 이산해가 다시 썼다. 제주에 있는 전통 건물 중 가장 크다.

주소 : 제주시 관덕로 19
      (삼도2동 983-1)
대중교통 : 5, 6, 7, 8, 36, 37번 버스를 타고 관덕정 정류장에서 하차

삼성혈

200년 역사의 미국도 건국신화를 가지고 있는 마당에 제주도에 신화가 없을 리 없다. 삼성혈은 제주도의 시조가 발생한 신화유적지다. 그 신화에 따르면 고·양·부 씨의 시조인 '고을나·양을나·부을나'가 지금의 제주시 이도동 칼호텔과 민속자연사박물관 사이의 세 구멍에서 솟았다. 수렵생활을 하던 세 신인은 바닷가로 떠밀려온 궤짝에서 나온 벽랑국의 세 공주를 맞아 혼인하고 공주가 가져온 오곡의 씨앗, 송아지, 망아지로 농경을 시작해 탐라국을 이뤘다. 삼성혈이 공식적으로 성역화한 것은 조선 초기(중종21)에 이르러서다. 제주목 이수동이 삼성혈 주변에 홍문과 혈비를 세우고 고·양·부 씨의 후손들에게 제를 지내게 했다. 지금도 매년 4월 10일, 10월 10일에 춘제·추제를 지낸다. 사적 제134호.

주소 : 제주시 삼성로 22
      (이도1동 1313)
전화 : (064) 722-3315
홈페이지 : www.samsunghyeol.or.kr
요금 : 성인 2천500원, 청소년 1천700원, 어린이 1천 원
개장시간 : 08:00~17:30(겨울)
      08:00~19:00(여름)
대중교통 : 5, 6, 7, 36, 37, 500번 버스를 타고 상록회관 정류장에서 하차. 칼호텔사거리에서 민속자연사박물관 쪽으로 걸어가다 보면 삼성혈이 나온다.

제주공룡랜드

"거대한 소라고 생각하면 돼." 영화 〈쥬라기공원〉에서 주인공이 한 공룡을 보며 이렇게 말한다. 이 공룡은 키가 28m로, 인류에게 알려진 공룡 중 가장 큰 브라키오사우루스다. 제주공룡랜드에 가면 실제 크기로 복원한 이 초식공룡 모형을 볼 수 있다.

제주공룡랜드는 이름 그대로 공룡을 주제로 한 테마공원이다. 브라키오사우르스 외에도 잘 알려진 티라노사우루스, 코뿔소를 닮은 모노클로니우스 등 다양한 공룡 모형을 전시하고 있다. 자연사박물관에서는 고생대부터 신생대 기간의 희귀광물, 화석, 운석을 볼 수 있고 3D입체영화관에서는 공룡관련 영상물을 관람할 수 있다. 손바닥에 먹이를 올려두면 잉꼬가 직접 찾아와 먹이를 먹는 새 모이주기 체험장은 아이들이 특히 좋아하는 코너다.

주소 : 제주시 애월읍 광령평화2길 1(광령리 2677-1)
전화 : (064) 746-3060
홈페이지 : www.jdpark.co.kr
요금 : 성인 9천 원, 청소년 7천 원, 어린이 6천 원
개장시간 : 09:00~19:00(11월~3월은 18:00, 7~8월은 20:00까지)
대중교통 : 평화로 노선버스를 이용해 제주공룡원 정류장에서 하차

국립제주박물관

제주도의 겉을 보는 데 그치지 않고 제주도를 좀 더 깊이 들여다보고 싶다면 국립제주박물관에 가야 한다. 2001년 6월 문을 연 제주박물관은 2천511건 7천231점의 유물을 소장하고 제주 문화와 역사, 그 형성과정을 상세하게 소개하고 있다. 지하 1층, 지상 2층 건물에 마련된 대공간전시실 · 선사고대실 · 탐라실 · 조선시대실 · 기증실 · 기획전시실을 차례로 들르면 선사문화부터 삼국, 고려, 조선시대에 새긴 제주의 나이테를 꼼꼼히 살펴 볼 수 있다.

3월에서 10월까지 매주 토요일에는 '토요박물관 산책'이라는 상설 프로그램을 운영, 무료로 영화를 상영하고 공연 · 음악회를 연다. 공연이 있는 주 화요일 오전 10시부터 온라인서점 〈예스24〉에서 예매하거나 당일 오후 5시부터 선착순(100석) 입장 가능. 6시부터 공연.

주소 : 제주시 일주동로 17(건입동 261) / **전화** : (064) 720-8000
홈페이지 : jeju.museum.go.kr / **요금** : 무료
개장시간 : 09:00~18:00 (토~일 09:00~19:00), 월요일 휴관
대중교통 : 1, 2, 10, 11, 20, 26, 28, 48, 100번 버스를 이용해 국립제주박물관
　　　　　　정류장에서 하차

제주도민속자연사박물관

제주도민속자연사박물관은 제주의 자연과 인문 문화를 이해하는 데 도움이 되는 박물관이다. 1984년에 문을 열었으며 5개의 실내전시실과 1개의 야외전시실, 시청각실로 구성되어 있다.

자연사전시실에는 화석과 제주생태계를 이루는 동식물 표본이 전시되어 있고 1~2민속실은 제주만의 독특한 문화와 풍습을 인형 등으로 재현해 선보이고 있다. 야외전시실에는 실제로 사용되던 돌방아, 정주석 · 정낭, 돌하르방, 돗통시(재래 화장실) 등이 전시되어 있다.

주소 : 제주시 삼성로 40(일도2동 996-1) / **전화** : (064) 710-7708
홈페이지 : museum.jeju.go.kr
요금 : 성인 1천100원, 청소년 500원, 어린이 200원
개장시간 : 08:30~18:00, 명절, 개관기념일(5월 24일) 휴무
대중교통 : 5, 6, 7, 36, 37, 500번 버스를 타고 상록회관 정류장에서 하차, 칼사거
　　　　　　리에서 오른쪽 방향

궁타이테라피

태국식 마사지를 제공한다. 100분(족욕, 전신타이, 등 아로마, 얼굴 관리)에 7만 원, 130분(얼굴관리 대신 발 관리. 나머지는 100분 서비스와 동일)에 10만 원, 160분(족욕, 등·복부 아로마, 전신타이, 발 관리, 이어 캔들)에 15만 원. 인터넷으로 예약하면 20% 할인해준다.

주소 : 제주시 신광로 73(연동 274-5)
전화 : (064) 744-7177
홈페이지 : www.gungthaitherapy.com
대중교통 : 200, 500번 버스를 타고 은남동 정류장에서 하차. 그랜드호텔 사거리까지 걸어가 왼쪽으로 모퉁이를 돌면 간판이 보인다.

헬리오스스파뷰티종합센타

라마다프라자호텔에 있는 스파센터다. 9개의 스파 프로그램과 각종 테라피 서비스를 제공한다. 스파 프로그램은 20만~45만 원선. 숙박, 식당, 세미나 등과 연계한 패키지 상품도 있다.

주소 : 제주시 탑동로 66(삼도2동 1255) 라마다프라자호텔 6층
전화 : (064) 729-8465~6
홈페이지 : heliosspa.ejeju.net
대중교통 : 500, 887번 버스를 타고 서문시장이나 관덕정 정류장에서 하차. 라마다프라자호텔이 있는 해변 쪽으로 15분 정도 걸어야 한다.

보물섬테라피센터

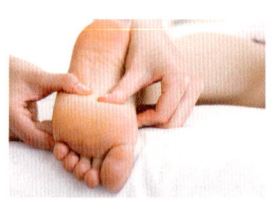

화산석을 이용한 마사지 테라피 업체다. 아로마 전신관리(130분/15만 원, 100분/12만 원), 전신스포츠관리(130분/10만 원, 100분/8만 원, 80분/7만 원), 얼굴관리(60분/5만 원), 발관리(60분/5만 원) 프로그램을 운영한다. 사전에 예약하면 20% 할인해준다.

주소 : 제주시 제원1길 14(연동 251-75)
전화 : (064) 743-7434
홈페이지 : www.jejut.kr
대중교통 : 46, 200번 버스를 타고 한라병원에서 하차. 제주일보 앞 오거리에서 편의점 옆 골목으로 5분 정도 걸어가면 나온다.

아일랜드에스테틱스파

렌터카를 비롯한 관광패키지 상품을 갖춘 마사지 테라피 업체다. 스톤테라피(90분/10만 원), 이어캔들테라피(90분/12만 원), 아로마(120분/15만 원), 홀인원(90분/8만 원), 스킨(60분/6만 원), 올레(50분/5만 원) 프로그램을 운영 중이다. 한라산 등반, 숙박지, 승마, 요트 패키지 상품도 마련해 놓았다.

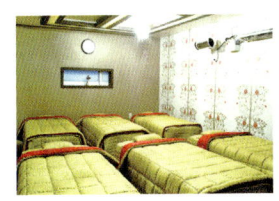

주소 : 제주시 성신로1길 22(연동 2325-4) / **전화** : 010-9878-5868
대중교통 : 46, 887번 버스를 타고 한라병원 정류장에서 하차. 신광사거리 쪽으로 걸어가다 보면 큰길에 신우스위트빌 건물이 나온다.

태국정통타이왓포

왓포마사지를 받을 수 있는 업체. 유칼립투스, 재스민, 레몬, 오렌지, 로즈마리, 페퍼민트 오일을 이용한 오일혈유순환이완법과 한약재를 담은 주머니를 이용해 혈액순환을 돕는 허브볼혈유순환이완법을 쓴다. A~F까지 패키지 상품이 있다. 11만~18만 원.

주소 : 제주시 삼무로3길 27(연동 281-23) / **전화** : (064) 744-4235
홈페이지 : 제주도마사지.한국
대중교통 : 36, 100, 887번 버스를 타고 수협제주도지회 정류장에서 하차. 삼무공원 사거리 쪽으로 걷다가 카지노 건물이 끝나는 곳에서 우회전 한다. GS편의점이 있는 사거리에서 왼쪽으로 방향을 돌려 조금 걸으면 왼쪽으로 간판이 보인다.

정보톡톡

스파·마사지숍 즐비한 제주시

여독을 푸는 데는 스파·마사지가 효과적이다. 제주시내에는 피부 관리와 마사지를 해주는 업체가 몰려 있다. 분위기가 깔끔하고 아늑한 곳이 많아 관광객은 물론 현지인들의 발길이 잦다. 일반적으로 전문테라피스가 요가, 지압, 스트레칭을 이용해 뭉친 근육을 풀어주고 아로마테라피, 족욕, 초를 꽂아 마음을 진정시킨다는 이어캔들 등으로 프로그램을 진행한다. 인터넷으로 미리 예약하면 할인해 주는 곳들이 많다. 천연온천은 아니지만 호텔에서 운영하는 스파를 즐길 수도 있다. 해수, 과일, 해초 등을 이용한 일종의 인공스파다. 해당숙박업소와 연계한 패키지상품을 이용하면 싸다.

면세점

제주여행 때 빼 놓을 수 없는 것이 면세점 쇼핑이다. 제주공항 국내선 출발장 대합실내 JDC면세점과 롯데면세점에서 화장품, 향수, 담배, 주류, 초콜릿 등 다양한 상품을 20~40% 할인된 가격으로 살 수 있다. 물건을 살 때는 신분증과 비행기 티켓을 보여주어야 한다. 1회 구매금액이 40만 원을 초과할 수 없고 횟수는 연간 6회, 총 금액은 240만 원 이내로 제한된다.

이밖에도 신라면세점이 제주시 연동 그랜드호텔 시거리에 있다. 이용방법은 JDC · 롯데면세점과 같다.

JDC면세점
주소 : 제주시 공항로 2(용담2동 2002)
전화 : (064) 740-9900
홈페이지 : www.jdcdutyfree.com

신라면세점
주소 : 제주시 노연로 69(연동 252-20)
전화 : 1688-1110
홈페이지 : www.shilladfs.com

롯데면세점
주소 : 제주시 공항로 2(용담2동 2002)
전화 : (064) 740-0100
홈페이지 : kr.lottedfs.com

제주민속5일장

대형마트가 대세인 시대지만 '사람 사는 곳' 같은 그리운 활기는 재래시장 못 따라간다. '제주민속5일장'은 휴일의 경우 유동인구가 2만 명에 이르는 도내에서 가장 큰 시장이다. 매달 2, 7, 12, 17, 22, 27일 장이 선다.

시장 안으로 들어서면 없는 것 빼고 다 있다. 꽃가게 앞에 알록달록한 꽃, 좌판에는 할머니가 자글자글한 손으로 직접 키운 곡물들. 포장마차에는 굵직굵직한 흰떡에 빨간 국물이 먹음직스럽게 묻은 떡볶이와 튀김, 호떡 등. 제주민속5일장은 사람과 다채로운 색, 기분 좋은 냄새로 가득하다. 돌아다니기만 해도 흐뭇해지는 곳이다.

주소 : 제주시 오일장서길 26(도두1동 1212)
전화 : (064) 743-5985
홈페이지 : jeju5.market.jeju.kr
대중교통 : 31, 37, 38, 63, 300번 버스 이용해 민속5일장 정류장에서 하차

골프장

상호		라헨느 컨트리클럽		
주소		제주시 명림로 374(봉개동 237-5)		
전화		(064) 729-7777		
홈페이지		www.lareine.co.kr		
요금		그린피 주중 10만8천 원/주말 14만 원, 캐디피 10만 원, 카트비 8만 원		
잔디품종		크리핑벤트	코스	27홀

상호		오라 컨트리클럽		
주소		서귀포시 안덕면 광평로 34-156(광평리 산15)		
전화		(064) 747-5100		
홈페이지		www.ora.co.kr		
요금		그린피 주중 13만1천 원/주말 17만1천 원, 캐디피 10만 원, 카트비 4만 원		
잔디품종		크리핑벤트	코스	18홀

상호		한라산 컨트리클럽		
주소		제주시 선돌목동길 56-46(오등동 10-14)		
전화		(064) 754-5678		
홈페이지		www.hallasancc.co.kr		
요금		그린피 주중 10만4천 원/주말 13만8천 원, 캐디피 9만 원, 카트비 6만 원		
잔디품종		켄터키블루	코스	18홀

제주시권 체험+관광 여행 추천 일정표

2박3일

시간		일정	비고
첫날	12:00	점심식사	
	13:30	용두암, 용연, 삼성혈	
	16:30	마사지테라피	태국식 마사지
둘째 날	09:00	사라봉	산책
	12:00	점심식사	
	13:00	관덕정	제주의 대표적인 고건축물
	13:30	국립제주박물관	또는 제주도민속자연사박물관
	15:30	삼양검은모래해변	스쿠버다이빙 체험
	17:00	저녁식사	
	18:30	제주 유람선	유람선 체험
셋째 날	09:00	이호테우해변	모살치(보리멸)낚시 체험
	11:00	제주오름공원	
	12:30	점심식사, 면세점쇼핑	

3박4일

시간		일정	비고
첫날	12:00	점심식사	
	13:30	용두암, 용연, 삼성혈	
	16:30	마사지테라피	태국식 마사지
둘째 날	09:00	사라봉	산책
	12:00	점심식사	
	13:00	관덕정	제주의 대표적인 고건축물
	13:30	국립제주박물관	또는 제주도민속자연사박물관
	15:30	삼양검은모래해변	스쿠버다이빙 체험
	17:00	저녁식사	
	18:30	제주 유람선	유람선 체험
셋째 날	09:00	이호테우해변	모살치(보리멸)낚시 체험
	11:00	제주오름공원	
	12:30	점심식사	
	14:00	어승생 승마장	승마 체험
넷째 날	09:00	제주공룡랜드	
	12:30	점심식사, 면세점쇼핑	

4박5일	시간	일정	비고
첫날	12:00	점심식사	
	13:30	용두암, 용연, 삼성혈	
	16:30	마사지테라피	태국식 마사지
둘째 날	09:00	사라봉	산책
	12:00	점심식사	
	13:00	관덕정	제주의 대표적인 고건축물
	13:30	국립제주박물관	또는 제주도민속자연사박물관
	15:30	삼양검은모래해변	스쿠버다이빙 체험
	17:00	저녁식사	
	18:30	제주 유람선	유람선 체험
셋째 날 ~ 넷째 날	09:30	추자도	제주항 → 추자항 추자올레 체험
다섯째 날	12:30	제주항	추자 신양항 → 제주항
	13:00	점심식사, 면세점쇼핑	

숙박 정보

호텔 & 리조트

라마다프라자 제주호텔

더호텔

제주오리엔탈호텔

제주칼호텔

	상호	주소	연락처
호텔	금호훼미리관광호텔	제주시 제원1길 9(연동 261-37)	(064) 742-0066
	뉴크라운호텔	제주시 신광로 87(연동 274-12)	(064) 742-1001
	더호텔	제주시 삼무로 67(연동 291-30)	(064) 741-8000
	라마다프라자제주호텔	제주시 탑동로 66(삼도2동 1255)	(064) 729-8100
	오션스위츠	제주시 탑동해안로 74(삼도2동 1260-1)	(064) 720-6000
	제주그랜드호텔	제주시 노연로 80(연동 263-15)	(064) 747-4900
	제주마리나관광호텔	제주시 신대로 45(연동 300-8)	(064) 746-6161
	제주오리엔탈호텔	제주시 탑동로 47(삼도2동 1197)	(064) 752-8222
	제주칼호텔	제주시 중앙로 151(이도1동 1691-7)	(064) 724-2001
	제주퍼시픽호텔	제주시 서사로 20(용담1동 159-1)	(064) 758-2500
	하와이관광호텔	제주시 사장3길 32(연동 278-2)	(064) 742-0061
	한화리조트제주	제주시 명림로 575-107(회천동 3-16)	(064) 725-9000
	호텔네이버후드	제주시 도령로 27(노형동 1295-16)	(064) 797-6200
	화이트비치호텔	제주시 서부두2길 18(건입동 1443)	(064) 753-8400
리조트	그림리조트	제주시 서해안로 620-1(용담3동 1020-4)	(064) 742-2080
	노벨리조트	제주시 서해안로 122(이호1동 325)	(064) 713-6181
	로긴리조트	제주시 서해안로 442-11(용담3동 2389)	(064) 723-3333
	이호리조트	제주시 도리로 106-16(이호1동 295-1)	(064) 711-6625
	제주나인리조트	제주시 해안마을북길 14-5(해안동 2109)	(064) 722-2222

팬션

마니주팬션

스토리하우스

하와이팬션

해변풍경팬션

	상호	주소	연락처
팬션	가까이에파도소리	제주시 연대마을길 44(외도2동 1972-1)	010-3880-1479
	그린밸리휴양펜션	제주시 1100로 2671-51(노형동 310-3)	(064) 744-0056
	나무향기	제주시 도리로 62(이호1동 647-1)	(064) 743-2442
	돌과바람	제주시 해안마을길 62(해안동 1973-1)	(064)747-4574
	마니주펜션	제주시 서해안로 248(도두1동 1688-9)	(064) 711-6141
	바위섬펜션	제주시 용담로7길 24(용담2동 481-11)	(064) 711-7220~1
	블루베이휴양펜션	제주시 내도7길 20(내도동 333-1)	(064) 713-3577
	사랑터울펜션	제주시 어영길 25(용담3동 1170-1)	(064) 742-7360
	삼다도펜션	제주시 내도7길 20(내도동 333-1)	(064) 712-0189
	스토리하우스	제주시 도리중길 37(이호1동 320-1)	(064) 702-8231
	실크로드	제주시 용해로 21-6(용담3동 1016)	(064) 712-2939
	예다움	제주시 백포북길 25(이호1동 350-1)	(064) 711-3030
	오다펜션	제주시 서해안로 452(용담3동 2396)	(064) 712-2005
	제주비치하우스	제주시 서해안로 456-2(용담3동 2384-1)	(064) 712-4952
	파스텔펜션	제주시 도두5길 23(도두1동 1871-1)	(064) 713-7705
	팡라오	제주시 서해안로 291-5(도두2동 1679)	(064) 712-5049
	하와이펜션	제주시 도두봉2길 75(도두동 1621-7)	(064) 711-8451
	해미안	제주시 일주서로 7353(외도2동 338-1)	(064) 713-2001
	해변풍경펜션	제주시 도두봉2길 71(도두2동 1621)	(064) 742-0133

게스트하우스 & 민박

그린데이

레인보우인제주

토다

예하

옐로우

	상호	주소	연락처
게스트 하우스	그린데이 게스트하우스	제주시 남성로 158-3(삼도2동 251-9)	070-7840-2533
	너븐팡 게스트하우스	제주시 신광로 102-1(연동 268-9)	010-2645-7171
	레인보우인제주	제주시 광양1길 6(이도1동 1289-20)	070-7635-0007
	미라클 게스트하우스	제주시 서해안로 346-9(도두2동 719-1)	(064) 743-8953
	백패커스인제주	제주시 광양8길 1-1(이도2동 1772-18)	(064) 773-2077
	비빔채 게스트하우스	제주시 서흘길 16(삼양1동 1599-22)	(064)758-6525
	You&I 게스트하우스	제주시 광양8길 1-2(이도2동 1772-10)	(064) 753-5648
	예하 게스트하우스	제주시 삼오길 9(삼도1동 561-17)	(064) 724-5506
	옐로우 게스트하우스	제주시 관덕로15길 4(일도1동 1477-2)	070-7648-0907
	이레하우스	제주시 신설동길 45-9(이도2동 52)	(064) 723-5150
	월랑재 게스트하우스	제주시 월랑로6길 36(노형동 1271-5)	010-2378-7358
	제주스카이워커	제주시 관덕13길 11(일도1동 1348-2)	070-7539-2641
	토다 게스트하우스	제주시 동문로 10(일도1동 1145-1)	(064) 757-3993
	힐링80 게스트하우스	제주시 진동로 81(화북1동 1547)	010-9789-1547
민박	바다드림민박	제주시 어영길 1809(용담3동 2282)	(064) 744-7094
	이호해변민박	제주시 테우해안로 176(이호1동 1665-2)	(064) 743-6436
	청아민박	제주시 도공로 12(도두1동 2616-10)	(064) 712-1950
	탐라민박	제주시 현사안길 35(이호1동 1772)	(064) 743-7730
	해다미민박	제주시 서해안로 502(용담3동 2319-8)	(064) 711-7900

이금돈지

주소	제주시 노연로 143 (연동 293-44)
전화	(064) 711-8866
주메뉴	특선한상 8만 원, 특정식 1만7천 원, 해물뚝배기 1만 원
영업시간	10:00~22:00

남궁식당

주소	제주시 오복1길 8 (이도2동 1054-8)
전화	(064) 757-3633
주메뉴	갈치국 1만 원, 자리물회 8천 원, 각재기국 6천 원
영업시간	10:00~22:00 (첫째, 넷째 토요일 휴무)

돈사돈

주소	제주시 광평동로 15 (노형동 2470)
전화	(064) 746-8989
주메뉴	돼지목살(400g) 2만4천 원, 돼지삼겹살(600g) 3만6천 원
영업시간	14:00~23:00

상호 미풍해장국

주소	제주시 연동11길 15 (연동 292-18)
전화	(064) 749-6776
주메뉴	해장국 7천 원
영업시간	05:00~21:00 (둘째, 넷째 월요일 휴무)

백선횟집

주소	제주시 도남로 10 (삼도1동 584-22)
전화	(064) 751-0033
주메뉴	활어회(소) 4만 원, 활어회(대) 6만 원
영업시간	16:00~23:30

삼대국수회관

주소	제주시 삼성로 41 (일도2동 1045-12)
전화	(064) 759-6644
주메뉴	고기국수 5천5백 원, 비빔국수 5천5백 원, 돔베고기 2만 원
영업시간	09:00~03:00

상호 만인칡칼국수

주소	제주시 선사로8길 12 (삼양1동 1657-3)
전화	(064) 755-5959
주메뉴	칡칼국수 6천 원, 갈치조림(중) 2만5천 원, 몸국 8천 원
영업시간	10:00~21:00

산지물식당

주소	제주시 임항로 26 (건입동 1388-1)
전화	(064) 752-5599
주메뉴	모둠회 9만 원, 우럭매운탕 3만5천 원, 소라물회 1만3천 원
영업시간	08:30~23:00

탑부평삼겹살

주소	제주시 관덕로15길 26 (건입동 1381-1)
전화	(064) 721-7869
주메뉴	흑돼지오겹살(200g) 1만5천 원, 목살(200g) 1만1천 원
영업시간	09:30~02:00

제주도 서부권

제주 서부권은 화려하지 않지만 곳곳에 개발의 손길이 닿지 않은 천연의 숨은 비경들이 방문객을 맞는 지역이다. 산방산~용머리해안~화순금모래해변으로 이어지는 해안 절경과 한림공원, 생각하는 정원, 방림원 등으로 대표되는 자연테마파크는 서부권의 빼놓을 수 없는 자랑거리. 곽지와 협재, 금능 등 아름다운 해변에서는 비양도와 차귀도, 가파도가 손에 잡힐 듯 가까이 있고, 우리나라 남쪽 끝 섬 마라도는 이 지역의 보물이다. 드넓은 차밭의 일렁이는 지평선이 보고 싶다면 한라산자락 중산간 지역에 자리잡은 오설록티뮤지엄과 녹차다원으로 가자. 연인이나 가족끼리 여유로운 시간을 보내기에 좋다. 초콜릿박물관과 프시케월드, 테지움 등 아기자기하고 기발하게 꾸민 테마시설도 제주여행의 즐거운 추억으로 기억될 것이다.

N
0 2km

선인장제
스위스콘

신창리풍력발전단지
나비래전시관

와도
차귀도
차귀도해적잠수함
수월봉

1132

제주국제공항

제주시외버스
터미널

제주시청

제주도청

올레리조트

동양콘도미니엄

다인리조트

명진리조트

에드윌리조트

1136

토비스
콘도

애월항

1132

한라수목원

곽지과물해변

한라산휴양팬션
ATV

빌로우비치호텔

항몽유적지

제주공룡랜드

제주한신리조트

어승생마장

켄싱턴리조트

제주휘트니스타운

애월읍

푸른콘도

1116

한림항

제주뉴코아리조트

프시케월드/퀸즈하우스/테지움

비양도

협재해변

금능으뜸원해변

무병장수테마파크

제주경마공원

노꼬메오름

삼성비치콘도미니엄

한림공원

옹지리조트

차귀도

선인장자생지

제주빌리리조트

한림읍

바리메오름

제주리조텔

에버리스CC

제주힐리조트

엘리시안CC

1139

더마파크

1136

비양115

금오름(활공장)

성이시돌목장

캐슐렉스CC

나인브릿지GC

발림원

라온GC

저지
곶자왈

블랙스톤GC

낙천아홉굿마을

한경면

유리의성

생각하는정원

오설록티뮤지엄

제주서커스월드

키크스GC

신화레저

테디벨리GC

제주다원

서귀포자연휴양림

1120

청수 곶자왈

서광승마장

소인국테마파크

제주유리
박물관

레이크힐스CC

이상한나라의앨리스
점보빌리지

세계자동차
박물관

카멜리아힐
대유랜드

스카이힐CC

대정읍

은화감귤체험농장

안덕면

화순 곶자왈

1132

초원승마장

1136

1139

초콜릿
박물관

1135

추사유배지

산방굴사

제주조각공원

건강과성박물관

서귀포시 제2청사

신방산탄산온천

산방산

하멜상선전시관
원리조트

화순항

써니빌리조트

중문색달해변

모슬포항

송악리조트

마라도잠수함

산바다레저공원
용머리해안

마린파크/
화순금모래해변

스쿠버아카데미

알뜨르
비행장

사계해수욕장

형제섬

마라도유람선
선작장

하모해수욕장

송악산

송악카트
체험장

가파도

마라도

협재해수욕장

협재해변 / 제주시 한림읍 협재길(협재리)

금능으뜸원해변과 바닷가 화산암 지대를 사이에 두고 400m 정도밖에 떨어져 있지 않아 두 곳을 묶어 한 곳처럼 취급하기도 한다. 1.5km 앞 비양도가 미니어처처럼 보이는 협재해변은 길이 180m, 너비 30~80m 규모로 협재리 북서쪽에 구두 모양으로 펼쳐져 있다. 바다에서 밀려온 조개껍질 등의 퇴적물이 쌓인 해변은 수심이 깊지 않고 경사가 완만해 부담 없이 해수욕을 즐길 수 있다. 모래밭 한쪽에 잔디로 덮인 소나무 숲이 있어 야영지로도 제격이다. 주차장과 샤워·탈의장, 휴게소, 음수대 등을 갖췄고 인근에 호텔과 리조텔, 민박집 등 숙박시설도 많다.

화순금모래해변 / 서귀포시 안덕면 화순서동로(화순리)

까만 화산모래와 하얀 조개껍질이 섞여 가까이서 보면 흙색이지만 햇빛이 비스듬히 내리는 시간에는 마치 금가루를 뿌려놓은 것처럼 보여 금모래해변이라는 이름이 붙었다. 길이 580m로 규모가 큰데 남쪽 대양을 향해 있어 파도가 조금 거친 것이 흠이다.

화순금모래해변에서 서남쪽 바다 맨 오른쪽에 보이는 섬이 9km 거리에 있는 가파도이고, 그 왼쪽 옆으로 형제섬과 마라도 등 우리나라 최남단 섬들이 연이어 자리잡고 있다. 이곳에서 4km쯤 떨어진 곳에 산책로로 인기 있는 제주조각공원이 있고, 구실잣밤나무와 후박나무, 가시나무 등의 난대수종이 군락을 이루고 있는 안덕계곡과 해안 바위산인 산방산, 신비로운 절경의 용머리해안 등이 있다.

금능으뜸원해변 / 제주시 한림읍 금능길(금능리)

금능으뜸원해변은 맑은 물과 길게 이어진 아름다운 백사장, 낙조가 환상적인 곳이다. 앞바다에 비양도가 떠 있고 길이 400m 너비 200m 정도의 반달 모양 모래해변과 얕은 수심을 지녀 어린이를 동반한 가족 피서지로 인기다. 바다와 해변 일대를 붉게 물들이는 해질 무렵의 경치는 이곳을 찾은 여행객들에게 매일 저녁 자연이 베푸는 선물과 같다.

용머리해안과 하멜상선전시관

용머리해안 / 서귀포시 안덕면 산방로(사계리)

바닷속으로 들어가는 용의 머리를 닮았다고 해서 붙은 이름이다. 오랜 세월 겹겹이 쌓여 해안 절벽을 따라 굽이치는 사암층 암벽은 그 자체로 자연의 신비. 인근에 검은모래해변과 산방산이 있고, 조선시대 일본으로 가려다 풍랑을 만나 제주도에 표류했던 네덜란드 선원 하멜을 기념하는 기념비와 당시의 범선을 재현한 하멜상선전시관도 있다.

곽지과물해변 / 제주시 애월읍 애월원당길(곽지리)

곽지해수욕장이라고도 한다. 제주 서부권 해수욕장 중 가장 시설이 좋다. 바닷가에 차고 깨끗한 용천수가 솟는 과물노천탕이 있어 해수욕뿐 아니라 색다른 물놀이도 즐길 수 있다. 길이 350m, 너비 70m의 기다란 백사장에는 만질만질하고 자잘한 조개껍질들이 섞여 있다. 여름 휴가시즌이 되면 백사장 근처 소나무 숲은 전국 각지에서 몰려 온 야영객들의 텐트촌으로 변신하고 적십자청소년수련원은 단체휴양객들로 붐빈다. 인근 월명사를 돌아보거나 한담휴게소에서 한림교까지 연결된 해안도로를 따라 드라이브하면 현무암 조각들과 화산절벽의 비경을 볼 수 있다.

하모해수욕장 / 서귀포시 대정읍 하모중앙로(하모리)

멸치잡이가 성행하던 시절에는 멜(멸치의 제주방언)이 많이 난다는 뜻으로 멜케해수욕장으로 불렸고, 근처에 모슬포항이 생긴 후 모슬포해수욕장이라고도 부른다. 입자가 고운 부드러운 모래밭이 길이 50m 너비 250m에 이르고 해안가 남서쪽에 너른 잔디밭이 있어 캠핑을 즐기기에도 좋다. 물이 맑아 바다낚시를 즐기는 사람들도 즐겨 찾는다. 다른 해수욕장에 비해 많이 알려지지 않아 휴가시즌에도 상대적으로 인파가 덜 붐비는데 편의시설이 조금 부족한 것이 단점이다. 주차장과 화장실, 탈의실, 샤워장, 음수대 등을 단출하나마 갖춰놓고 있다. 해수욕장 근처에 마라도와 가파도, 송악산, 수월봉 등이 있어 경치가 아름답다.

산방산 / 서귀포시 안덕면 사계북로(사계리)

전설에 의하면 옛날에 한라산으로 사냥을 나갔던 포수가 실수로 산신령의 엉덩이를 쐈는데, 화가 머리끝까지 치민 산신령이 한라산 봉우리를 뽑아 던져 생긴 것이 산방산이라고 한다. 물론 산방산이 뽑혀나간 자리가 바로 백록담이다. 산방산은 화산활동으로 솟아난 돌산으로 높이는 400m가 채 안되지만 경사가 50° 정도로 가파르다. 정상으로 이어진 4개의 등산로가 있지만 경사가 적은 북쪽 코스를 많이 이용한다. 남서쪽 산기슭에는 고려시대 고승 혜일이 수도했다는 산방굴사가 자리잡고 있어 지금도 많은 불자들이 찾는다.

산방산탄산온천

호텔이 많아 온천과 스파가 밀집한 제주시내와 서귀포 중문권과는 달리 제주 서부권은 소규모 숙박업소에 딸린 온천과 스파를 제외하면 일반인이 이용할 수 있는 곳이 거의 없다. 이 같은 서부권에서 산방산 부근에 자리한 산방산탄산온천은 제주는 물론 우리나라를 대표하는 온천으로 꼽힐 만큼 물이 좋기로 정평이 나있다. 무엇보다 유황천과 단순 지하수가 대부분인 여느 온천들과 달리 이곳은 거의 유일하게 유리탄산과 중탄산이온, 나트륨 성분이 풍부한 탄산온천으로, 만성피부질환과 심혈관질환 치료에 효과가 있다고 전해진다. 산방산탄산온천의 물은 비둘기 울음소리가 난다고 해서 '구명수(鳩鳴水)'라고도 불린다. 불가마찜질방과 겨울에도 이용 가능한 노천탕, 한식당 등의 편의시설을 갖추고 있으며 산방산온천게스트하우스 투숙객은 무료로 온천을 이용할 수 있다.

주소 : 서귀포시 안덕면 사계북로41번길 192(사계리 981)
전화 : (064) 792-8300
홈페이지 : www.tansanhot.com
요금 : 성인 1만1천 원, 군경 · 청소년 8천 원, 어린이 5천 원
운영시간 : 찜질방은 연중무휴, 실내온천탕은 05:00~24:00 (노천탕 11:00~22:00)
대중교통 : 읍면순환 혹은 서일주 노선버스를 타고 산방산탄산온천 정류장에서 하차

산방산과 산방굴사

송악산 / 서귀포시 대정읍 형제해안로(상모리)

　여러 개의 봉우리로 이뤄져 있어 99봉이라고도 하고, 절울이 오름이라고도 부른다. 그 중 제일 높은 봉우리가 104m다. 주봉에는 둘레 500m, 깊이 80m쯤 되는 분화구가 있으며 바닷가 쪽 해안절벽에는 일본군이 만든 동굴진지가 여러 개 남아 있다. 송악산 초입에서 산방산 산방굴사까지 멋진 풍광을 자랑하는 해안도로가 이어져 있어 드라이브 코스로 인기다. 근처 바다에서는 감성돔과 뱅에돔, 다금바리가 많이 잡혀 낚시꾼들이 즐겨 찾는다.

낙천아홉굿마을 / 제주시 한경면 낙수로(낙천리)

의자공원으로 유명한 낙천아홉굿마을. 마을 입구에서부터 독특하고 재미난 글귀가 적힌 나무의자들이 방문객을 반긴다. 공원에는 나란히 줄지어 선 의자들과 마주보는 긴 의자, 둥그렇게 둘러앉은 의자 등 의자를 테마로 기발하고 재치 있는 조형물들이 가득하다. 인근 식당에서 열무비빔밥과 냉수제비 등을 맛볼 수 있다.

선인장자생지 / 제주시 한림읍 옹포7길(월령리)

제주시 한림읍 월령리 해안 일대에는 머나먼 멕시코에서 난류를 타고 흘러들어온 것으로 추정되는 선인장들이 군락을 이루고 있다. 여타 식물원이나 화원 등에서 볼 수 있는 선인장은 100% 관상용으로 수입된 것이지만 월령리 비닷가의 선인장 군락은 자생종으로, 천연기념물로 지정되었다.

주소 : 서귀포시 대정읍 추사로 44(안
성리 1661-1)
전화 : (064) 794-3089

추사유배지

　조선시대 명필로 이름난 추사 김정희(1786~1856년)가 당파싸움에
휘말려 1840년 제주로 유배와 머물렀던 곳이다. 추사는 이곳에서
많은 유생들을 가르치며 제주의 문화예술 발전에 기여하는 한편, 높
은 예술적 가치를 지닌 추사체를 완성하고 국보 제180호로 지정된
〈완당세한도〉 등의 작품을 그렸다.

항파두리 항몽유적지

　고려시대 몽고군에 포로로 잡혔다 탈출한 자들로 만든 신의군과
고려 말 특수부대였던 좌별초와 우별초, 이렇게 세 개의 군대를 하
나로 묶은 것이 삼별초다. 이들이 여몽연합군에 몰리고 몰린 끝에
1273년 마지막 진을 치고 최후의 한 사람까지 맞서 싸운 곳이 바로
제주도 항파두리 토성이다. 항몽유적지는 삼별초의 마지막 자취가
깃든 항파두리 토성에 자리잡고 있다.

주소 : 제주시 애월읍 항파두
리로 50(상귀리 1012)
전화 : (064) 728-8677

마라도 / 서귀포시 대정읍 마라로(가파리)

  세로로 긴 짚신 모양을 한 마라도는 우리나라 가장 남쪽에 있는 작은 섬이다. 제주도에서 11km, 가장 가까운 가파도에서는 4km 정도 떨어져 있다. 주변 일대는 천연기념물 제423호로 지정되어 있다. 원래 숲이 무성했으나 조선 말기 섬을 개간하면서 모두 없어졌다고.

  언제부턴가 중국집이 하나 둘 들어서기 시작하면서 관광객들 사이에서 '마라도 자장면 맛보기'는 필수코스로 자리매김했다. 섬의 남쪽에는 최남단 지역임을 알리는 기념비가 서 있고, 섬의 가장 높은 곳에는 1915년 건설한 마라도 등대가 자리하고 있다.

모슬포항과 마라도를 오가는(하루 5~7회) 배를 타면 25~30분 정도 걸린다. 배삯은 성인 기준 왕복 1만5천500원

가파도 / 서귀포시 대정읍 가파로(가파리)

  개도와 가을파지도, 더우섬, 더푸섬 등 여러 이름으로 불리고 있는 가파도는 대정읍 모슬포에서 남쪽으로 5.5km 떨어져 있다. 가로×세로 1.6km 정도의 마름모꼴 섬으로 넓이는 0.9km²로서 가파도 남쪽의 마라도보다 두 배쯤 크다. 섬 전체가 접시처럼 평평해 여타 섬보다 농사에 유리한데, 주로 해양기후에서도 잘 자라는 청보리를 많이 재배한다. 낚시터를 비롯해 식당, 민박집 등의 편의시설이 들어서 있고 아름다운 해안선을 따라 자전거도로와 올레 10-1코스가 열려 있어 관광객 방문도 늘고 있는 추세다.

가파도로 가려면 모슬포항에서 하루 4~6회 운항하는 정기선을 이용하면 된다. 성인기준 왕복 8천~1만 원, 소요시간은 15~20분 정도다.

비양도 / 제주시 한림읍 한림로(한림리)

면적 0.5km² 정도의 작고 둥근 섬으로 가운데 높이 114m의 비양봉이 솟아 있다. 주민들은 바람과 큰 파도의 영향이 적은 섬의 남동쪽 해안에 모여 산다. 협재해수욕장과 불과 1.4km 거리를 두고 마주보고 있으며 해안도로와 비양봉 둘레길을 따라 자전거 하이킹이나 트레킹을 하기에 좋다. 마을 왼편에 드라마 〈봄날〉 촬영지가 있다. 중국의 어느 산 봉우리가 바람을 타고 날아오다 지금의 자리에 멈췄다는 전설 때문에 비양도(飛揚島)라 불리지만, 조선시대 인문지리서인 〈신증동국여지승람〉에 따르면 고려시대였던 1002년 6월 경 화산활동으로 생겨났다고 한다. 섬 주변에는 80여 종의 어류와 다양한 해조류가 서식하고 있어 낚시꾼들에게도 인기가 높다.

한림읍 한림항에서 하루 2회 (7~8월 성수기에는 3회) 배편이 운항하며 운항시간은 약 15분 걸린다. 요금은 성인 기준 왕복 4천 원이다.

차귀도 / 제주시 한경면 고락로(고산리)

천연기념물로 지정되어 있는 무인도로 제주 근해의 무인도 중 제일 크다. 고산포구(자구내 포구)에서 1km 정도 거리의 가까운 섬으로 죽도와 와도 두 개의 섬으로 이뤄져 있고 매년 1~3월과 6~12월에는 많은 낚시꾼이 몰려든다. 제주에서 쿠로시오 난류가 가장 먼저 닿는 지역으로 수심 5~10m에 다양한 아열대성 동식물이 살고 있으며 요즘에도 섬과 인근 바다에서 알려지지 않은 새로운 동식물들이 꾸준히 발견되고 있다.

정기 배편은 없고 소망호(016-691-2923)와 태양호(011-699-7754), 한라호(011-697-4245) 등의 고깃배가 비정기적으로 낚시꾼들을 실어 나른다. 5~10분 정도 소요되며 요금은 3명 이상일 때 1인당 1만 원, 2명 이하는 1인당 3만 원이다.

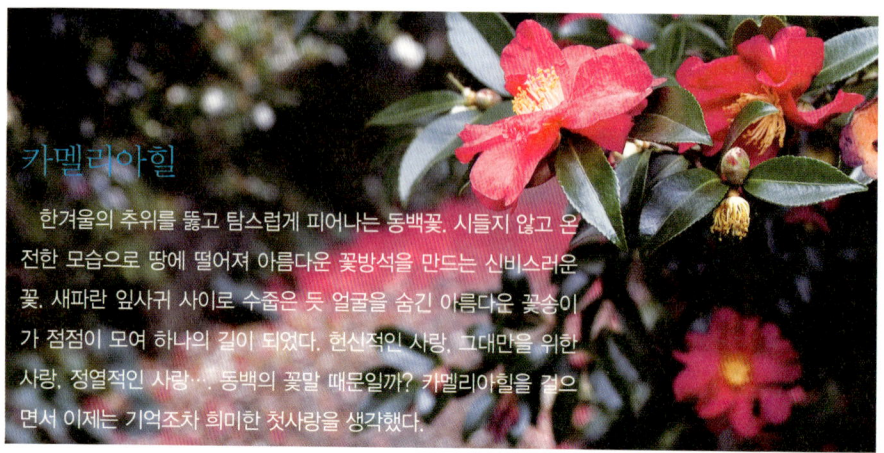

카멜리아힐

　한겨울의 추위를 뚫고 탐스럽게 피어나는 동백꽃. 시들지 않고 온전한 모습으로 땅에 떨어져 아름다운 꽃방석을 만드는 신비스러운 꽃. 새파란 잎사귀 사이로 수줍은 듯 얼굴을 숨긴 아름다운 꽃송이가 점점이 모여 하나의 길이 되었다. 헌신적인 사랑, 그대만을 위한 사랑, 정열적인 사랑…. 동백의 꽃말 때문일까? 카멜리아힐을 걸으면서 이제는 기억조차 희미한 첫사랑을 생각했다.

동백나무 500여 종 자라는 테마정원

　동백 동산을 뜻하는 카멜리아힐(Camellia Hill)에는 늦가을부터 초봄까지 다양한 종류의 동백꽃이 핀다. 나무 수만 6천여 그루. 재래종을 포함해 500여 종이 한 자리에 모여 있는 동백천국이다. 공원으로 들어서면 아름드리 동백과 잘 가꾼 정원이 눈길을 붙잡는다. 마치 오래된 정원처럼 아늑하고 여유가 넘친다. 카멜리아힐이 문을 연지 만 3년. '신생 정원'이라 불러도 좋을 이곳에서 어설픈 모습을 찾아볼 수 없는 이유는 공들인 시간이 꽤 길었기 때문이다.

　카멜리아힐의 양언보 사장이 동백에 처음 관심을 가진 것은 1985년. 꽤 잘되던 건설업을 접고 동백 모으기에 심취했다. 그는 동백이 있는 곳이면 나라 안팎을 가리지 않고 찾아가 동백을 수집했다. 이렇게 모은 동백이 금세 조그만 정원을 꽉 채웠다. 땅을 넓히고, 다시 꽉 차면 또 넓히고. 그렇게 지금의 카멜리아힐이 완성되었다.

　공원 입구를 지나 번호 안내판을 따라간다. 공원은 여러 개의 테마정원으로 구성되어 있는데, 번호를 따라 걸어가면 구석구석 모두 둘러볼 수 있다. 가장 인상적인 곳은 동백 올레길이다. 야생화 올레, 유럽동백 올레, 구상나무 올레, 홍가시나무 올레 등의 이름이 붙은 이 길에서는 다양한 품종의 동백을 구경할 수 있다.

　산책로 주변을 에워싼 동백들은 갖가지 색깔과 모양을 자랑한다. 붉은색 동백만 있는 줄 알았는데 하얀색, 분홍색, 상아색 등 여러 가

지 색깔이다. 크기도 제각각이어서 어떤 동백은 다 자란 나무가 허리 춤밖에 안 오는가 하면, 세계에서 가장 큰 꽃을 피우는 나무도 있다. 동백은 8종만이 향기를 낸다는데, 그 중 6종이 카멜리아힐에 있다.

카멜리아힐에서는 동백 외에 계절별로 다양한 꽃을 볼 수 있다. 봄이면 벚나무와 진달래, 철쭉을 비롯해 제주도 도화(道花)인 참꽃나무 등이 꽃터널을 이루고, 여름과 가을에는 수국, 들국화, 노란털머위 등이 수줍게 피어난다. 동백 올레길을 지나면 생태연못이 나온다. 수류정, 안심정, 세심정 등의 정자와 연못가에 핀 꽃들이 어울려 운치를 더한다. 산책로가 끝날 무렵 동백을 주제로 한 다양한 미술작품이 전시된 갤러리가 있다. 1층에는 관람객을 위해 휴식공간도 마련해 놓았는데, 아는 사람만 찾는다는 동백나무 겨우살이차(茶)는 이곳의 자랑이다. 은은한 향과 함께 부드럽게 목으로 넘어가는 느낌이 좋다.

주소 : 서귀포시 안덕면 병악로 166
(상창리 267)
전화 : (064) 792-0088
홈페이지 : www.camelliahill.co.kr
요금 : 성인 7천 원, 청소년 5천 원,
어린이 4천 원
숙박요금 : 비수기 월~목요일 20만 원,
금~일요일 25만 원, 성수기
30만 원
개장시간 : 하절기 8:30~19:00,
동절기 8:30~18:00

한림공원

한림공원은 제주 '생태테마파크'의 완결판이라 할 수 있다. 금능 으뜸원해변 맞은편 33만m²넓이의 터 위에 조성된 생태식물원으로, 1971년 창업자 송봉규 선생이 가시덤불로 덮인 황무지 모래땅을 삽과 곡괭이로 일구기 시작해 오늘날의 공원을 만들었다. 야자수길과 협재 · 쌍용 · 황금굴, 제주분재원, 재암민속마을, 사파리조류원, 재암수석관, 연못정원, 아열대식물원 등 모두 8가지 주제공원이 흥미를 더한다. 남국의 정취를 느낄 수 있는 야자수길과 아열대식물원은 관람객들의 사진촬영 장소로 인기가 높고, 협재 · 쌍용 · 황금굴과 제주분재원에서는 제주의 신비로운 자연을 감상할 수 있다. 무엇보다 수십 년 동안 황무지를 개간해 식물낙원으로 일궈낸 '우공이산'의 끈기와 개척정신이 감동적이다.

주소 : 제주시 한림읍 한림로 300(협재리 2487) / 전화 : (064) 796-0001
홈페이지 : www.hallimpark.co.kr
요금 : 성인 9천 원, 청소년 6천 원, 어린이 5천 원
개장시간 : 08:30~18:00 (단, 7~8월 19:30까지)
대중교통 : 읍면순환 혹은 서일주 제주 시내버스를 타고 한림공원 정류장에서 하차

성이시돌목장

아일랜드 출신의 P. J. 맥그린치 신부가 1960년 초 가난했던 제주 사람들의 삶을 개선하기 위한 방안으로 목축을 시작하면서 세운 목장이다. 현재는 노인요양시설과 어린이교육시설 등의 복지시설을 함께 운영 중이다. 이시돌(Isidore, 1110~1170년)은 성실하고 믿음이 깊었던 스페인 농부의 이름으로, 사망 후 카톨릭 성인으로 봉해졌다.

주소: 제주시 한림읍 산록남로 53
      (금악리 116)
전화 : (064) 796-0396
홈페이지 : www.isidore.co.kr
요금 : 무료
대중교통 : 없음. 택시나 렌터카 이용

제주다원 녹차테마파크

한라산 해발 500m 중산간 도로에 자리잡은 제주다원은 1996년에 세워진 드넓은 녹차재배지로 매년 5만여 명의 관광객이 방문하는 서귀포 서부의 인기 관광지 중 하나다. 높은 고도의 지리적 입지 덕분에 중문관광단지와 마라도, 가파도, 산방산, 모슬봉, 우보악오름 등 녹차밭 뒤로 보이는 시원한 전망이 자랑거리다.

주소 : 서귀포시 산록남로 1258(색달동 50) / 전화 : (064) 738-4433~5
홈페이지 : www.jejugreentea.co.kr
요금 : 성인 6천 원, 청소년 4천 원, 어린이 3천 원
개장시간 : 09:00~19:00(동절기 18:00까지)

주소 : 제주시 한경면 녹차분재로 675(저지리 1534)
전화 : (064) 772-3701~3
홈페이지 : www.spiritedgarden.com
요금 : 성인 9천 원, 청소년 7천 원, 어린이 5천 원
개장시간 : 매표기준 08:30~18:20 (단, 동절기 17:00까지)
대중교통 : 읍면순환 제주 시내버스를 타고 저지사거리 정류장에서 하차 후 저청
중앙장로교회 방향으로 걸어서 3분 거리

생각하는 정원

오래 묵은 간장이나 와인처럼, 쌓인 세월만큼 '맛의 깊이'가 다른 관광지 중의 하나가 '생각하는 정원'이다. 지난 40여 년간 설립자 성범영 원장이 온 마음과 정성을 다해 가꾸고 기른 수많은 분재와 나무들이 제각각의 이야기를 간직한 채 방문객을 맞는다. '이 좋은 것을 다른 사람과도 공유하자'는 그의 홍익인간적인 결단에 힘입어 지난 1992년 '분재예술원'이라는 이름으로 일반에 공개되었고 2007년 '생각하는 정원'으로 재탄생했다.

국립수목원을 축소해 놓은 듯한 느낌의 이 분재정원은 입구 왼쪽에 자리잡은 환영의 정원을 시작으로 오른쪽 영혼의 정원과 철학자의 정원 등 관람로를 따라 모두 7개의 크고 작은 정원을 테마별로 보여준다. 어느 것 하나 예사롭게 보아 넘길 수 없을 만큼 아름다운 정원 풍경은 정성 가득한 보살핌과 세월의 결과다. '입장료가 아깝지 않은 제주의 관광지'라는 게 다녀온 이들의 대체적인 평가다.

방림원

　방림원은 우리나라는 물론 전 세계의 야생화를 모아 심고 가꾸어 작품의 경지로 끌어올린 종합 야생화 공원이다. 유럽과 아프리카, 아메리카 등 세계각지에서 수집한 야생화 3천여 종이 실내외 전시장에서 자라고 있다. 식물원 입구에 있는 실내전시관에서는 200여 종의 야생화가 계절에 따라 피고 지는 모습을 관찰할 수 있어 꽃을 좋아하는 이들에게 즐거움을 선사한다. 야외전시장에는 싱그러운 수생식물과 몸에 좋은 약용식물을 구분해 심어 놓았다. 공원 안을 흐르는 아담한 물길을 따라 철쭉으로 꾸민 백화동산이 섬처럼 자리잡고 있다. 전국의 야생화 자생지를 한반도 지도 위에 옮겨 놓은 팔도식물지도가 흥미롭고, 기발한 방법으로 벌레를 잡아먹는 식충식물들은 아이들의 호기심을 자극한다.

주소 : 제주시 한경면 용금로 864(저지리 2120-91)
전화 : (064) 773-0090, 0435
홈페이지 : www.banglimwon.com
요금 : 성인 7천 원, 청소년 6천 원, 어린이 5천 원
개장시간 : 09:00~18:00 (단, 11~3월 17:00까지)
대중교통 : 읍면순환 제주 시내버스를 타고 방림원 정류장에서 하차

이상한 나라의 앨리스

　루이스 캐럴의 환타지 명작동화 〈이상한 나라의 앨리스〉를 모티브로 꾸민 거울테마공원이다. 거울로 만든 미로 속을 헤매고, 올록볼록 착시현상을 일으키는 미스터리 미로공원을 지나며 트릭아트를 체험하다 보면 마치 동화 속의 나라로 들어선 것 같은 기분이 든다. 이밖에 피라미드 어둠의 방과 매직 착시 포토존 역시 신기한 볼거리로 관람객의 호기심을 자극한다.

주소 : 서귀포시 안덕면 중산간서로 1881(서광리 717-3)
전화 : (064) 794-4700
홈페이지 : www.jejualice.com
요금 : 성인 7천 원, 청소년 6천 원, 어린이 5천 원
개장시간 : 9:00~19:00(단, 동절기 18:00까지)
대중교통 : 평화로 혹은 읍면순환 제주 시내버스를 타고 서광리 (서광사거리) 정류장에서 하차 후 저지리 방향으로 걸어서 4분. 소인국테마파크 맞은편

제주조각공원

　우리가 일상에서 예술의 필요성을 못 느끼는 건 쓸모없어서가 아니라 접할 기회가 없기 때문인지도 모른다. 평소 일하느라, 공부하느라 결핍된 예술에 대한 감각을 모처럼 제주도에서 일깨워보고 싶다면 제주조각공원을 찾을 일이다.

　제주의 원시림을 배경으로 추상적인 조각들이 늘어선 곶자왈 길과 남녀의 아름다운 사랑을 주제로 꾸민 사랑의 숲 등 다양한 주제의 산책로를 걸으며 예술품을 감상하다보면 누구나 시인이 되고 예술가가 될 것 같다.

주소 : 서귀포시 안덕면 일주서로 1836(덕수리 산27) / **전화** : (064) 794-9680~4
요금 : 성인 4천500원, 청소년 3천500원, 어린이 2천500원
개장시간 : 09:00~18:00(동절기 17:30까지)
대중교통 : 서일주 혹은 읍면순환, 평화로 제주 시내버스를 타고 제주조각공원 정류장에서 하차

소인국테마파크

소인국테마파크는 누구나 걸리버가 된 기분을 느껴볼 수 있는 아기자기한 미니어처의 왕국이다. 깔끔하게 단장된 잔디밭 위로 걸리버 여행기의 배경을 재현한 듯한 전시물들이 가득 펼쳐진다. 1단지에 자리잡은 1:18 스케일의 정교한 제주국제공항 미니어처를 시작으로 자유의 여신상과 피사의 사탑, 오페라하우스 등 세계적인 건축물의 2단지, 불국사와 첨성대, 경회루 등 전통문화재를 구경할 수 있는 3단지 등 다양한 주제로 꾸며놓은 7개의 단지를 둘러보다보면 시간 가는 줄 모른다.

전시물들은 가장 드라마틱한 느낌을 준다는 15° 각도로 내려다보도록 설치되어 있다. 햇빛이 비스듬하게 비치는 오전 9시와 오후 4시 전후의 서너 시간이 미니어처들을 한층 더 리얼한 느낌으로 감상할 수 있는 시간이라고. 참고로 이 시간대는 풍경 사진작가들이 가장 선호하는 '골든타임'이기도 하다.

주소 : 서귀포시 안덕면 중산간서로 1878(서광리 725)
전화 : (064) 794-5400
홈페이지 : www.soingook.com
요금 : 성인 9천 원, 노인·군경·청소년 7천 원, 어린이 5천 원
개장시간 : 08:30~19:30 (단, 동절기 17:30까지)
대중교통 : 읍면순환 혹은 평화로 제주 시내버스를 타고 서광리 (서광사거리) 정류장에서 하차 후 저지리 방향으로 걸어서 4분

유리의 성

아름다운 유리공예를 소재로 한 유리의 성은 제주도 단체 관광객들이 많이 찾는 곳이다. 입구로 들어서면 맨 처음 보이는 본관에는 동화 〈잭과 콩나무〉를 연상시키는 거대한 유리조형물을 중심으로, 불에 녹인 유리반죽을 기다란 파이프로 불어 원하는 모양을 만드는 블로잉 체험관, 그릇 · 컵 · 장식품 · 액세서리 등의 유리공예품을 전시 · 판매하는 기념품점 등이 있다. 본관을 지나 신비로운 바다 속 풍경과 형형색색 꽃 조형물 등 다양한 형상의 유리작품을 전시한 야외전시장을 걷다보면 오케스트라와 유리마을 등 여러 테마로 꾸민 현대유리조형관이 관람객을 맞는다. 유리로 할 수 있는 모든 것들이 궁금하다면 꼭 한번 들러 봐야할 곳이다.

주소 : 제주시 한경면 녹차분재로 462(저지리 3135-1) / **전화** : (064) 772-7777
홈페이지 : www.jejuglasscastle.com
요금 : 성인 9천 원, 청소년 8천 원, 노인 · 어린이 7천 원
개장시간 : 매표기준 09:00~18:00
대중교통 : 읍면순환 제주 시내버스를 타고 산양입구사거리 정류장에서 하차 후 서귀
포, 서광리 방향으로 걸어서 6분

프시케월드

화려한 포장과 달리 정작 상자를 열어보면 맛있는 과자가 별로 없던 어린 시절의 과자 종합선물세트. 하지만 프시케월드는 무엇 하나 빼놓을 것이 없는 제주 여행의 종합선물세트 같다. 제주의 생활상과 20~30년 전의 풍경을 귀여운 클레이아트로 구성한 테마1관을 시작으로 나비와 곤충으로 재치 있게 꾸민 디오라마들을 전시한 테마2관, 그리고 테마3관의 신비한 거울궁전과 짜릿한 스릴을 즐길 수 있는 체험형 공간인 자일파크(테마4관) 등 볼거리와 즐길 거리가 약 5만m²의 실내외 공간에 풍성하게 마련되어 있다. '길치'들에게는 치명적(?)인 야외 미로 공원, 귀여운 토끼와 고양이, 강아지 등의 애완동물들을 직접 쓰다듬어 볼 수 있는 펫가든도 프시케월드의 인기코스다.

주소 : 제주시 애월읍 평화로 2157(소길리 155-101) / **전화** : (064) 799-7272
홈페이지 : www.psycheworld.net
요금 : 성인 8천500원, 군경ㆍ청소년 7천 원, 노인ㆍ어린이 6천 원
개장시간 : 8:30~20:00 (단, 동절기 19:00까지)
대중교통 : 평화로 혹은 중문고속 노선버스를 타고 경마공원 정류장에서 하차 후 경마장교차로에서 유턴. 걸어서 9분

더마파크(The 馬 Park)

몽골에서 날아온 58명의 전문 기마공연단이 펼치는 국내최대 규모의 마상쇼를 볼 수 있는 곳이다. 더마파크에서 '야외기마전쟁드라마'로 소개하고 있는 이 마상쇼는 징기스칸의 어린 시절부터, 여러 민족을 통합하고 칸의 자리에 오르는 과정을 남녀노소 누구나 알기 쉬운 율동적인 장면들로 구성해 보여준다. 특히 극의 생동감을 더해 주는 전문 성우의 내레이션은 다소 낯선 몽골의 역사를 이해하는 데 도움을 준다. 수십 마리의 말이 힘차게 내달리는 모습은 그야말로 장관. 더마파크는 기마공연 외에 승마체험 프로그램도 운영한다.

승마코스는 모두 3가지로, 300m 정도의 트랙을 도는 기본코스(1만2천 원)와 20여 분이 소요되는 장거리코스(3만 원), 1시간가량 교관으로부터 정식 레슨을 받으며 승마를 즐길 수 있는 고급코스(10만 원)가 있다.

주소 : 제주시 한림읍 월림7길 155(월림리 산8) / 전화 : (064) 795-8080
홈페이지 : www.mapark.co.kr
요금 : 성인 1만5천 원, 청소년 1만2천 원, 어린이 1만 원
공연시간 : 10:30, 14:00, 17:00 (11~2월에는 10:30, 13:30, 16:30)
대중교통 : 대중교통 없음. 렌터카나 택시 이용

점보빌리지

'개랑 돌고래만 똑똑한 게 아니었구나!' 점보빌리지에서 코끼리쇼를 보고 있노라면 틀림없이 이런 생각이 들 것이다. 고등동물인 인간도 아무나 할 수 없다는 물구나무서기는 기본이고 장단에 맞춰 탬버린을 치고 농구를 하는가 하면 관람객들이 건네주는 바나나는 자기가 먹고, 쓸모없는(?) 천 원짜리는 조련사에게 내미는 신통방통함까지. 코끼리가 가진 잠재능력을 아낌없이 볼 수 있는 코끼리쇼는 남녀노소, 가족, 연인 누구나 부담 없이 즐길 수 있는 유쾌한 공연이다. 동남아에서 온 조련사들의 능숙한 리드도 볼거리.

주소 : 서귀포시 안덕면 평화로319번길 31-11(서광리 2351)
전화 : (064)792-1233
홈페이지 : www.eleland.com
요금 : 코끼리 테마쇼 – 성인 1만5천 원, 청소년 1만2천 원, 어린이 9천 원
　　　　코끼리 트레킹 – 성인 · 고등학생 1만8천 원, 중학생 · 어린이 1만5천 원
공연시간 : 10:30, 13:30, 14:50, 16:50
코끼리 트레킹 : 09:00~17:00
대중교통 : 평화로 제주 시외버스를 타고 응전동 정류장에서 하차 후 덕수1교차로 방향으로 큰길 따라 걸어서 15분. 덕수1교차로 지나기 전 왼편에 있음

오설록티뮤지엄

　서귀포시 안덕면 서광리 일대에는 중국 황산, 일본 후지산과 함께 세계3대 차 생산지로 꼽히는 한라산의 드넓은 차밭이 펼쳐지고, 우리나라 최초의 차 박물관 오설록티뮤지엄이 있다.

　오설록티뮤지엄은 전 세계의 차 문화를 엿볼 수 있는 차문화실과 세계의 찻잔 전시관, 갓 채취한 찻잎을 즉석에서 볶아 맛볼 수 있는 덖음차 공간, 차를 원료로 한 음료는 물론 다양한 음식을 배우고 체험할 수 있는 티숍과 티클래스, 티하우스로 꾸며져 있다. 또한 꼭대기 전망대에 오르면 사방으로 뻗은 넓은 차밭을 한눈에 감상할 수 있다.

주소 : 서귀포시 안덕면 신화역사로 425(서광리 1235-1)
전화 : (064) 794-5312~3
홈페이지 : www.osulloc.co.kr
요금 : 무료
개장시간 : 10:00~18:00 (단, 10~3월 17:00까지)
대중교통 : 없음. 렌터카나 택시 이용

건강과 성 박물관

모두가 쉬쉬했기에 그동안 '어둠의 경로'를 통해 알아야 했던 성(性). 이 때문에 잘못된 정보와 왜곡된 가치관을 갖게 되는 부작용도 적지 않았다. 서귀포시 안덕면에 위치한 건강과 성 박물관은 동서고금의 성문화와 이를 주제로 한 그림과 유물, 장식품 등을 전시하는 한편 나이와 취향에 따른 다양한 성적 판타지를 디오라마로 꾸며 흥미를 더한다. 성과 사랑을 주제로 만든 야외전시장의 조각상 역시 중요한 관람코스 중 하나다. 다소 적나라한 주제 탓에 성인만 입장할 수 있으니, 미성년자들은 아쉽더라도 만 19세가 될 그 날을 기다릴 것.

주소 : 서귀포시 안덕면 일주서로 1611(감산리 1736) / **전화** : (064) 792-5700
홈페이지 : www.sexmuseum.or.kr
요금 : 성인 1만2천 원(만 19세 이하 관람불가)
개장시간 : 매표기준 09:00~20:00 (7~8월은 22:00까지)
대중교통 : 서일주 혹은 읍면순환 제주 시내버스를 타고 성박물관 정류장에서 하차

나비레전시관

전 세계 희귀 나비와 곤충 표본을 모아 놓은 곳이다. 나비전시관은 한국 나비 140여 종, 외국 나비 150여 종, 곤충전시관은 한국과 세계의 희귀 곤충 100여 종을 전시하고 있다. 야외운동장 한쪽에 있는 생태하우스에서는 호랑나비와 남방노랑나비의 알이 성충으로 커가는 과정을 연중 관찰할 수 있는 등 다양한 생태체험프로그램을 운영 중이다.

주소 : 제주시 한경면 용수길 142
　　　　(용수리 3533)
전화 : (064) 794-4700
홈페이지 : www.jejualice.com
요금 : 성인 6천 원, 청소년 · 어린이 5
　　　　천 원
개장시간 : 9:00~19:00
　　　　　(단, 동절기 18:00까지)
대중교통 : 읍면순환 제주 시내버스를
　　　　　타고 용수리마을회관 정류
　　　　　장에서 하차 후 천주교회
　　　　　방향으로 걸어서 9분

초콜릿박물관

초콜릿박물관은 입장료를 사면 티켓과 함께 맛있는 커피 한 잔을 주고, 상품을 구입하면 입장료를 돌려주는 꽤나 인심 좋은 곳이다. 카카오 열매로 만들어지는 초콜릿의 순수하고 참된 맛을 알리기 위해 마니아가 설립한 이곳에서는 초콜릿의 역사와 문화, 만들어지는 과정, 세계의 온갖 초콜릿에 이르기까지 그야말로 초콜릿의 모든 것을 보고 느낄 수 있다. 박물관을 둘러보다보면 그저 관광객을 상대로 수익을 내기위해 만든 곳이 아닌, 대기업의 대량생산 위주로 획일화된 우리 초콜릿 문화를 좀 더 폭넓은 시야로 들여다 볼 수 있도록 공들여 세웠다는 인상을 받는다. 박물관을 둘러보다보면 우리가 그동안 먹어왔던 초콜릿이 초콜릿의 전부가 아니라는 박물관 측의 호소가 소리 없이 마음에 울린다.

주소 : 서귀포시 대정읍 일주서로3000번길 144(일과리 551-18)
전화 : (064) 792-3121
홈페이지 : www.chocolatemuseum.org
요금 : 성인 5천 원, 어린이 무료
개장시간 : 10:00~18:00 (단, 7~8월 19:00, 11~2월 17:00까지)
대중교통 : 평화로 혹은 읍면순환 제주 시내버스를 타고 농공단지 정류장에서 하차

제주요

주소 : 제주시 애월읍 평화로 2847
    (광령리 97)
전화 : (064) 748-0121~2
홈페이지 : www.jejuyo.com
요금 : 무료
개장시간 : 10:00~17:00

화산토로는 도자기 제작이 불가능하다는 고정관념을 깨고 '제주흑자' 즉, 제주 화산토 도자기 제작에 성공한 사기장 김영수 선생이 세운 곳이다. 8년간의 노력 끝에 지난 2005년 탄생한 제주흑자는 질그릇의 소박한 느낌과 검은 화산토의 은은한 광택이 어우러져 단아하면서도 고급스러운 인상을 풍긴다. 제작과정과 작품감상은 물론 구입도 가능하다.

테디베어 사파리

　대량생산해 판매하는 테디베어도 많지만 이곳 테지움의 테디베어들은 모두 수제작으로 만들어진 세상에 하나밖에 없는 것들이다. '테디베어 사파리 뮤지엄'이란 박물관 소개에 걸맞게 실제 크기로 제작된 50여 종의 동물인형은 물론, 우리에게 잘 알려진 명화 속의 주인공으로 변신한 곰들까지 다양한 테마로 꾸민 테디베어들을 감상할 수 있다. 특히 각종 귀금속으로 장식해 11억2천만 원을 호가한다는 '헤라베어'는 이곳 테지움의 자랑거리 중 하나다.

주소 : 제수시 애빌읍 평화로 2159(소길리 155-106) / **전화** : (064) 799-4820
홈페이지 : www.teseumjeju.com
요금 : 성인 8천500원, 청소년 7천 원, 어린이 6천 원
개장시간 : 08:30∼20:00(11∼2월 19:00까지)
대중교통 : 평화로 혹은 중문고속화 노선버스를 타고 경마공원 정류장에서 하차 후
　　　　　　경마장교차로에서 유턴, 걸어서 9분

제주서커스월드

　인기가 한물갔다지만 서커스의 재미와 가치는 여전하다. 눈속임이나 현란한 컴퓨터 그래픽으로 꾸민 '가짜' 대신 오직 부단한 노력으로 일군 기술과 묘기가 주는 감동과 웃음, 진실이 있다. 입에 머금은 기름으로 불을 뿜고, 칼이 꽂힌 링을 통과하고, 줄 하나에 의지해 공중제비를 돌고, 외발 자전거를 타며 저글링을 하는 그 모든 묘기와 곡예가 바로 진정한 버라이어티 정신이며 눈앞에서 펼쳐지는 실시간 리얼리티 쇼다.

　서커스 공연만의 재미와 감동을 느끼고 싶다면 제주서커스월드를 찾아보자. 부모님과 함께 관람한다면 더더욱 즐거운 시간을 보낼 수 있을 것이다.

주소 : 서귀포시 안덕면 동광로 214(동광리 886) / **전화** : (064) 794-4444
홈페이지 : www.jejuseaworld.co.kr
요금 : 대인 1만2천 원, 소인 8천 원
공연시간 : 10:30, 13:30, 15:30, 17:30
　　　　　　(단, 동절기에는 10:30, 15:00, 17:00 3회 공연)
대중교통 : 읍면순환 혹은 평화로, 중문고속화 노선버스를 타고 동광육거리 정류장에
　　　　　　서 하차 후 제주시 방향 걸어서 7분

퀸즈하우스

기념일이건 생일이건 세상의 아내들과 여자친구들이 원하는 선물 중 늘 1, 2위를 다투는 것이 있으니 바로 '작고 반짝이는 것'이다. 한층 대범 솔직해진 요즘 젊은 여성들 중에는 '크고 반짝이는 것'이라고 말하는 충격적인 이도 있다지만, 어쨌든 크든 작든 반짝이는 것들을 모아 놓은 장신구 박물관이 바로 퀸즈하우스다. 여왕의 집이라는 이름에 걸맞게 휘황찬란한 보석으로 만든 목걸이와 팔찌, 왕관에 이르기까지 다양한 장신구들이 관람객을 유혹한다.

주소 : 제주시 애월읍 평화로 2157(소길리 155-101) / **전화** : (064) 799-7272
요금 : 성인 7천 원, 군경 · 청소년 6천 원, 노인 · 어린이 5천500원
개장시간 : 8:30~20:00 (단, 동절기 19:00까지)
대중교통 : 평화로 혹은 중문고속화 노선버스를 타고 경마공원 정류장에서 하차 후 경마장교차로에서 유턴. 걸어서 9분

세계자동차제주박물관

2008년 문을 연 세계자동차제주박물관은 자동차 역사의 한 페이지를 장식했던 차들을 만나볼 수 있는 곳이다. 영화 속에서나 볼 수 있던 목재로 만든 '힐만 클래식카'부터 할리우드 스타 존 웨인과 마릴린 먼로가 사랑했던 '머큐리 몬터레이'와 '캐딜락 엘도라도', 영국 왕실의 의전차로 유명한 '롤스로이스 실버고스트'에 이르기까지 자동차 마니아라면 군침을 흘릴 만한 각양각색의 자동차들이 시대별, 테마별로 전시되어 있다. 전시장과 이어진 어린이 교통체험관에서는 아이들이 보호자와 함께 미니카를 타고 자동차 운전을 경험할 수 있어 가족단위 관람객들에게 좋은 반응을 얻고 있다.

주소 : 서귀포시 안덕면 중산간서로 1610(상창리 2065-4)
전화 : (064) 792-3000
홈페이지 : www.koreaautomuseum.com
요금 : 성인 9천 원, 청소년 7천 원, 어린이 6천 원
개장시간 : 09:00~18:00
대중교통 : 중문고속 혹은 읍면순환 제주 시내버스를 타고 숨비나리 정류장에서 하차 후 상창교차로에서 우회전. 걸어서 10분

골프장

상호	나인브릿지 골프클럽		라온 골프클럽	

주소	서귀포시 안덕면 광평로 34-156(광평리 산15)		제주시 한경면 용금로 998(저지리 산18)	
전화	(064) 794-9999		(064) 795-8000	
홈페이지	www.ninebridges.co.kr		www.raon.co.kr	
요금	그린피 주중 13만1천 원/주말 17만1천 원, 캐디피 10만 원, 카트비 4만 원		그린피 주중 10만8천 원/주말 14만 원, 캐디피 10만 원, 카트비 8만 원	
잔디품종	크리핑벤트	**코스** 18홀	크리핑벤트	**코스** 18홀

상호	레이크힐스 컨트리클럽		블랙스톤 골프클럽	

주소	서귀포시 산록남로 1391(중문동 산5)		제주시 한림읍 한창로 925-122(금악리 84-1)	
전화	(064) 783-8858		(064) 796-9988	
홈페이지	www.lakehills.co.kr		www.blackstoneresort.com	
요금	그린피 주중 11만8천 원/주말 15만 원, 캐디피 10만 원, 카트비 8만 원		그린피 주중 10만9천 원/주말 14만1천 원, 캐디피 10만 원, 카트비 8만 원	
잔디품종	켄터키블루	**코스** 27홀	크리핑벤트	**코스** 18홀

상호	롯데스카이힐제주 컨트리클럽		아덴힐	

주소	서귀포시 상예로 530(색달동 100)		제주시 한림읍 화전길 82(금악리 산32-7)	
전화	(064) 731-2000		1588-7208	
홈페이지	www.skyhill.co.kr		www.ardenhillresort.com	
요금	그린피 주중 10만9천 원/주말 14만1천 원, 캐디피 10만 원, 카트비 8만 원		그린피 주중 12만 원/주말 16만 원, 캐디피 10만 원, 카트비 8만 원	
잔디품종	크리핑벤트	**코스** 36홀	켄터키블루	**코스** 18홀

상호	에버리스 컨트리클럽	엘리시안 컨트리클럽

주소	제주시 애월읍 평화로 1693-75(어음리 523-22)	제주시 애월읍 평화로 1738-116(어음리 3914)
전화	(064) 795-5000	(064) 798-7001
홈페이지	www.everis.co.kr	www.elysian.co.kr
요금	그린피 주중 10만8천 원/주말 14만 원, 캐디피 10만 원, 카트비 8만 원	그린피 주중 10만9천 원/주말 14만1천 원, 캐디피 10만 원, 카트비 8만 원
잔디품종	켄터키블루 코스 27홀	크리핑벤트 코스 36홀

상호	캐슬렉스 골프클럽	타미우스 컨트리클럽

주소	서귀포시 안덕면 평화로 1241(광평리 351)	제주시 애월읍 화전길 201(봉성리 산5)
전화	(064) 793-6688	(064) 793-0707
홈페이지	www.castlexjeju.com	www.tameusgv.co.kr
요금	그린피 주중 9만1천 원/주말 12만8천 원, 캐디피 9만 원, 카트비 8만 원	그린피 주중 10만8천 원/주말 14만 원, 캐디피 10만 원, 카트비 8만 원
잔디품종	한국 들잔디 코스 27홀	크리핑벤트 코스 27홀

상호	테디밸리 컨트리클럽	핀크스 골프클럽

주소	서귀포시 안덕면 한창로 365(상창리 2007)	서귀포시 안덕면 산록남로 863(상천리 산62-3)
전화	(064) 793-1000	(064) 792-5200
홈페이지	www.teddyvalley.com	www.thepinx.co.kr
요금	그린피 주중 10만9천 원/주말 14만1천 원, 캐디피 10만 원, 카트비 8만 원	그린피 주중 11만 원/주말 14만4천 원, 캐디피 10만 원, 카트비 8만 원
잔디품종	버뮤다 코스 27홀	켄터키블루 코스 18홀

제주도 서부권 체험+관광 여행 추천 일정표

2박 3일

	시간	일정	비고
첫날	12:00	점심식사	
	13:30	용머리해안/하멜상선전시관/화순금모래해수욕장	
	16:30	건강과 성 박물관	또는 제주조각공원
둘째 날	09:00	차귀도 잠수함 체험	
	10:30	더마파크	기마공연 관람, 승마 체험
	12:00	점심식사	
	13:30	제주돌마을공원	
	14:30	한림읍 금악리 활공장	패러글라이딩 체험
	16:00	대유랜드	클레이 사격, 카트, ATV 등 체험
셋째 날	09:00	프시케월드	자일파크 체험
	10:30	퀸즈하우스	
	11:30	테지움	
	12:30	점심식사	

3박 4일

	시간	일정	비고
첫날	12:00	점심식사	
	13:30	용머리해안/하멜상선전시관/화순금모래해수욕장	
	16:30	건강과 성 박물관	또는 제주조각공원
둘째 날	08:30	한림공원	
	10:30	더마파크	기마공연 관람, 승마 체험
	12:00	점심식사	
	13:30	제주돌마을공원	
	15:30	한림읍 금악리 활공장	패러글라이딩 체험
	17:00	성이시돌목장	
셋째 날	09:00	차귀도 잠수함 체험	
	10:00	절부암/나비레박물관	
	11:00	생각하는 정원	
	12:00	점심식사	
	13:30	초콜릿박물관	
	14:30	소인국테마파크	
	16:00	대유랜드	클레이 사격, 카트, ATV 등 체험
넷째 날	09:00	프시케월드	자일파크 체험
	10:30	퀸즈하우스	
	11:30	테지움	
	12:30	점심식사	

4박 5일	시간	일정	비고
	12:00	점심식사	
첫날	13:30	용머리해안/하멜상선전시관/화순금모래해수욕장	
	16:30	건강과 성 박물관	또는 제주조각공원
	08:30	한림공원	
	10:30	더마파크	기마공연 관람, 승마 체험
	12:00	점심식사	
둘째 날	13:30	제주돌마을공원	
	15:30	한림읍 금악리 활공장	패러글라이딩 체험
	17:00	성이시돌목장	
	09:00	차귀도해적잠수함	잠수함 체험
	10:00	절부암/나비레박물관	
	11:00	생각하는 정원	
셋째 날	12:00	점심식사	
	13:30	초콜릿박물관	
	14:30	소인국테마파크	
	16:00	대유랜드	클레이 사격, 카트, ATV 등 체험
	09:00	카멜리아힐	
	10:30	제주서커스월드	
	12:00	점심식사	
넷째 날	13:30	세계자동차박물관	
	14:30	오설록뮤지엄	
	16:00	유리의 성 박물관	
	17:00	방림원	
	09:00	프시케월드	자일파크 체험
다섯째 날	10:30	퀸즈하우스	
	11:30	테지움	
	12:30	점심식사	

숙박 정보

리조트

다인리조트

송악리조트

일성비치콘도미디엄

윈리조트

	상호	주소	연락처
리조트	곽지비치빌리조트	제주시 애월읍 곽지1길 12-12(곽지리 1584-5)	(064) 799-3900
	네츄럴파크리조트	제주시 한림읍 협재로 226(협재리 876-3)	(064) 796-8191
	뉴오션리조트	제주시 애월읍 고내로13길 59(고내리 300-1)	(064) 799-0797
	다인리조트	제주시 애월읍 애월해안로 400-9(고내리 79-8)	(064) 799-2600
	동양콘도미엄	제주시 애월읍 애월해안로 708(구엄리 609-1)	(064) 713-5100
	빌레리조트	제주시 애월읍 고내로13길 79(고내리 365-2)	(064) 799-2002
	섬풍경리조트	제주시 한경면 노을해안로 1203-1(고산리 3585)	(064) 772-3651
	송악리조트	서귀포시 대정읍 형제해안로 260(상모리 74)	(064) 794-6307
	올레리조트	제주시 애월읍 부룡수길 33(신엄리 2867-3)	(064) 799-7770
	Y리조트제주	서귀포시 안덕면 화순중앙로124번길 75(화순리 1888)	(064) 794-7007
	윈리조트	서귀포시 안덕면 사계북로41번길 32(사계리 2884-1)	(064) 792-5060
	일성비치콘도미니엄	제주시 한림읍 한림로 127(금능리 1625)	(064) 796-8400
	제주금강산콘도	제주시 한림읍 협재로 210-18(협재리 929-1)	(064) 795-7800
	제주뉴코리아리조트	제주시 애월읍 하소로 769-15(유수암리 2862)	(064) 799-7001
	제주발리리조트	제주시 한림읍 일주서로 5083-5(협재리 1193)	(064) 796-8231
	제주힐리조트	제주시 한림읍 명월성로 394(협재리 598-1)	(064) 796-2400
	켄싱턴리조트	제주시 한림읍 한림해안로 530(귀덕리 3861)	(064) 796-9600
	토비스콘도	제주시 애월읍 애월로1길 8(애월리 2505)	(064) 799-9901

풀하우스

노을과바다

몽마르뜨펜션

노을담은뜨락

미앤미

상호		주소	연락처
	노을과바다	제주시 애월읍 애월로2길 38(애월리 2193)	(064) 799-3773
	노을담은뜨락	서귀포시 대정읍 노을해안로 416(무릉리 3878-9)	(064) 792-0707
	마당돌펜션	서귀포시 대정읍 노을해안로 410(무릉리 3878-8)	(064) 792-5335
	몽마르뜨펜션	제주시 애월읍 애월해안로 384-23(고내리 91-7)	(064) 799-2100
	미앤미	서귀포시 대정읍 무릉중앙로21번길 158-28(무릉리 3845-3)	(064) 792-0190
	소고펜션	제주시 애월읍 가문동길 17(하귀2리 2683)	(064) 713-2409
	솔베이지	제주시 애월읍 광상로 115(고성리 697)	(064) 799-7998
	아뜨네	제주시 애월읍 상하귀길 91(하귀1리 831-3)	(064) 742-0640
팬션	오션펜션	제주시 애월읍 부룡수길 8(신엄리 2826)	(064) 799-9909
	제주비치펜션	제주시 애월읍 애월해안로 384-12(고내리 328-4)	(064) 799-9910
	제주하늘푸른바다펜션	제주시 애월읍 애월로 37(애월리 2482-1)	(064) 799-6061
	천상의노을	제주시 애월읍 애월해안로 424(신엄리 2839)	(064) 799-6116
	통나무벨리	제주시 애월읍 소길남길 177(소길리 976)	(064) 799-0110
	통나무파크	제주시 애월읍 도치돌길 293(납읍리 102)	(064) 799-6909
	풀하우스	제주시 애월읍 신엄9길 50(신엄리 1104-3)	(064) 799-7992
	하늘땅물벗펜션	제주시 애월읍 곽지9길 11(곽지리 1622-7)	(064) 799-3786
	해변산책	제주시 애월읍 곽지9길 7(곽지리 1622-29)	(064) 799-6161
	그림같은풍경	서귀포시 대정읍 노을해안로 600(신도리 2413)	010-9753-0929

펜션

아라포레펜션

풍차와바다

해바라기

허브올레

상호	주소	연락처
가가빌리지	제주시 한림읍 협재10길 18(협재리 1567-1)	(064) 796-7744
꿈의바다	제주시 한림읍 한림로 361(협재리 1731)	(064) 796-7272
그린비치	제주시 한림읍 금능길 92(금능리 1480)	(064) 796-1051
허브올레	제주시 애월읍 하소로 654-16(유수암리 2680)	(064) 799-7112
미르빌펜션	서귀포시 안덕면 사계로114번길 87(사계리 846)	(064) 792-2918
바다그리기	제주시 한림읍 옹포2길 16(협재리 1386)	(064) 796-6840
아라포레펜션	제주시 한림읍 귀덕6길 92-9(귀덕리 2723)	(064) 796-8555
IGH	제주시 한경면 금등3길 25(금등리 641)	010-8664-3340
에너벨리	제주시 한림읍 한림로 356(협재리 1740-1)	(064) 796-9700
이디살래	서귀포시 안덕면 일주서로 2027(사계리 1007-5)	(064) 792-7171
제주프렌즈	제주시 한경면 판포2길 35(판포리 2842-4)	(064) 772-2620
제주해안휴양펜션	서귀포시 안덕면 사계남로 89(사계리 2172-1)	(064) 794-1886
차귀도섬품경펜션	제주시 한경면 노을해안로 1203-1(고산리 3585)	(064) 772-3611
카리브썬	제주시 한림읍 명월로 3-6(동명리 1169)	(064) 796-0200
풍차와바다	제주시 한림읍 월령3길 36(월령리 317)	(064) 796-9966
하늘못펜션	제주시 한림읍 귀덕로 53(귀덕리 701-2)	(064) 796-1312
하늘조각휴양펜션	서귀포시 안덕면 사계북로 75(사계리 2880-1)	(064) 792-6161
해바라기펜션	제주시 한림읍 협재로 33(협재리 1923-1)	(064) 796-8771
해피데이	제주시 한림읍 한림로 423(협재리 1424)	(064) 796-3339
허브인	제주시 한림읍 귀덕6길 92-17(귀덕리 2731)	(064) 796-6604

펜션

게스트하우스 & 민박

아이랜드

마레

정글

한림

	상호	주소	연락처
게스트 하우스	마레 게스트하우스	제주시 한림읍 한림로 197(금능리 1296-3)	(064) 796-6113
	봄날 게스트하우스	제주시 제주시 애월읍 애월로1길 25(애월리 2540)	(064) 799-4999
	사이 게스트하우스	서귀포시 대정읍 송악관광로411번길 59(상모리 8-1)	(064) 792-0042
	산방산 게스트하우스	서귀포시 안덕면 사계남로 217(사계리 2019-1)	(064) 792-2533
	시후네 게스트하우스	제주시 애월읍 고성남길 41(고성리 95-4)	011-274-1694
	아이랜드 게스트하우스	서귀포시 대정읍 보성하로 12-5(보성리 1612-4)	010-2509-8662
	예래 게스트하우스	서귀포시 예래로 181-10(상예동 1199-1)	070-8888-0093
	짝 게스트하우스	서귀포시 대정읍 도원남로151번길 4(신도리 1418-1)	010-8247-0210
	쫄깃쎈타 게스트하우스	제주시 한림읍 협재1길 27(협재리 1689-1)	010-3230-1689
	정글 게스트하우스	제주시 애월읍 곽지11길 7(곽지리 1622)	010-4335-6648
	한담누리 게스트하우스	제주시 애월읍 일주서로 6158(애월리 2443-2)	(064) 783-1333
	한림 게스트하우스	제주시 한림읍 한림해안로 160(한림리 1314-29)	010-4750-2622
민박	가파도민박	서귀포시 대정읍 가파로67번길 5(가파리 559-1)	(064) 794-7089
	둥지촌민박	제주시 애월읍 광령북1길 43(광령리 3751-3)	(064) 748-7942
	샘터민박	제주시 애월로11길 6-3(애월리 1715-3)	(064) 799-9944
	여울민박	제주시 애월읍 일주서로 7216(하귀1리 261-1)	(064) 713-8020
	용성민박	제주시 한경면 용수3길 18(용수리 4109-3)	(064) 773-0459
	제주별장민박	서귀포시 안덕면 평화로319번길 137-10(덕수리 1493-1)	(064) 794-6587
	화순민박	서귀포시 안덕면 사계신항로 13-2(사계리 3592-7)	(064) 792-1949

맛집 정보

곤밥보리밥		교래손칼국수	도치돌가든

주소	제주시 애월읍 애월로9길 52 (애월리 1818)	제주시 조천읍 비자림로 645 (교래리 491)	제주시 애월읍 천덕로 440-1 (어음리 2472-1)
전화	(064) 799-0116	(064) 782-9870	(064) 799-9797
주메뉴	보쌈정식 9천 원, 보리밥정식 8천 원	토종닭칼국수 8천 원, 바지락 칼국수 7천 원	등심 3만 원, 차돌박이 2만5천 원, 육회 1만5천 원
영업시간	9:30~21:00	11:00~21:00	11:00~23:00

상호	덕승식당	명리동식당	만선식당

주소	서귀포시 대정읍 하모항구로 66(하모리 770-3)	제주시 한경면 녹차분재로 498(저지리 3136)	서귀포시 대정읍 하모항구로 44(하모리 770-50)
전화	(064) 794-0177	(064) 772-5571	(064) 794-6300
주메뉴	갈치조림 1만 원, 우럭조림 8천 원	짜투리고기 1만2천 원(1~2인분), 정식 6천 원	고등어회 4만~5만 원, 고등어 조림 2만~3만 원
영업시간	9:00~22:00	10:30~23:00	8:00~21:00

상호	바당올레횟집	부두식당	해창

주소	서귀포시 안덕면 화순해안로 89(화순리 776-5)	서귀포시 대정읍 하모항구로 64(하모리 770)	제주시 애월읍 하귀14길 14(하귀1리 1563-7)
전화	(064) 794-8558	(064) 794-1223	(064) 745-5378
주메뉴	올레정식 1만 원 (점심메뉴, 2인분 이상), 고등어회 5만 원	갈치구이 2만 원, 고등어구이 1만 원, 회덮밥 8천 원	해창밥상 3만6천~4만8천 원, 고등어쌈밥 2만6천 원
영업시간	10:30~23:30	7:30~21:00	08:00~22:00

상호	붉은못허브팜	숙이네보리빵	제주고등어쌈밥

주소	제주시 한림읍 협재4길 1-1 (협재리 2436-2)	제주시 애월읍 애월로 118 (애월리 1584-1)	제주시 애월읍 일주서로 7213(하귀1리 266-1)
전화	(064) 796-4589	(064) 799-1777	(064) 799-9914
주메뉴	빅버거 1만7천 원, 커플버거 1만5천 원, 치킨샐러드 1만 원	보리찐빵/쑥보리찐빵 1천 원(3개), 보리빵 400원	고등어쌈밥 2만8천 원, 고등어구이 2만 원
영업시간	10:30~21:00	08:30~19:00 (매월 셋째 수요일 휴무)	10:00~21:00

상호	옥돔식당	정일품횟집	중앙식당

주소	서귀포시 대정읍 신영로36번 길 62(하모리 1067-23)	제주시 한림읍 한림해안로 154(한림리 1328-24)	서귀포시 안덕면 화순로 108-1(화순리 1077-1)
전화	(064) 794-8833	(064) 796-5449, 795-7534	(064) 794-9167
주메뉴	보말국 8천 원, 보말칼국수 7천 원	모듬회 6만~10만 원, 갈치회 4만~6만원, 회덮밥 1만 원	성게보말국 8천 원, 성게국 7천 원
영업시간	8:00~22:00 (매월 첫째, 셋째 수요일 휴무)	10:30~23:30	10:00~22:00

상호	하르방밀면	황금릉버거	사형제횟집

주소	서귀포시 대정읍 동일하모로 229(상모리 3858-6)	서귀포시 대정읍 칠전로 434 (신도리 10)	제주시 한림읍 한림북동길 2 (한림리 1315-5)
전화	(064) 794-5000	(064) 772-3222	(064) 796-8709
주메뉴	물밀면 / 비빔밀면 / 보말칼국수 8천 원	황금릉버거 1만8천 원, 커플버거 1만2천 원, 샐러드 3천 원	모듬회 A코스 11만 원, 모듬회 B코스 8만 원
영업시간	9:30~21:00	11:00~21:30	10:30~23:30

Part
3

중문·시귀포권

← 안덕·대정

어미지식물원
1136
초콜릿랜드
1132
믿거나말거나박물관
테디베어뮤지엄
중문CC
제주엑스존스포츠
제주해양레저
천제연폭포
신라호텔
소리섬박물관
하얏트호텔
국제컨벤션센터
(면세점)
중문색달해변
씨에스호텔
요트투어 상그릴라
아프리카박물관
대포주상절리
대포포구

1139

1136

악천사

제주제트

강정포구

엉또폭포
1136
강창학
종합경기장
한국야구명예전당

1132

서귀포시제

신서귀포시외버스터미널
익스트림아일랜드
세계성문화박물관
제주위

제주해마다이빙스
제주스쿠버
조은리조트

썩은섬
(서건도)

N

0   500m

중문·서귀포권은 독특한 화산지형과 아름다운 경관을 배경으로 고급 호텔들이 즐비하다. 중문관광단지는 가족·연인들이 함께하기 좋은 테마파크와 고품격 숙박시설, 해안 절경을 두루 갖춘 이 지역 여행의 핵심이다. 월드컵경기장 일대에는 제주워터월드, 닥종이인형박물관 등 가족단위로 즐길 수 있는 테마파크가 있고 한라산 방향으로 볼록하게 솟아 있는 고근산은 짜릿한 하늘 체험 '패러글라이딩'의 명소다. 상업시설이 밀집한 서귀포 시내로 들어서면 또 다른 제주의 모습이 펼쳐진다.

고근산
(활공장)

1136

서귀포향토오일시장

감귤박물관

남원·표선 →

1132

서귀포시외버스터미널

서귀포시제2청사

쇠소깍 수상레저

제주월드컵경기장

1132

쇠소깍

석부작박물관

중앙로터리

하효쇠소깍해변

서귀포매일올레시장

박물관

천지연폭포

이중섭미술관

정방·소정방폭포

수모루 교차로

블루사크제주

천지스쿠버

외돌개

서귀포 잠수함

블루마린다이브랜드

보목포구

새연교

새섬

서귀포항

바지선선상낚시

서귀포 유람선

문섬

섶섬(숲섬)

외돌개

바다에 외롭게 서있다 하여 이름이 붙은 20m 높이의 바위기둥이다. 고기잡이 나간 할아버지를 기다리다가 바위가 된 할머니의 애절한 전설이 깃들어 있어 할망바위. 장군의 모습으로 변장하여 몽골 오랑캐를 물리쳤다고 해서 장군석이라고도 부른다. 제주올레 중 인기 높은 7코스가 이곳을 거치기 때문에 많은 관광객과 올레꾼들이 찾는다.

외돌개공원 안에는 걷기 좋은 해안산책로와 인기드라마였던 대장금 촬영지 등이 잘 꾸며져 있다. 해질 무렵 노을이 아름답기로도 유명하다.

주소 : 서귀포시 남성로 57(서홍동 791)
전화 : (064) 760-3031

쇠소깍

제주시에 용연이 있다면 서귀포시에는 쇠소깍이 있다. 효돈천이 바다와 만나는 지점에 잔잔한 물웅덩이를 이루고 있는 쇠소깍은 사시사철 용천수가 솟구쳐 수량이 풍부하고, 주변으로 기암절벽과 울창한 난대림이 절경을 이룬다. 한 처녀가 죽은 연인을 위해 백일 동안 기도 드렸다는 '기원바위'와 기도를 정성껏 하면 원하는 것이 이루어진다는 '신의 바위'도 볼 만하다.

주소 : 서귀포시 쇠소깍로 138(하효동 995)
전화 : (064) 732-9998

대포주상절리

　신이 매만진 듯 정교하게 쌓인 돌기둥이 병풍처럼 펼쳐진 곳이다. 주상절리란 용암이 바다를 만나 굳어진 다각형 모양의 수직절벽을 말한다. 제주도에는 주상절리를 볼 수 있는 곳이 여럿 있는데 중문관광단지 인근에 있는 대포주상절리가 유명하다. 이곳의 주상절리는 높이 40m가 넘고 폭이 1km에 이른다. 돌기둥 사이로 파도가 부딪쳐 부서지는 모습은 장관 중의 장관이다. 풍랑이 심하게 일 때는 물기둥이 20m 이상 용솟음친다.

주소 : 서귀포시 1100로(중문동) 중문관광단지 내
전화 : (064) 738-1521
요금 : 성인 2천 원, 청소년 · 어린이 1천 원

천지연폭포

우레와 같은 소리를 내며 장쾌하게 쏟아져 내리는 하얀 물기둥. 하늘과 땅이 만나 이룬 연못이라 하여 천지연이란 이름이 붙은 폭포다. 길이 22m, 너비 12m로 거대한 물줄기가 쏟아지는데 주변으로 난대림이 넓게 분포하고 있어서 손꼽히는 계곡미를 자랑한다. 천연기념물 제379호로 지정된 천지연폭포에는 아열대성 상록수인 담팔수와 가시딸기, 송엽란, 산유자나무, 구실잣밤나무 등 희귀식물이 자라고 있다. 해마다 9월에는 이곳 일대에서 서귀포 칠십리축제가 열린다.

주소 : 서귀포시 남성중로 2-15(서홍동 666-7)
전화 : (064) 733-1528
요금 : 성인 2천 원, 청소년 · 어린이 1천 원

정방·소정방폭포

정방폭포는 천지연폭포, 천제연폭포와 더불어 제주도 3대 폭포의 하나다. 시커먼 절벽에서 바다에 직접 떨어지는 장쾌한 물줄기에 탄성이 절로 나온다. 옛날에는 노송과 어우러진 폭포가 아름다워 '정방하폭(正房夏瀑)'이라 하여 영주십경의 하나로 꼽았다.

정방폭포에서 동쪽으로 300m쯤 떨어진 곳에 아담한 물줄기로 떨어지는 폭포가 소정방폭포다. 정방폭포의 규모에는 못 미치지만 수량이 풍부해 여름철 피서객들로 붐빈다. 이곳에서 바라보는 서귀포 앞바다의 야경이 유명하다.

주소 : 서귀포시 칠십리로214번길 36(동홍동 278)
전화 : (064) 733-6341
요금 : 정방폭포 성인 2천 원, 청소년 · 어린이 1천 원, 소정방폭포 무료

천제연폭포

아담한 소를 이룬 제1폭포를 시작으로 절벽을 타고 흘러내리는 제2폭포와 30m의 폭으로 떨어지는 제3폭포까지 3단으로 된 폭포다. 천제연이란 옛날 옥황상제의 선녀들이 밤중에 목욕하러 내려온다 하여 붙은 이름으로 '하느님의 연못'이란 뜻이다. 천지연폭포와 마찬가지로 희귀식물인 송엽란, 담팔수 등이 자생하고 있는 생태보호구역 중 하나다. 천제연폭포는 계곡을 가로지르는 아치형의 선임교(칠선녀교)에서 내려다보면 더욱 장관이다.

주소 : 서귀포시 천제연로 132(색달동 3381-2)
전화 : (064)760-6331
요금 : 성인 2천500원, 청소년 · 어린이 1천350원

엉또폭포

예전에는 발길이 뜸했지만 올레 7-1코스에 포함되면서 알려지기 시작한 명소다. 평소에는 물줄기를 볼 수 없고 비가 70mm 이상 쏟아져야 높이 50m에서 힘차게 흘러내리는 폭포수를 감상할 수 있다. 폭포주차장에서 엉또폭포까지 이어진 산책로에서는 깎아지른 기암절벽과 울창한 천연 난대림 등 비경을 볼 수 있다. 월드컵보조경기장에서 한국야구명예전당을 지나 나오는 사거리에서 '엉또폭포 1km' 이정표를 따라가면 쉽게 찾을 수 있다.

주소 : 서귀포시 엉또로 109(서귀포시 강정동 1587)
전화 : (064) 760-2671

중문색달해변 / 서귀포시 중문관광로(색달동)

흑색, 백색, 적색, 회색 네 가지 색깔을 지닌 '진모살' 모래가 유명한 해변이다. 해질 무렵 멋진 일몰을 감상할 수 있는 곳으로 해양수산부에서 전국 최우수 해수욕장으로 선정할 정도로 아름답다. 중문관광단지가 인접해 있어 관광과 피서를 함께하기 좋고, 윈드서핑 · 수상스키 · 패러세일링 등 수상레포츠를 즐길 수 있다.

하효쇠소깍해변 / 서귀포시 쇠소깍로(하효동)

염포해수욕장에서 이름이 바뀐 하효쇠소깍해변은 현무암이 잘게 부서져 생긴 검은 모래가 깔린 해수욕장이다. 매해 여름마다 다이빙대회, 맨손 고기잡이, 캠프파이어, 불꽃놀이, 황금소라 찾기, 테우 체험, 바디페인팅 등 다채로운 이벤트를 준비한 '쇠소깍 검은모래축제'가 열린다.

문섬 / 서귀포시 칠십리로(서귀동) 앞바다

해양수산부에서 도립해양공원으로, 유네스코에서 생물권보전지역으로 지정한 섬이다. 문섬이라는 이름이 붙은 사연이 흥미롭다. 옛날 어느 사냥꾼이 한라산에서 사냥을 하는데 그만 실수로 옥황상제의 배를 살짝 건드리니 크게 노한 옥황상제가 한라산 봉우리를 뽑아 집어 던졌다. 그것이 흩어져서 서귀포 앞바다의 문섬과 범섬이 되었고 뽑힌 자리가 백록담이라고 한다.

문섬에서는 참돔, 돌돔 등이 잘 잡히고, 연산호 군락지 등 해저 생태가 잘 보존되어 있어 해마다 시즌에 많은 낚시꾼과 스쿠버다이버들이 찾는다.

서귀포항에서 하루 3회 운항(11:30, 14:00, 15:20)하는 서귀포유람선(뉴파라다이스호, 064-732-2113)을 타면 서귀포 앞바다에 위치한 문섬, 범섬, 섶섬을 모두 둘러볼 수 있다. 요금은 성인 1만5천 원, 청소년·어린이 8천 원이다.

범섬 / 서귀포시 막숙포로(법환동) 앞바다

서귀포 법환포구에서 바라보면 손에 잡힐 듯 가까운 섬이다. 큰섬과 새끼섬으로 나뉘어 있는데 섬의 형태가 멀리서 보면 큰 호랑이가 웅크리고 있는 모습과 비슷해서 범섬이라 부르며 한자로는 호도(虎島)라고 쓴다. 희귀식물들이 자생하고 해안 생태가 잘 보존돼 천연보호구역으로 지정되었다. 한때 고려를 지배했던 원나라의 마지막 세력인 목호들이 난을 일으키자 최영 장군이 군사를 이끌고 제주로 와서 이 섬에 숨어 있던 잔당들을 섬멸했다는 이야기가 전한다.

새섬 / 서귀포시 칠십리로(법환동) 새연교 앞

'서귀포의 야경' 하면 단골로 등장하는 새연교로 연결된 섬이다. 예전에는 썰물 때만 걸어서 갈 수 있었지만 지금은 새연교 덕분에 언제든지 갈 수 있다(안전을 위해 밤 10시 이후는 출입 통제). 초가지붕을 덮을 때 쓰는 새(억새)가 많이 자생하여 새섬이라 부르게 되었다고 한다. 해안을 따라 1.2km의 나무데크 산책로가 잘 설치되어 있어 안전하게 둘러볼 수 있다.

숲섬(섶섬) / 서귀포시 마소불로(보목동) 앞바다

숲섬은 구실잣밤나무, 담팔수, 후박나무, 사스레피나무 등 180여 종의 난대식물이 숲을 이루고 있다. 제주도 삼도 파초일엽 자생지로 지정, 보호되고 있는 섬이기도 하다. 천혜의 낚시 포인트이고 해저 생태가 잘 보존되어 있어 많은 낚시꾼과 스쿠버다이버들이 찾는다.

보목항에서 챌린저호(0130-606-1216) 등의 고깃배가 비정기적으로 낚시꾼들을 실어 나른다. 10분 정도 소요되며 선비는 1척당 3명 기준 3만 원, 추가 1인당 1만 원이다.

썩은섬(서건도) / 서귀포시 강정통물로(강정동) 앞바다

육지에서 150m쯤 떨어진 썩은섬은 하루에 두 번씩 물이 빠지면 건너갈 수 있는 작은 무인도다. 섬의 토질이 죽은 땅과 같아서, 예전에 유독 이 섬에 돌고래들이 몰려와 죽어 썩은 냄새가 난다고 하여 썩은섬이라 부른다. 그러나 이름과 달리 지금은 전혀 썩은 냄새가 나지 않는 청정한 섬이다. 억새 군락지 사이로 난 나무데크 길을 따라 여유로운 산책을 즐길 수 있다.

여미지식물원

여미지식물원은 온실과 야외정원을 합쳐 4천여 종의 식물이 자라는 곳이다. 1만2천㎡ 넓이의 온실은 동양 최대 규모로 한국기네스협회에 기록되어 있다. 온실에는 중앙홀, 화접원, 수생식물원, 다육식물원, 열대정원, 열대과수원 등 6개의 테마정원이 있다.

꽃들이 화려하게 핀 화접원, 청초한 물꽃의 나라 수생식물원을 지나 아이들의 호기심을 자극하는 식충식물, 가시 뾰족한 다육식물을 구경하고 나면 군침을 돌게 하는 열대과수원이다. 야외정원에는 각 나라를 대표하는 정원이 아기자기하게 펼쳐진다. 야외정원은 걷거나 유람동차를 타고 둘러볼 수 있다.

노약자를 위해 유모차와 휠체어를 무료로 빌려 준다. 유람동차 이용 요금은 성인·청소년 1천 원, 어린이 500원이다.

주소 : 서귀포시 중문관광로 93(색달동 2484-1)
전화 : (064) 735-1100
홈페이지 : www.yeomiji.or.kr
요금 : 성인 9천 원, 청소년 7천 원, 어린이 5천 원
개장시간 : 9:00~18:00
대중교통 : 제주공항에서 600번(공항리무진) 버스나 서귀포시
　　　　　외버스터미널에서 5번, 100번, 110번 버스를 타고
　　　　　여미지식물원 정류장에서 하차

1. 온실 중앙홀의 화단에 피어 있는 '크리스마스의 꽃' 포인세티아
2. 자주색과 초록색이 조화롭게 섞인 코르딜리네
3. 열대정원의 천장에는 박쥐처럼 나무에 붙어사는 박쥐란이 대롱대롱 매달려 있다.
4. 열대정원의 습지. 비단잉어를 노리고 있는 악어의 표정이 익살스럽다.
5. 다육식물원에서 자라는 앙증맞은 선인장들
6. 연분홍 물감을 머금은 구근베고니아. 주위에 있는 여러 색상의 꽃들도 구근베고니아다.
7. 화려한 연꽃 같은 뇌신
8. '수줍은 숲속의 요정' 말바비스커스
9. 열대 과일나무로 가득한 열대과수원

테디베어뮤지엄

'곰의 나라' 테디베어뮤지엄은 100년이 넘는 세월동안 전 세계의 사랑을 받아온 테디베어들로 꾸민 테마파크다. 테디베어란 이름은 미국 대통령 테어도어 루스벨트의 애칭인 테디에서 유래했다. 사냥을 갔다가 곰을 한 마리도 잡지 못한 대통령을 위해 보좌관들이 새끼 곰을 산 채로 잡아다 주고 사냥한 것처럼 총을 쏘라고 했지만 대통령이 거절하였다는 일화가 전해지면서 이를 소재로 인형을 만들게 됐다고 한다. 테디베어뮤지엄 역사관에는 인류의 100년 역사를 빛낸 명장면과 주요 인물들을 패러디한 작품들이 전시되어 있고 예술관은 2억 원이 넘는 '루이비통베어'를 비롯해 관람객이 다가서면 자동으로 패션쇼를 시작하는 테디베어 모델들, 기네스북에 올라있는 초미니 테디베어 등 1천500여 점의 곰 인형들로 꾸며져 있다.

주소 : 서귀포시 중문관광로110번길 31(색달동 2889)
전화 : (064) 738-7600
홈페이지 : www.teddybearmuseum.co.kr
요금 : 성인 8천 원, 청소년 7천 원, 어린이 6천 원
개장시간 : 09:00~20:00(7월 중순~8월 말은 22:00까지)
대중교통 : 제주공항에서 600번(공항리무진) 버스를 타고 한국관광공사 정류장에서 하차. 서귀포시외버스터미널에서는 1번, 100번, 110번, 120번 버스 이용

믿거나말거나박물관

겉모습부터 남다른 '포스'가 전해지는 믿거나말거나박물관은 2010년 12월 문을 연 따끈따끈한 테마파크다. 만화가이자 모험가인 로버트 리플리(1890~1941)가 전 세계 200여 나라를 누비면서 모은 방대한 수집품과 리플리 엔터테인먼트사가 추가로 모은 소장품들로 꾸민 것이 특징.

아프리카에서 사형을 집행할 때 썼다는 섬뜩한 탁자, 로큰롤 황제 엘비스 프레슬리의 머리카락, 새장에 갇혀 살았던 난장이, 600kg의 거구 인디언, 실제로 사용됐다는 흡혈귀 퇴치도구, 화성에서 날아온 운석에 이르기까지 호기심을 유발하는 이색적인 볼거리가 넘친다. 유령도 출몰한다는데, 믿거나 말거나.

주소 : 서귀포시 중문관광로110번길 32(색달동 2864-2)
전화 : (064) 738-3003
홈페이지 : www.ripleysjeju.com
요금 : 성인 8천 원, 청소년 7천 원, 어린이 6천 원
개장시간 : 09:00~20:00(7월 중순~8월 말은 22:00까지)
대중교통 : 제주공항에서 600번(공항리무진) 버스를 타고 여미지식물원 정류장에서
　　　　　하차, 서귀포시외버스터미널에서는 1번, 100번, 110번, 120번 버스 이용

아프리카박물관

주소 : 서귀포시 이어도로 49
(대포동 1833)
전화 : (064) 738-6565
홈페이지 : www.africamuseum.or.kr
요금 : 인 8천 원, 청소년 7천 원,
어린이 6천 원
개장시간 : 09:00~19:00
대중교통 : 제주공항에서 600번(공항
리무진) 버스를 타고 국제컨벤션센터 정
류장에서 하차. 대포포구 방향으로 걸어
서 5분. 서귀포시외버스터미널에서는 1
번, 100번, 110번, 120번 버스 이용

서아프리카 말리공화국의 젠네대사원을 그대로 옮겨놓은 듯한 박물관 건물에 들어서면 18세기부터 현재에 이르는 아프리카의 다양한 미술품 700여 점을 만나볼 수 있다. 대부분 한종훈 관장이 아프리카 30여 개국을 돌며 수집한 것들이다. 전시관 1층은 사진가 김중만 씨가 아프리카를 여행하며 찍은 아름다운 사진, 2층은 아프리카의 그림과 조각, 악기와 가면 등으로 꾸몄다. 아프리카 전통 민속공연도 감상할 수 있으며 문화체험교실에서 직접 민속공예품을 만들어 볼 수 있다.

닥종이인형박물관

닥종이인형은 닥나무 껍질로 만든 닥종이를 하나하나 붙이고 말리기를 반복해서 완성하는 정성어린 인형이다. 전통의 향기 물씬한 소재에서 짐작할 수 있듯이, 완성된 인형을 보면 하나 같이 해학적이며 인간적인 모습을 지녔다. 디오라마처럼 각각의 배역을 맡은 인형들이 하나의 장면을 완성해내는데 그 안에 향수와 찡한 감동이 있다. 그래서 닥종이인형박물관은 모두의 '추억창고' 같다.

닥종이인형박물관에서는 옛날 방식 그대로 전통한지 뜨기와 닥종이인형을 직접 만들어 볼 수 있는 체험프로그램도 진행한다.

주소 : 서귀포시 월드컵로 33(법환동 914) 제주월드컵경기장 본관 1층
전화 : (064) 739-3905~6
요금 : 성인 5천 원, 청소년 4천 원, 어린이 3천 원
개장시간 : 09:00~19:00
대중교통 : 제주공항에서 600번(공항리무진)이나 제주시외버스터미널에서 중문고속
화 버스를 타고 월드컵경기장에서 하차. 서귀포시외버스터미널에서는 1
번, 100번, 110번, 120번 버스 이용

이중섭미술관

　1951년 제주도로 피난 가서 작품 활동을 했던 이중섭 화가의 거주지와 그의 업적을 기리기 위해 세운 미술관이 서귀포시에 있다. 거주지는 당시 가족과 함께 살았던 1.5평 남짓의 소박한 초가집을 복원한 것이다. 이중섭은 1년 남짓 이곳에 머물면서 주옥같은 작품들을 남기는데, 미술관에서는 당시 그가 그린 '섶섬이 보이는 풍경', '서귀포 환상' 등 8점의 작품과 함께 유명 화가들의 작품을 만나볼 수 있다. 미술관 밖으로는 1997년 조성된 '이중섭 문화의 거리'가 이어지고 벽과 간판 곳곳에서 이중섭의 작품을 볼 수 있다.

주소 : 서귀포시 이중섭로 27-3(서귀동 532-1)
전화 : (064) 733-3555
홈페이지 : jslee.seogwipo.go.kr
요금 : 성인 1천 원, 청소년 500원, 어린이 300원
개장시간 : 09:00~18:00(7~9월은 20:00까지)
대중교통 : 제주시외버스터미널에서 중문고속화버스나 5 · 16도로 노선버스를 타고
　　　　　서귀포시외버스터미널에서 하차 후 천지연폭포 방향으로 걸어서 10분

이중섭 거주지

석부작박물관

　제주의 상징이지만 너무나 흔해 관심 밖으로 밀려났던 제주의 돌이 작품으로 태어나는 광경을 석부작박물관에서 볼 수 있다. 석부작은 용암석(현무암)에 풍란, 야생초 등을 뿌리 내려 만든 분재다. 구멍 숭숭 뚫린 현무암 위에 고란초 · 쑥부쟁이 등 제주의 들꽃이 자란다.

　처음에는 콘도형 펜션인 귤림성을 찾은 관광객들에게 보여주기 위해 시작해 박물관으로 규모를 키우고 내실을 다져왔다. 실내외 전시장에 5천여 점의 작품이 전시되어 있고 직접 석부작을 만들어볼 수 있는 체험프로그램두 진행한다.

주소 : 서귀포시 일주동로 8941(호근동 569-2)
전화 : (064) 739-5588
홈페이지 : www.seokbujak.com
요금 : 성인 6천 원, 청소년 4천 원, 어린이 3천 원
개장시간 : 08:30∼18:00
대중교통 : 제주시외버스터미널에서 중문고속화 버스나 5 · 16도로 노선버스를 타고
　　　　서귀포시외버스터미널에서 하차. 2번 서귀포 시내버스로 갈아타고 용당
　　　　정류장에서 하차 후 월드컵경기장 방향으로 걸어서 5분

약천사

조선 초기 불교건축 양식으로 지은 약천사는 동양 최대 규모를 자랑하는 대적광전이 있는 곳으로 유명하다. 높이 29m, 8층 규모의 대적광전 안에는 1만8천 개의 불상이 있다. 몸을 치유하는 약수(도약천)가 있는 샘이라 하여 약천사라는 이름이 붙었다. 이 물을 마시고 병을 고쳤다는 이야기가 전해져 많은 관광객들이 찾는다. 약천사에서는 사찰의 일상을 체험할 수 있는 템플스테이도 진행한다.

주소 : 서귀포시 이어도로 293-28
　　　(대포동 1161)
전화 : (064) 738-5000
템플스테이 1박2일 : 성인 3만 원,
청소년 · 어린이 2만 원

한국야구명예전당

야구 마니아라면 꼭 들러봐야 할 곳이 한국야구명예전당이다. 야구의 역사를 장식한 다양한 자료들이 전시되어 있다. LG트윈스 감독이었던 이광환 씨의 개인 소장품이 바탕이 되어 야구 전문 박물관으로 발전했다. 박찬호, 선동렬, 이종범, 이승엽 등 한국야구를 대표하는 스타들의 사인볼과 손때 묻은 방망이, 글러브, 유니폼을 볼 수 있고 세계 야구 역사 기록사진, 주요 국내 경기 영상자료, 미국 홈런왕 베이브 루스 탄생 100주년 기념 실버배트 등 3천여 점의 다양한 자료들이 전시되어 있다.

주소 : 서귀포시 중산간서로 97-1(강정동 1481-3) / 전화 : (064) 735-3634
요금 : 성인 1천 원, 청소년 · 어린이 600원
개장시간 : 09:00~18:00(동절기는 17:00까지)
대중교통 : 제주시외버스터미널에서 중문고속화 버스나 5 · 16도로 노선버스를 타고
　　　　　서귀포시외버스터미널에서 하차. 서귀포시외버스터미널 앞 중앙로터리에
　　　　　서 1번 버스로 갈아타고 월산동 정류장에서 하차 후 월드컵보조경기장 방
　　　　　향으로 걸어서 5분

면세점

주소 : 서귀포시 중문관광로 224(중문
동 2700) 제주국제컨벤션센터
지하 1층
전화 : (064) 780-7700
홈페이지 : www.jtodutyfree.com
개장시간 : 10:00~20:00
(하절기는 21:00까지)
대중교통 : 제주공항에서 600번(공항
리무진) 버스를 타고 국제컨벤션센터
정류장에서 하차. 서귀포시외버스터미
널에서는 1번, 100번, 110번, 120번

제주 여행의 또 다른 즐거움은 외국에 나가지 않고도 면세점을 이
용할 수 있다는 점. 제주공항뿐만 아니라 중문관광단지 내에도 지정
면세점이 있어서 여행 중 자투리 시간을 활용해 쇼핑하기 좋다. 제주
항과 성산항에서 배편을 이용해 돌아갈 경우 10% 추가 할인 혜택도
받을 수 있다. 지정면세점에서 산 물건은 바로 가져갈 수 없고 돌아
가는 날 공항이나 여객터미널의 면세품 인도장에서 받을 수 있다.

재래시장

서귀포 전통재래시장은 매일올레시장과 향토오일시장이다. 두 곳
의 분위기는 사뭇 다르다. 최신시설로 탈바꿈한 서귀포매일올레시
장과 달리 서귀포향토오일시장은 재래시장 고유의 분위기를 그대로
간직하고 있다. 관광객 입장에서는 깔끔한 좌판과 넓은 통로, 비가
와도 끄떡없는 자동개폐 지붕을 지닌 서귀포매일올레시장이 조금
더 둘러보기 편하다. 그렇다고 인심 좋은 서귀포향토오일시장을 빼
놓을 수는 없다. 제주 바다에서 갓 잡은 싱싱한 해산물과 청정 토양
에서 자란 채소 등 다양한 농수산물을 싸게 살 수 있다.

서귀포매일올레시장은 상설시장이고, 서귀포향토오일시장은 매 4
일과 9일에 장이 선다.

서귀포매일올레시장 : 서귀포시 중정로73번길 22(서귀동 271-38)
(064) 762-2925
서귀포향토오일시장 : 서귀포시 중산간동로7894번길 18-5(동홍동 779-1)
(064) 763-0965

제주워터월드 '야외스파'

　워터파크를 운영중인 제주워터월드에서 스파와 사우나도 즐길 수 있다. 허브탕, 마사지탕, 이벤트탕 등 다양한 온욕시설이 준비된 해수사우나를 비롯해 감귤이 통째로 들어간 감귤스파, 피로회복에 좋은 허브스파, 피부미용에 좋다는 선인장 스파 등 다양한 시설을 마련해 놓았다. 아로마 전신마사지, 스포츠 경락 등 마사지도 받을 수 있다. 워터파크 입장권을 사면 스파는 5천 원, 찜질방은 2천 원의 추가 요금으로 이용할 수 있다. 아로마테라피 이용요금은 별도.

주소 : 서귀포시 월드컵로 33(법환동 914) 제주월드컵경기장 내
전화 : (064) 739-1930~3
홈페이지 : www.jejuwaterworld.co.kr
요금 : 워터파크 – 성인 3만5천 원, 청소년 · 어린이 2만8천 원
　　　해수사우나 – 성인 7천 원, 청소년 · 어린이 6천 원
　　　찜질방 – 성인 9천 원, 청소년 · 어린이 8천 원
　　　아로마테라피 – 1만~12만 원
대중교통 : 제주공항에서 600번(공항리무진)이나 제주시외버스터미널에서 중문고속화 버스를 타고 월드컵경기장에서 하차. 서귀포시외버스터미널에서는 1번, 100번, 110번, 120번 버스 이용

하얏트리젠시호텔 '아쿠아뷰'

물, 돌, 공기의 3가지 테마로 구분되어 있는 '아쿠아뷰' 스파가 유명하다. 여성 전용 스파룸 4개와 남성 전용 스파 룸 2개, 그리고 하이드로 테라피용 욕조를 갖추었다. 커플들을 위한 커플 스파 트리트먼트 룸이 특히 인기다. '물 스파'를 선택하면 바다소금과 사탕수수를 이용한 바디 스크럽과 해초 바디 스크럽, 감귤 성분을 이용한 페이셜 트리트먼트 등을 받을 수 있다. 피부 진정과 근육 완화에 좋은 '돌 스파'는 바디 마사지, 피스풀 아이 트리트먼트, 헤어와 두피 리뉴얼로 구성되어 있다. '공기 스파'는 차크라 리추얼, 이어 캔들 트리트먼트 등 피부를 정화하고 영양을 공급하는 다양한 스파 프로그램이 특징. 스파를 받는데 걸리는 시간은 2시간 30분 정도. 투숙객은 사우나를 무료로 이용할 수 있다.

주소 : 서귀포시 중문관광로72번길 114(색달동 3039-1)
전화 : (064) 735-8467
홈페이지 : www.hyattjeju.com
요금 : 물 스파 18만 원,
　　　 돌 스파 24만 원, 공기 스파 26만 원
대중교통 : 제주공항에서 600번(공항리무진) 버스를 타고
　　　 하얏트리젠시호텔 입구에서 하차. 서귀포시외버스터미널에서는 110번 서귀포 시내버스 이용

씨에스호텔 '베릿네스파'

인기 드라마 '시크릿가든'의 촬영지였던 씨에스호텔에는 피로를 말끔히 풀어주는 베릿네스파 &사우나가 있다. 칠선녀가 내려와 목욕을 하고 갔다는 이야기가 전해질 만큼 피부에 좋다는 천연 암반수를 사용한다. 바다가 보이는 야외 스파와 안락한 실내 스파를 모두 갖추었다. 사전예약제로 운영하므로 최소 5시간 전에 예약을 마치도록 한다.

주소 : 서귀포시 중문관광로 198(중문동 2563-1)
전화 : (064) 735-3000 / **홈페이지 :** www.seaes.co.kr
요금 : 4명 기준 15만 원. 1명 초과 당 2만 원 추가
대중교통 : 제주공항에서 600번(공항리무진) 버스를 타고 씨에스호텔 입구에서 하차. 서귀포시외버스터미널에서는 110번 서귀포 시내버스 이용

조은리조트 '약초스파'

피부질환 치료에 좋고 면역력을 키워주는 편백나무를 이용한 스파로 유명하다. 한라산 야생 약초를 원료로 만든 입욕제와 천연비누를 기본으로 제공한다. 본드나 페인트를 전혀 사용하지 않고 원목으로 욕탕을 짜서 아토피성 질환을 가진 사람들도 안전하게 이용할 수 있다.

주소 : 서귀포시 이어도로 721(강정동 2486)
전화 : (064) 739-0640
홈페이지 : www.joeunresort.com
요금 : 투숙객 무료 이용
대중교통 : 제주시외버스터미널에서 중문고속화 버스를 타고 중문상업고교에서 하차 후 5번 버스로 갈아타서 약근천 정류장에서 하차. 서귀포시외버스터미널에서는 5번 버스 이용

제주신라호텔 '윈터스파존'

'윈터스파존'에서는 한겨울에도 노천욕을 즐길 수 있다. 건식사우나 시설인 핀란드사우나, 가족과 함께 즐길 수 있는 패밀리 자쿠지, 강력한 버블 마사지의 숨비 자쿠지 등 다양한 스파 시설을 갖추고 있다.

주소 : 서귀포시 중문관광로72번길 75(색달동 3039-3)
전화 : (064) 735-5114
홈페이지 : www.shilla.net/jeju
요금 : 투숙객 무료 이용
대중교통 : 제주공항에서 600번(공항리무진) 버스를 타고
          신라호텔 입구에서 하차. 서귀포시외버스터미널
          에서는 110번 서귀포 시내버스 이용

우리들 컨트리클럽

주소 : 서귀포시 산록남로 2914(상효동 1581) / 전화 : 1577-0064
홈페이지 : www.wooridulresort.com
잔디품종 : 크리핑벤트 / 코스 : 18홀
요금 : 그린피 주중 10만8천 원/주말 14만1천 원, 캐디피 10만 원, 카트비 4만 원

중문 컨트리클럽

주소 : 서귀포시 중문관광로72번길 60(색달동 2101) / 전화 : (064) 738-1202
홈페이지 : jungmungolf.visitkorea,or,kr
잔디품종 : 켄터키블루 / 코스 : 18홀
요금 : 그린피 주중 9만1천 원/주말 12만8천 원, 캐디피 9만 원, 카트비 6만 원

제주도 중문·서귀포권 체험+관광 여행 추천 일정표

2박 3일

시간	일정	비고
첫날		
12:00	점심식사	
13:30	문섬, 범섬	스쿠버다이빙 체험
16:00	서귀포항	서귀포유람선 체험
17:00	외돌개	
둘째 날		
09:00	여미지식물원	
10:30	테디베어뮤지엄, 믿거나말거나박물관	
12:00	점심식사	
13:30	고근산 활공장	패러글라이딩 체험
15:00	천제연폭포, 대포주상절리	
16:00	중문색달해변	제트보트, 패러세일링, 요트 체험
셋째 날		
09:00	새섬, 정방폭포, 소정방폭포	
10:30	서귀포항	바지선선상낚시 체험
12:30	점심식사	

3박 4일

시간	일정	비고
첫날		
12:00	점심식사	
13:30	문섬, 범섬	스쿠버다이빙 체험
16:00	서귀포항	서귀포유람선 체험
17:30	외돌개	
둘째 날		
09:00	이중섭미술관, 매일올레시장, 향토오일시장	향토오일시장 장 서는 날: 매월 끝자리 4, 9일
11:00	정방폭포, 소정방폭포	
12:00	점심식사	
13:30	서귀포항	바지선선상낚시, 서귀포잠수함 체험
16:30	석부작박물관	
18:00	제주워터월드	또는 세계성문화박물관
셋째 날		
09:00	여미지식물원	
10:30	테디베어뮤지엄, 믿거나말거나박물관	
12:00	점심식사	
13:30	고근산 활공장	패러글라이딩 체험
15:00	천제연폭포, 대포주상절리	
16:00	중문색달해변	제트보트, 패러세일링, 요트 체험
넷째 날		
09:00	하효쇠소깍해변	투명카약 체험
11:00	약천사	
12:00	점심식사	

4박5일	시간	일정	비고
첫날	12:00	점심식사	
	13:30	문섬, 범섬	스쿠버다이빙 체험
	16:00	서귀포항	서귀포유람선 체험
	17:30	외돌개	
둘째 날	09:00	이중섭미술관, 매일올레시장, 향토오일시장	향토오일시장 장 서는 날: 매월 끝자리 4, 9일
	11:00	정방폭포, 소정방폭포	
	12:00	점심식사	
	13:30	서귀포항	바지선선상낚시, 서귀포잠수함 체험
	16:30	석부작박물관	
	17:30	새섬	
셋째 날	09:00	여미지식물원	
	10:30	테디베어뮤지엄, 믿거나말거나박물관	
	12:00	점심식사	
	13:30	아프리카박물관	
	15:00	천제연폭포, 대포주상절리	
	16:00	중문색달해변	제트보트, 패러세일링, 요트 체험
넷째 날	09:00	하효쇠소깍해변	투명카약 체험
	11:00	약천사	
	12:00	점심식사	
	13:30	고근산 활공장	패러글라이딩 체험
	15:00	세리월드	승마 및 카트 체험
	17:00	제주워터월드	또는 세계성문화박물관
다섯째 날	09:00	닥종이인형박물관	
	10:30	한국야구명예전당, 엉또폭포	
	12:00	점심식사	

숙박 정보

호텔 & 리조트

제주롯데호텔

제주신라호텔

제주원더리조트

제주풍림리조트

	상호	주소	연락처
호텔 콘도	제주롯데호텔	서귀포시 중문관광로 72번길 35(색달동 2812-4)	(064) 731-1000
	제주신라호텔	서귀포시 중문관광로 72번길 75(색달동 3039-3)	(064) 738-4466
	하얏트리젠시제주	서귀포시 중문관광로 72번길 114(색달동 3039-1)	(064) 733-1234
	씨에스호텔	서귀포시 중문관광로 198(중문동 2563-1)	(064) 735-3000
	호텔하나	서귀포시 중문관광로 72번길 53(색달동 2812-2)	(064) 738-7001
	제주스위트호텔	서귀포시 중문관광로 72번길 67(색달동 2812-10)	(064) 738-3800
	서귀포칼호텔	서귀포시 칠십리로 242(토평동 486-3)	(064) 733-2001
	제주중문빌리지	서귀포시 예래로 270(하예동 141)	(064) 738-3151
	제주한국콘도	서귀포시 중문관광로72번길 29-29(색달동 2822-5)	(064) 738-9101
	호텔썬비치	서귀포시 태평로 363(서귀동 820-1)	(064) 732-5709
리조트	제주원더리조트	서귀포시 월드컵로45번길 40(법환동 978)	(064) 739-3001
	제주풍림리조트	서귀포시 이어도로 684(강정동 2677)	(064) 739-9001
	중문리조트	서귀포시 색달로 117(색달동 1821-3)	(064) 738-0085
	팜밸리리조트	서귀포시 중산간서로 193(강정동 3447-1)	(064) 738-7705
	담앤루리조트	서귀포시 이어도로343번길 63(대포동 1174)	(064) 739-6617
	신성리조트	서귀포시 이어도로 989(법환동 87-1)	(064) 739-0114
	조은리조트	서귀포시 이어도로 721(강정동 2486)	(064) 739-0640
	스프링힐리조트	서귀포시 천제연로 292(대포동 710-1)	(064) 738-3077
	서귀포오션리조트	서귀포시 속골로16번길 5(호근동 1583)	(064) 739-4470

팬션

나폴리펜션

남쪽나라펜션

누가빌리지

라임오렌지빌

	상호	주소	연락처
	가산토방	서귀포시 인정오름로 90(토평동 3079-1)	(064) 732-2097
	귤향기펜션	서귀포시 색달로72번길 43(색달동 2258-3)	(064) 738-3515
	나폴리펜션	서귀포시 이어도로 139(대포동 2065)	(064) 738-4820
	남쪽나라펜션	서귀포시 천제연로 135(중문동 1489-2)	011-690-5679
	누가빌리지	서귀포시 산록남로 2704(토평동 3201)	(064) 733-9977
	뜨레피아	서귀포시 월평하원로 111(하원동 1496-1)	(064) 738-5848
	라임오렌지빌	서귀포시 칠십리로 332(토평동 416)	(064) 767-3888
	모던펜션	서귀포시 막숙포로 146(법환동 1528-1)	(064) 738-0203
	모리화	서귀포시 동홍로 332(토평동 2712)	(064) 732-1428
팬션	밀레니엄빌	서귀포시 보목로64번길 196(보목동 1502)	(064) 763-1796
	바다로가는길목	서귀포시 문필로 46-7(보목동 1275-2)	(064) 732-8996
	바닷가하얀집	서귀포시 태평로120번길 29-2(호근동 405-1)	(064) 739-1150
	뷰티풀하우스	서귀포시 이어도로253번길 2(대포동 1266-1)	(064) 738-7407
	비울채울	서귀포시 검은여로130번길(보목동 1569)	010-4010-5001
	샤뜰레휴양펜션	서귀포시 서호로 33-5(서호동 5)	(064) 738-9852
	쉼팡	서귀포시 예래로102번길 3(상예동 748-1)	(064) 739-5959
	씨에나펜션	서귀포시 예래로 267(하예동 351-4)	(064) 739-6623
	여행스케치	서귀포시 일주서로 694(중문동 1839-3)	(064) 738-8250
	외돌개나라	서귀포시 남성로 122(서홍동 744-13)	010-3622-3620

팬션

자연속으로

이안펜션

청재설헌

팜빌리지

제주항펜션

	상호	주소	연락처
팬션	이안펜션	서귀포시 문필로 10(보목동 1342)	(064) 733-6407
	중문스머프하우스	서귀포시 천제연로 127-1(중문동 1489-3)	(064) 738-9555
	중문오아시스	서귀포시 예래로68번길 107(상예동 205-1)	070-8900-2070
	자연속으로	서귀포시 서홍로358번길 27-18(서홍동 2442-6)	(064) 762-1556
	자유도시	서귀포시 색달로64번길 71(색달동 1901-1)	(064) 738-8977
	재즈마을	서귀포시 소보리당로 220(상예동 2850)	(064) 738-9300
	제주쉐르빌	서귀포시 색달로72번길 22(색달동 2200-2)	(064) 738-3002
	제주항펜션	서귀포시 색달로61번길 57(색달동 1880)	(064) 739-5665
	제주휴펜션	서귀포시 구산봉로21번길 62(하원동 1378-1)	(064) 738-6010
	중문빌리지	서귀포시 예래로 270(하예동 141)	(064) 738-3151
	중문통나무휴양펜션	서귀포시 중산간서로594번길 7-8(대포동 342-2)	(064) 738-8383
	청재설헌	서귀포시 인정오름로 135-18(토평동 3045)	(064) 732-2020
	추억여행	서귀포시 태평로92번길 21(호근동 1597-2)	(064) 739-7999
	팜빌리지	서귀포시 속골로 29-10(호근동 1641-2)	010-3336-0878
	펜트하우스	서귀포시 일주서로 166-61(강정동 3378)	(064) 739-0525
	포시즌펜션	서귀포시 칠십리로285번길 3(토평동 636)	(064) 732-5222
	푸른바다별장	서귀포시 남성로 128(서홍동 731)	(064) 739-1331
	황가마을펜션	서귀포시 색달로61번길 59-8(색달동 1879)	(064) 739-2727
	황토방펜션	서귀포시 예래로 218(하예동 20-1)	(064) 738-9966

게스트하우스 & 민박

꼼지락

예래

흰고래

쿨쿨

토리

	상호	주소	연락처
게스트 하우스	꼼지락 게스트하우스	서귀포시 대포중앙로 9(대포동 741-5)	010-8014-1092
	두나 게스트하우스	서귀포시 보목로 47-3(보목동 621)	070-4312-6211
	민중각 게스트하우스	서귀포시 서문로28번길 4(서귀동 305-6)	(064) 763-0501
	백패커스홈 게스트하우스	서귀포시 중정로 24(서귀동 315-2)	(064) 763-4000
	살레 게스트하우스	서귀포시 대포로 132(대포동 1925-2)	010-3691-1859
	송정 게스트하우스	서귀포시 칠십리로 139(서귀동 71-9)	(064) 763-5775
	예래 게스트하우스	서귀포시 예래로 181-10(상예동 1199-1)	070-8888-0093
	쿨쿨 게스트하우스	서귀포시 동흥로262번길 62(동흥동 819-5)	(064) 767-5000
	토리 게스트하우스	서귀포시 막숙포로 74(법환동 163)	010-5052-5687
	현 게스트하우스	서귀포시 법환하로 34-5(법환동 183)	010-8295-1008
	후스토리 게스트하우스	서귀포시 색달중앙로 15-1(색달동 2534-7)	010-2532-0014
	흰고래 게스트하우스	서귀포시 이어도로1066번길 26(서호동 65-2)	010-2955-0471
민박	가정민박	서귀포시 보목로 21-2(보목동 691-3)	(064) 732-5031
	논짓물민박	서귀포시 하예로 52(하예동 56-1)	(064) 738-9336
	별장민박	서귀포시 천제연로178번길 24(중문동 2330-6)	(064) 738-0371
	서부민박	서귀포시 이어도로 602(강정동 2851)	(064) 739-1851
	장원민박	서귀포시 천제연로 49(색달동 2539-3)	(064) 738-1110
	전원민박	서귀포시 중문로 75(중문동 1430-3)	(064) 738-2535
	해성민박	서귀포시 천제연로 131-8(중문동 1489-1)	(064) 738-8484

맛집 정보

가산토방

주소	서귀포시 인정오름로86번길 3(토평동 3077)
전화	(064) 732-2095
주메뉴	흑돼지 오겹살(180g) 1만7천 원, 흑돼지 모둠 (180g) 1만7천원, 냉국수 5천 원
영업시간	08:00~22:00

갈치명가횟집

	서귀포시 이어도로 137(대포동 2066-1)
	(064) 738-3135
	갈치회 5만 원, 전복회 8만 원
	10:00~22:00

덕성원

주소	서귀포시 태평로401번길 4(서귀동 474)
전화	(064) 762-2402
주메뉴	꽃게짬뽕 7천 원, 삼선해물짬뽕 6천 원
영업시간	11:00~20:30 (매월 둘째 주 화요일 휴무)

덤장

	서귀포시 천제연로 17(색달동 2119)
	(064) 738-2550
	초밥(특) 2만 원, 뱅에돔(1kg) 14만 원, 전복구이(대) 16만 원, 자리물회 7천 원
	08:00~22:00

막숙횟집

주소	서귀포시 막숙포로 70(법환동 161-6)
전화	(064) 739-1234
주메뉴	생선회 5만~8만 원, 백반 5천 원, 성게국 8천 원
영업시간	11:00~21:00

맛있는밥상

	서귀포시 일주서로 996(색달동 2081-1)
	(064) 739-0130
	전복뚝배기 1만5천 원, 김치전골(대) 4만 원, 고등어조림(대) 3만5천 원
	09:00~21:00

상호	물질식육식당	용이식당

주소	서귀포시 이어도로 598(강정동 4521-8)	서귀포시 중앙로79번길 12(서귀동 298-8)
전화	(064) 739-1542	(064) 732-7892
주메뉴	짬뽕 5천 원, 복지리(1인분) 1만2천 원, 복매운탕(1인분) 1만2천 원	돼지두루치기 6천 원
영업시간	10:30~19:00 (짬뽕은 16:00까지 매주 월요일 휴무)	09:00~22:00 (첫째, 셋째 주 일요일 휴무)

상호	제주마원	조림명가

주소	서귀포시 중문관광로72번길 88(색달동 3092)	서귀포시 중앙로47번길 19(서귀동 311-5)
전화	(064) 738-1000	(064) 767-8562
주메뉴	말고기 A코스 4만 원, 흑돼지모듬(중) 4만5천 원	갈치조림(대) 5만 원, 고등어조림(중) 2만8천 원, 옥돔구이 3만5천 원
영업시간	11:00~22:00	07:00~22:00

상호	천지식당	한스 패밀리레스토랑
		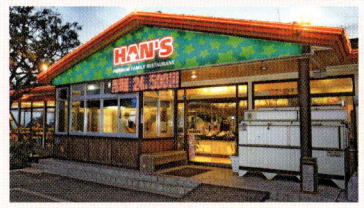
주소	서귀포시 중앙로89번길 6(서귀동 301-18)	서귀포시 중문관광로 321(중문동 2446)
전화	(064) 733-0763	(064) 738-7386
주메뉴	회정식 1만 원, 고등어회(1인분) 1만 원	뷔페(성인) 점심 2만3천 500원, 저녁 3만3천500원 뷔페(소인) 점심 1만4천 원, 저녁 1만5천500원
영업시간	11:00~21:00	12:00~15:00, 17:30~21:30

Part 4

제주도 동부권

동부권은 제주에서 풍광이 가장 아름답고 조용하며, 볼거리도 많은 곳이다. 서귀포시 남원읍에서 동쪽으로 발길을 돌리면 해안을 따라 신영영화박물관, 섭지코지, 성산일출봉, 표선해비치해변, 함덕서우봉해변 등이 차례로 나타난다. 이 가운데 성산—세화—종달리를 잇는 해안도로는 제주도 드라이브 코스의 하이라이트로 꼽힐 만큼 아름답다.

우도가 손에 잡힐 듯 가깝고, 문주란 자생지인 토끼섬은 썰물 때 걸어서 건널 수 있다. 산간지대로 발길을 돌려 억새로 유명한 산굼부리를 오르고 용암동굴인 만장굴을 탐험하며 희귀한 비자나무숲을 거닐어본다. 성읍민속마을, 미니어처 세상인 미니미니랜드, 꽃향기에 기절할 것만 같은 허브동산, 옛 추억을 떠올려주는 선녀와 나무꾼 등 개성 넘치는 테마파크와 공원, 박물관들이 동부권 여행을 더욱 풍요롭게 만들어준다.

성산일출봉

성산일출봉은 해발 182m의 휴화산이다. 99개의 바위 봉우리가 커다란 분화구를 빙 둘러싸고 있는 모습이 성(城)을 떠올리게 하여 '성산'이라는 이름이 붙었으며 제주에서 가장 먼저 아침 해를 볼 수 있기 때문에 일출봉이라고 한다. 오랜 옛날에는 섬이었으나 육지와 섬 사이에 모래가 쌓여 바다를 향해 튀어나간 반도 지형이 되었다.

매표소에서 정상 전망대까지는 어른 걸음으로 25분쯤 걸린다. 가파른 계단과 바위길이 많아 노인과 어린이는 특별히 조심해야 한다. 정상에 서면 발 아래로 움푹 파인 분화구가 보이고, 바다 위에 떠 있는 우도가 한눈에 들어온다. 억새와 띠가 우거진 분화구에는 노루, 토끼 등 야생동물이 뛰논다. 매표소 인근의 넓은 목장지대에서 조랑말을 타고 기념사진을 찍을 수도 있다.

주소 : 서귀포시 성산읍 일출로 284-6(성산리 104)
전화 : (064) 783-0959
요금 : 성인 2천 원, 청소년 · 어린이 1천 원

만장굴

만장굴(천연기념물 제98호)은 세계에서 가장 긴 용암 동굴로 전체 길이가 약 13.4km이다. 이 가운데 1km 구간만 관람객에게 개방된다. 250만 년 전 한라산이 폭발할 때 분화구에서 솟은 용암이 바닷가로 흘러내리면서 여러 개의 굴이 생겼는데, 만장굴도 그 중 하나다. 동굴 속의 온도는 사철 11~21℃를 유지해 여름철 더위를 피하기에 그만이다.

천장에 매달린 종유석과 벽에 붙은 용암 날개 등을 구경하며 걷다 보면 1km 지점에서 거대한 돌기둥을 만나는데, 이곳에서 돌아 나와야 한다. 굴을 둘러보는 데는 1시간 정도 걸린다.

주소 : 제주시 구좌읍 만장굴길 182(월정리 산41-5)
전화 : (064) 710-6241
요금 : 성인 2천 원, 청소년·어린이 1천 원

비자림

500~800년생 비자나무 2천570그루가 자라고 있으며, 천연기념물 제374호다. 나무의 높이는 7~14m, 지름은 0.5~1.1m다. 옛날 마을 제사 때 사용한 비자를 한 곳에 버린 것이 사방으로 퍼져 숲이 된 것으로 추정된다. 비자나무의 열매인 비자는 조정의 진상품이었으며, 구충제와 약재로 쓰였고, 제사상에 오르기도 했다. 나무는 재질이 단단하여 고급 가구나 바둑판을 만드는 데 사용되었다.

숲 한가운데에는 800살이 넘은 비자나무 조상목이 있는데, 높이 25m, 둘레가 6m에 이른다. 나도풍란, 콩짜개난, 흑난초, 비자란 등 희귀한 난과식물도 자란다. 숲속 산책로를 걸으며 비자나무의 기운을 흠뻑 받아보자.

주소 : 제주시 구좌읍 비자숲길 62(평대리 3164-1)
전화 : (064) 783-3857
요금 : 성인 1천500원, 청소년·어린이 800원

섭지코지

주소 : 서귀포시 성산읍 섭지코지로(고성리)
전화 : (064) 760-4251
요금 : 무료

서귀포시 성산읍 신양해수욕장에 붙어 있는 해안으로, 좁다란 땅이 바다를 향해 2km에 걸쳐 뻗어 있다. 섭지는 '재주꾼(才士)이 많이 나는 지형'이라는 뜻이고, 코지는 땅이 바다 쪽으로 튀어나간 곳(또는 갑)을 뜻하는 제주 토속어다. 뱃머리를 닮은 바닷가 쪽은 고자웃코지, 해수욕장 가까운 곳은 정지코지다. 붉은 화산재로 이루어진 언덕에는 봉수대가 있다.

물때에 따라 잠겼다 드러났다 하는 기암괴석이 절경을 이루고, 근처에는 삼성혈에서 나온 산신인과 혼례를 한 세 여인이 배를 타고 도착했다는 황노알이 있다. 독특한 자연 풍광 덕분에 TV 드라마 〈올인〉, 〈여명의 눈동자〉, 영화 〈단적비연수〉 등의 촬영지로 이용되었다.

혼인지

서귀포시 성산읍 온평리에 있는 커다란 자연 연못이다. 탐라의 시조인 고·양·부 삼신인(三神人)이 바닷가에 떠밀려온 나무상자 속에서 나온 벽랑국의 세 공주와 각각 혼인식을 치렀다는 전설이 어려 있다. 현무암이 많아 좀체 물이 고이지 않는 제주도에서 보기 힘든 연못이다. 그래서 사람들은 이곳을 신성한 장소로 여겼다. 연못에는 수련이 가득하고 주변에 나무와 꽃이 잘 가꾸어져 있다. 찾는 사람이 거의 없어 혼인을 약속한 연인끼리 소곤대며 거닐기 좋은 장소다.

주소 : 서귀포시 성산읍 혼인지로 39-22(온평리 1693) / 전화 : (064) 782-2274

산굼부리

제주 동부의 대표적인 오름으로 천연기념물 제263호다. 한라산과 같은 시기에 생성되었으며 분화구도 백록담을 닮았다. 하늘에서 내려다보는 산굼부리는 광활한 초지 한가운데에 인공적으로 만들어놓은 원형 운동장 같다. 용암이 거의 분출하지 않고 폭발로 구멍만 깊숙이 팬 분화구는 백록담보다 크고 깊지만 물이 고이지 않는다. 분화구에는 온대림 · 난대림, 상록활엽수림 · 낙엽활엽수림이 함께 자라고 있어 생물학적으로 귀한 연구자료가 되고 있다.

산굼부리 정상까지는 경사가 완만하고 길이 잘 닦여 있어 누구나 쉽게 오를 수 있다. 가을에는 하얀 억새가 산굼부리 전체를 뒤덮어 장관을 이룬다.

주소 : 제주시 조천읍 비자림로 768(교래리 산38)
전화 : (064) 783-9900
요금 : 성인 3천 원, 청소년 · 어린이 1천500원

남원큰엉해안경승지

서귀포시 남원읍 남원리의 바닷가로 금호리조트 앞에 펼쳐져 있다. '큰엉'이란 제주도 토속어로 큰 언덕이라는 뜻이다. 바다를 향해 입을 쩍 벌리고 있는 커다란 바위 덩어리들은 외돌개나 지삿개주상절리 못지않게 기묘한 형상을 자랑한다. 15~20m 높이의 검은색 기암절벽이 성을 쌓은 모양으로 둘러서 있다.

해안 절벽 위에 나무 난간을 두른 1.5km 거리의 산책로가 조성되어 있고 잔디밭과 소나무 그늘 아래 벤치들이 놓여 있어 여유롭게 큰엉의 경치를 감상할 수 있다. 큰엉경승지는 원래 신영영화박물관 소유의 땅이지만 관광객들이 많이 찾아와 공개를 하게 되었다.

주소 : 서귀포시 남원읍 태위로(남원리) 일대

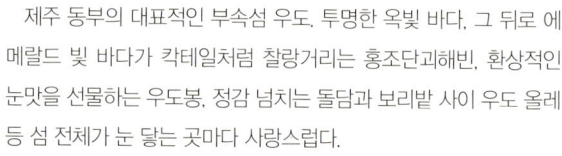

제주 사람들도 그리워하는 섬,
우도

제주 동부의 대표적인 부속섬 우도. 투명한 옥빛 바다, 그 뒤로 에
메랄드 빛 바다가 칵테일처럼 찰랑거리는 홍조단괴해빈, 환상적인
눈맛을 선물하는 우도봉, 정감 넘치는 돌담과 보리밭 사이 우도 올레
등 섬 전체가 눈 닿는 곳마다 사랑스럽다.

　　성산항여객터미널에서 1시간 간격으로 운항하는 우도행(하절기
08:00~18:30, 동절기 08:00~17:00) 배를 타고 천진항 선착장에서 내리면 된
다. 뱃삯은 왕복 5천500원이다. 차는 배편으로 하루에 650대까지
들어갈 수 있는데, 환경 보호를 위해 자동차 출입을 제한하려는 움직
임도 있다. 따라서 차는 제주에 두고 우도 일주 관광버스를 이용하거
나 자전거, 스쿠터를 빌려 돌아보는 것을 추천한다.
　　약 13km의 해안도로를 자전거로 달리면 2~3시간 걸린다. 자전
거 대여료는 1시간 2천 원, 3시간 5천 원, 스쿠터 대여비는 1시간에
1만 원선이다. 우도 순환버스를 타면 한 바퀴 도는 데 30분 걸린다.
버스비는 성인 800원, 어린이 400원. 우도순환관광버스는 관광 포
함 2시간 걸리며 1인당 5천 원이다.

쇠머리오름(우도봉)

해발 133m로 우도의 정상이다. 이곳에 서면 우도의 전경이 한눈에 보이고, 멀리 바다 너머로 한라산, 성산일출봉, 다랑쉬오름 등이 보인다. 정상에는 하얀색 우도등대와 등대공원이 있다. 실내에는 53점의 등대 관련 전시물이 있고, 야외전시장에는 이집트 알렉산드리아의 파로스 등대 등 14개의 등대모형이 서 있다.

검멀레해변

해안의 모래가 검은색을 띠고 있어 검멀레라는 이름이 붙었다. 검은 모래가 건강에 좋다고 알려져 찜질을 하는 사람이 많다. 해안 끝에 우도 8경 중 제7경인 검멀레 동굴이 있다. 보트 선착장이 있어 보트를 빌려 타고 바다로 나가 섬을 감상할 수 있다. 검멀레 스피드 보트, 제트스키 이용료는 1만 원(성인).

우도산호해변

홍조는 홍조식물, 단괴는 퇴적암 속에 특정 성분이 모여 단단해진 덩어리를 의미한다. 이런 홍조식물 덩어리가 해빈(해안의 고체화되지 않은 퇴적물대)을 이룬 곳이 우도산호해변이다. 깨끗하고 맑은 바닷물과 희고 눈부신 해변을 지녀 제주도와 우도를 통틀어 가장 아름다운 해수욕장으로 꼽힌다. 천연기념물 438호로 지정되어 보호를 받고 있으니 훼손해서는 안 된다.

다려도 / 제주시 조천읍 북촌7길(북촌리) 북촌항 앞바다

제주도 북쪽 끝 북촌리 해안에서 400m 거리에 있는 무인도. 물개를 닮아 '달서도'라고도 하며 3~4개의 작은 섬들이 모래톱으로 연결되어 있다. 원앙(천연기념물 제327호)의 집단 도래지로 매년 12~2월에 많게는 수천 마리의 원앙이 찾아든다. 제주시가 선정한 '제주시 숨은 비경 31' 중 하나다. 다려도에 가려면 북촌리 어촌계(064-783-9007)에 문의 후 배편으로 이동한다. 뱃삯은 왕복 1인 2만~3만 원, 2~4인 5만 원

토끼섬 / 제주시 구좌읍 문주란로(하도리) 앞바다

제주시 구좌읍 하도리 앞 50m 지점에 떠 있는 무인도. 우리나라에서 유일한 문주란 자생지. 천연기념물 제19호인 문주란은 6~8월에 하얀 꽃이 핀다. 꽃이 피어 있을 때는 섬 전체가 하얘서 토끼섬이라고 부르게 되었다. 바깥쪽에 있는 작은 섬이라는 뜻으로 '난들여'라고도 한다. 썰물 때는 걸어서 들어갈 수 있다.

신양섭지코지해변 / 서귀포시 성산읍 섭지코지로(신양리)

제주도의 대표적인 명소인 섭지코지에 붙어 있는 해수욕장으로, 모래가 곱고 검은색을 띤다. 바다로 뻗어나간 섭지코지가 큰 파도를 막아 주어 잔잔하고, 경사가 완만해 아이들도 안전하게 물놀이를 즐길 수 있다. 얕은 수심과 둥그런 해안선은 윈드서핑을 즐기기에 적합해 많은 서퍼들이 모여든다. 전국 윈드서핑 선수권대회도 이곳에서 열린다.

함덕서우봉해변 / 제주시 조천읍 신북로(함덕리)

함덕서우봉해변은 물이 맑고 수심이 얕아서 어린이를 동반한 가족에게 어울리는 해수욕장이다. 원래 깊은 바다였으나 오랜 세월 동안 조개껍데기가 잘게 부서진 패사가 쌓여 해수욕장이 되었다. 주차장, 휴게소, 야영장 등이 갖추어져 있어 캠핑을 하기에도 좋다. 제주시에서 동쪽으로 14km 떨어져 있으며, 시내버스가 수시로 다닌다.

김녕성세기해변 / 제주시 구좌읍 해맞이해안로(김녕리)

제주시에서 동쪽으로 23km 정도 떨어져 있는 해수욕장이다. 에메랄드빛 바닷물과 하얀 모래가 열대 해변을 연상시킨다. 해수욕장 주변의 기암절벽과 아기자기한 풍광도 자랑거리. 드라마 〈나쁜 남자〉에서 주인공이 요트 타는 장면이 나오는데, 바로 이곳에서 촬영했다. 야영장을 비롯해 주차장, 화장실, 탈의실, 샤워장 등 편의시설도 잘되어 있다. 해수욕을 하다가 지루해지면 갯바위에서 낚시를 하거나 윈드서핑, 수상스키를 즐길 수 있다.

표선해비치해변 / 서귀포시 표선면 민속해안로(표선리)

표선해비치해변은 반달 모양의 백사장이 시원스럽게 펼쳐져 있는 해수욕장이다. 백사장은 조개껍데기가 풍화되어 쌓인 패사층이어서 희고 부드러우며 신경통에 효과가 있다고 한다. 평균 수심 1m로 물이 깊지 않고 경사가 거의 없어 어린이들이 놀기에 적합하다.

해수욕장 주변에는 시원한 그늘을 드리우는 소나무 숲이 펼쳐져 있고, 잔디가 깔린 넓은 야영장도 마련되어 있다. 주차장, 화장실, 샤워장 등 편의시설도 충분하다. 남쪽 끝에 자리한 아담한 포구에서는 싱싱한 회를 맛볼 수 있고 갯바위 낚시도 가능하다.

하도해수욕장 / 제주시 구좌읍 해맞이해안로(하도리)

제주도에서도 풍광이 아름답기로 소문난 성산~종달~하도~세화를 잇는 해안도로에 접해 있다. 넓은 백사장에 수심이 얕고 물도 깨끗하지만 찾는 사람이 많지 않아서 한적하게 물놀이를 즐길 수 있다. 유명 해수욕장들과 달리 주차료나 입장료를 받지 않아 잠깐 들렀다 가도 부담이 없다. 탈의장, 샤워장이 딸린 깨끗한 화장실도 갖추었다. 문주란 자생지인 토끼섬이 근처에 있다.

북촌돌하르방공원

　제주 출신의 예술가 5명이 제주 곳곳에 흩어져 있는 제주도의 대표 유물인 돌하르방을 살펴 실물 크기로 똑같이 제작한 돌하르방 48개와 다양한 돌하르방 창작품을 전시하고 있는 야외 공원이다. 돌하르방은 조선시대 때 제주목, 대정현, 정의현의 성문 입구에 세워져 있었다. 그래서 공원 안의 돌하르방 재현 공간도 제주목 전시공간, 대정현 전시공간, 정의현 전시공간으로 나누어져 있다. '돌하르방 재해석 전시공간'에는 높이 15m, 팔길이 7m, 가슴둘레 7m에 이르는 '마남'이라는 작품을 비롯해 '포옹', '꽃을 건네는 돌하르방', '돌하르방 음악대', '새와 돌하르방' 등의 창작품이 전시되어 있다. 그밖에 동자석 전시공간, 제주형 정원 등이 있고, 산책로 주변에 원두막 쉼터와 벤치가 있다. 목판·석판·고무판을 이용한 판화 제작, 흙으로 돌하르방 토우 만들기 등의 프로그램은 어린이들에게 큰 인기를 얻고 있다.

주소 : 제주시 조천읍 북촌서1길 70(북촌리 976) / **전화** : (064) 782-0570
홈페이지 : www.dolharbangpark.com
요금 : 성인 7천 원, 청소년 5천 원, 어린이 4천 원
개장시간 : 09:00~18:00(동절기 17:00까지)
대중교통 : 제주시외버스터미널에서 동일주 노선버스나 김녕 방면 읍면순환버스를 탄 후 북촌리 해동 버스정류장에서 하차. 매표소까지 걸어서 15분

제주돌문화공원

　제주돌문화공원은 제주 섬을 창조한 '설문대 할망'과 '오백장군의 돌'의 전설을 주제로 꾸민 박물관이자 생태공원이다. '자연은 최대로, 인공은 최소로'라는 모토로 세 가지 관람 코스를 꾸며놓았는데, 각 코스를 둘러보는 데 1시간쯤 걸린다.

　제1코스는 설문대 할망과 오백장군 전설을 주제로 한 전시공간, 제주의 화산활동, 오름과 동굴 등을 보여주는 형성전시관, 제주 화산암을 구경할 수 있는 돌 갤러리로 구성되어 있다. 제2코스는 선사 시대부터 현대까지 제주 사람들의 삶과 죽음, 신앙, 생활의 자취가 배어 있는 돌문화 전시물을 모아 놓은 공간이다. 제3코스는 제주식 초가를 통해 제주의 역사와 전통을 보여준다. 그밖에 제주 지질체험, 생태탐사, 돌을 이용한 생활문화 체험, 문화예술 공연 등의 프로그램을 운영하고 있다.

주소 : 제주시 조천읍 남조로 2023(교래리 산95)
전화 : (064) 710-7731
홈페이지 : www.jejustonepark.com
요금 : 성인 5천 원, 청소년 3천500원, 어린이 무료
개장시간 : 09:00~18:00 (첫째 주 월요일 휴원)
대중교통 : 제주시외버스터미널에서 서귀포 방면 남조로 노선버스를 탄 후 제주돌문화공원 버스정류장에서 하차

제주허브동산

　꽃동산을 거닐며 아름다운 추억을 만들 수 있는 곳이다. 2만6천 평의 대지에 250여 종의 허브와 야생화가 피고 지는 아름다운 정원과 동산, 체험식 감귤농장, 통나무 펜션 등이 들어서 있다. 꽃길을 거닐다 배가 고프면 향기 먹는 카페에 들러 허브로 향취를 살린 허브 빅버거, 허브 샌드위치, 허브 비빔밥 등을 맛본다. 그밖에 허브로 만든 생활용품을 판매하는 향기 파는 가게, 그림을 전시하고 판매하는 그림상회, 허브에 대한 정보를 제공하고 다양한 체험을 할 수 있는 로즈마리 이야기관 등이 있다. 12월에 찾으면 감귤농장에서 직접 귤을 딸 수 있다.

　허브 동산에 있는 유럽형 펜션에서 하룻밤 묵는 것도 좋다. 2~6인용 4채가 있고, 숙박료는 1박에 13만~18만 원(성수기 주중요금 기준)이다. 펜션 2층 침실에서는 푸른 바다와 일출을 볼 수 있고 뒤쪽으로는 한라산이 펼쳐진다.

주소 : 서귀포시 표선면 돈오름로 170(표선리 2608) / **전화** : (064) 787-7362
홈페이지 : www.herbdongsan.com
요금 : 성인 7천 원, 청소년 5천 원, 어린이 4천 원
개장시간 : 오전 8시부터 일몰
대중교통 : 제주시외버스터미널에서 표선 방면 번영로 노선버스를 탄 후 제주허브동산 버스정류장에서 하차

김녕미로공원

만장굴과 김녕사굴 중간에 있는 관엽식물 미로공원이다. 아담한 규모를 보고 별것 아니라고 생각할 수 있지만 한번 들어가면 출구를 찾지 못해 1시간 넘게 헤매기 일쑤다. 미로의 길이는 총 932m이고, 가장 짧은 코스가 190m이다. 제주에서 30년 넘게 산 미국인 더스틴 교수가 미로 공원의 설계자인 피셔의 디자인을 바탕으로 10년에 걸쳐 완성, 1997년에 일반에 공개했다.

공원에는 영국산 레일란디 1천232그루와 골드레일란디 2그루가 있다. 레일란디나무 울타리는 여러 가지 상징물을 나타내는데, 옛날 제주도 사람들이 믿었던 뱀과 1276년에 원나라가 방목을 시작한 조랑말의 머리를 상징한다. 서쪽 울타리는 17세기 말 제주도에 표류해 온 네덜란드 상인 하멜이 타고 있었던 난파선 스페로호크호를, 동쪽의 크고 판판한 돌은 고인돌을 상징한다.

주소 : 제주시 구좌읍 만장굴길 122
　　　　 (김녕리 산16)
전화 : (064) 782-9266
홈페이지 : www.jejumaze.com
요금 : 성인 3천300원, 청소년 2천200원,
　　　　 어린이 1천100원
개장시간 : 08:30~18:00
　　　　 (7~8월 19:30까지)
대중교통 : 제주시외버스터미널에서 함덕
~김녕 방면 읍면순환버스를 타고 만장굴
입구 버스정류장에서 하차. 매표소까지 걸
어서 10분

일출랜드

10여 개의 넓은 잔디광장에 아이들이 마음껏 뛰어놀고, 아트센터에서 도자기, 자연염색, 칠보공예, 허브 비누, 나만의 티셔츠를 만들 수 있다. 그밖에 추억의 동물원, 민속놀이 체험장, 선인장 하우스, 아열대 식물원, 돌하르방 공원, 도자기 공원 등 볼거리가 풍부하다. 한마디로 어른과 아이들이 즐겁게 놀고 배울 수 있는 곳이다.

일출랜드 중앙에는 천연 용암동굴인 미천굴 입구가 있어 동굴 탐험도 가능하다. 미천굴은 길이 1천695m로 구조가 단조로운 수평동굴이다. 사람들이 들어가는 곳은 굴 중간지점이며, 제주박쥐, 동굴거미류 등이 서식하고 있다.

주소 : 서귀포시 성산읍 중산간동로 4150-30(삼달리 1010)
전화 : (064) 784-2080
홈페이지 : www.ilchulland.com
요금 : 성인 8천 원, 청소년 4천500원, 어린이 3천500원
개장시간 : 08:30~일몰 한 시간 전
대중교통 : 제주시외버스터미널에서 표선 방면 번영로 노선버스를 타고 표선리에서
하차. 성산 방면 읍면순환버스로 갈아탄 후 일출랜드 버스정류장에서 하차

트릭아트뮤지엄

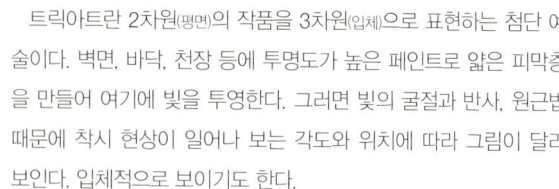

트릭아트란 2차원(평면)의 작품을 3차원(입체)으로 표현하는 첨단 예술이다. 벽면, 바닥, 천장 등에 투명도가 높은 페인트로 얇은 피막층을 만들어 여기에 빛을 투영한다. 그러면 빛의 굴절과 반사, 원근법 때문에 착시 현상이 일어나 보는 각도와 위치에 따라 그림이 달라 보인다. 입체적으로 보이기도 한다.

트릭아트뮤지엄에서는 클림트, 고흐, 드가, 브뢰겔 등의 작품을 패러디한 테마관을 중심으로 사파리, 공룡, 수중생물, 고대 이집트 유적 등 다양한 작품을 감상할 수 있다. 관람객이 그림 속 주인공이 될 수도 있다. 마음껏 만지고 사진을 찍을 수 있는 것이 장점. 트릭아트뮤지엄을 둘러보는 데는 1시간 30분~2시간이 걸린다. 어린이들의 호기심을 이끌어내기 좋은 공간이다. 사파리 풍경과 동물들로 꾸며 놓은 야외 전시물도 볼만하다.

주소 : 서귀포시 표선면 번영로 2644(성읍리 2381)
전화 : (064) 787-8774
홈페이지 : www.trickart.co.kr
요금 : 성인 8천 원, 청소년 7천 원, 어린이 6천 원
개장시간 : 09:00~19:00
대중교통 : 제주시외버스터미널에서 표선 방면 번영로 노선버스를 타고 트릭아트뮤지엄 버스정류장에서 하차

신영영화박물관

영화배우 신영균이 세운 우리나라 최초의 영화박물관으로, 경치 좋은 바닷가에 자리해 많은 사람들이 찾아온다. 영화와 관련된 자료와 유물을 보여주는 데 그치지 않고 관람객이 영화 속의 주인공이 되어볼 수도 있다.

1층에 자리한 전시관에는 우리나라 영화 발전에 공을 세운 배우들을 기리는 '명예의 전당'을 비롯해 영화 촬영도구 및 소품, 각종 영화 자료와 촬영장비, 19세기 동영상 장비 등 귀한 자료가 가득하다. 키스신 명장면 코너에서는 영화 속의 키스신을 따라하고, 즉석에서 사진을 받아볼 수 있어 연인들에게 인기가 높다. 매직 미러실에서는 영화배우의 몸에 자신의 얼굴을 합성해 보여준다.

한편 해안선을 따라 뻗어 있는 2km의 산책로에는 〈조스〉, 〈포레스트 검프〉 등에 출연한 유명배우 10여 명의 모형이 서 있다. 영화를 좋아하는 사람이라면 꼭 들러야할 필수 코스다.

주소: 서귀포시 남원읍 태위로 536
　　　(남원리 2380)
전화: (064) 764-7777
홈페이지: www.jejuscm.co.kr
요금: 성인 6천 원, 청소년 4천 원,
　　　어린이 3천 원
개장시간: 09:00~18:00
　　　(7~8월은 8:30~19:00)
대중교통: 제주시외버스터미널에서 서귀포 방면 남조로나 동일주 노선버스를 탄 후 남원 동부보건소에서 하차. 매표소까지 걸어서 5분

제주아트랜드

국내 최대 규모를 자랑하는 종합문화예술타운으로 2009년에 문을 열었다. 최고(best), 최대(biggest), 최상의 아름다움(beauty)을 뜻하는 3B를 목표로 삼아 다양한 시설과 볼거리를 마련해 놓았다. 국내외 유명화가 500여 명의 대형작품을 전시하는 우산미술관, 1000년 된 주목과 700살 향나무 등 세계 최고 및 최대의 분재를 전시하는 분재 공원, 초대형 명품 분재를 전시하는 분재관, 제주 고유종의 나무로 꾸민 수목원, 유명 조각가들의 누드 조각을 감상할 수 있는 조각 공원, 희귀종인 반달곰을 볼 수 있는 반달곰 공원 등이 있다. 그 밖에 동물공원, 연꽃공원, 민물고기 체험장, 폭포도 있다. 제주에서 비교적 최근에 생긴 관광지로, 여유롭게 산책하기에도 좋은 장소로 꼽힌다.

주소 : 제주시 구좌읍 번영로 2172-80(송당리 2764-1) / **전화** : (064) 783-6700
홈페이지 : www.jejuartland.co.kr
요금 : 성인 9천 원, 청소년 8천 원, 어린이 7천 원
개장시간 : 09:00~19:00(12~2월 18:00까지)
대중교통 : 제주시외버스터미널에서 표선 방면 번영로 노선버스를 탄 후 제주민속식품입구 버스정류장에서 하차. 매표소까지 걸어서 5분

선녀와나무꾼

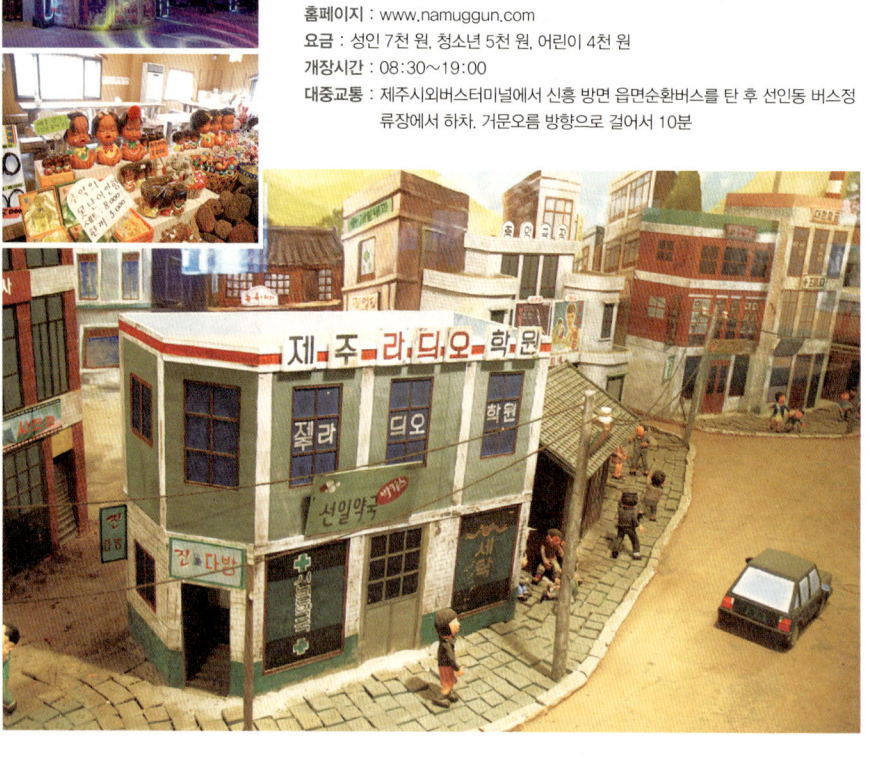

1950~80년대 우리의 생활모습을 되새겨볼 수 있는 추억의 박물관으로 특히 중·장년층에게 인기를 끌고 있다. 서울역 모형과 재현해 놓은 옛 장터거리, 옛날식 극장에서 당시 유행했던 영화를 무료로 관람할 수 있는 추억의 영화 마을, 가난한 산동네 모습을 재현한 달동네 마을, 도심의 상가 거리, 추억의 고고장, 추억의 학교, 닥종이 인형관, 농사지을 때 썼던 농기구와 생활용품을 전시한 농업박물관, 민속박물관, 자수박물관, 추억놀이 체험관 등 볼거리가 끝없이 이어지고 추억으로 빠져들게 하는 자료들을 꼼꼼히 모아 놓아 매 전시관마다 감탄사가 절로 나온다. 관람료가 싸다는 생각이 들 만큼 알찬 박물관이다. 야외에는 선사시대 체험관, 연꽃 농원과 야생화 마을, 작은 동물원, 민속놀이마당 등이 있다. 향토 음식점에서 파전, 막걸리 등 고유 음식을 맛볼 수도 있다.

주소 : 제주시 조천읍 선교로 267(선흘리 1997) / **전화** : (064) 784-9001
홈페이지 : www.namuggun.com
요금 : 성인 7천 원, 청소년 5천 원, 어린이 4천 원
개장시간 : 08:30~19:00
대중교통 : 제주시외버스터미널에서 신흥 방면 읍면순환버스를 탄 후 선인동 버스정류장에서 하차. 거문오름 방향으로 걸어서 10분

휴애리자연생활공원

돼지들이 미끄럼틀을 탄다고? 믿기지 않는다면 휴애리 자연생활공원으로 가보자. 흑돼지들이 지그재그로 놓인 장독대를 통과한 후 미끄럼틀에 올라가 멋지게 물살을 헤치며 내려온다. 일명 '흑돼지쇼'다.

사실 흑돼지쇼는 이곳의 메인 테마가 아니다. 가장 제주다운 모습을 보여주자는 것이 휴애리의 목표. 휴애리자연생활공원에는 맨발로 걷는 화산송이 산책로, 감귤체험농장, 동물 농장 등 가족이 함께 둘러보기 좋은 다양한 공간이 마련되어 있다.

주소 : 서귀포시 남원읍 신례동로 256(신례리 2081)
전화 : (064) 732-2114
홈페이지 : www.hueree.com
요금 : 성인 9천 원, 청소년 7천 원, 어린이 6천 원
개장시간 : 09:00~17:00(하절기 17:30, 동절기 16:30까지)
대중교통 : 제주시외버스터미널에서 중문고속화 버스나 5·16도로 노선버스를 타고 서귀포시외버스터미널에서 하차. 터미널 앞 택시정류장에서 택시로 이동

제주미니미니랜드

제주미니미니랜드는 유럽, 아시아, 아프리카, 오세아니아, 아메리카 등 6대주 50여 나라에 있는 유명 건축물과 문화유산, 불가사한 건축물의 축소모형 120점을 한자리에서 구경할 수 있는 미니어처 왕국이다.

세계문화유산의 나라, 환상의 나라, 동화의 나라, 참여의 나라, 세계 위인의 나라, 세계의 조각상, 매직거울 체험관 올레 등으로 구성되어 있다. 세계 역사, 문화에 관심 있는 사람들과 어린이를 동반한 가족에게 추천한다.

주소 : 제주시 조천읍 비자림로 606(교래리 산56-4)
전화 : (064) 782-7720
홈페이지 : www.miniminiland.co.kr
요금 : 성인 9천 원, 청소년 7천 원, 어린이 5천 원
개장시간 : 08:30~18:00(12~3월은 17:30까지, 7~8월은 19:30까지)
대중교통 : 제주시외버스터미널에서 서귀포 방면 남조로 노선버스를 탄 후 교래사거리 버스정류장에서 하차

김영갑갤러리 '두모악'

2005년 48세로 세상을 뜬 사진작가 김영갑의 작품을 감상할 수 있는 사진 박물관이다. 1985년에 제주도에 자리를 잡은 김영갑은 계절과 밤낮을 가리지 않고 제주 전역을 샅샅이 뒤지면서 독특한 풍광을 필름에 담았다. 멋진 장면을 잡기 위해 같은 장소에서 하루 종일 기다리거나 가파른 절벽이나 나무에 매달리기도 했다고. 2001년 사지의 근육이 위축되어 죽음에 이르는 근위축증(루게릭병) 진단을 받은 김영갑은 이듬해 성산읍 삼달리의 폐교를 빌려 김영갑갤러리 두모악을 열었다. 두모악은 한라산의 옛 이름이다. 지금도 그의 영혼이 느껴지는 아름다운 사진을 보기 위해 많은 사람이 찾아온다.

주소 : 서귀포시 성산읍 삼달로 137(삼달리 437-5) / **전화** : (064) 784-9907
홈페이지 : www.dumoak.com
요금 : 성인 3천 원, 청소년 2천 원, 어린이 1천 원
개장시간 : 09:30~18:00(7~8월은 19:00까지, 11~2월은 17:00까지) 매주 수요일 휴관
대중교통 : 제주시외버스터미널에서 표선 방면 동일주 노선버스를 탄 후 삼달2리 버스정류장에서 하차. 삼달초교 방향으로 걸어서 15분

성읍민속마을

남제주군 표선면에 있는 옛 마을로 중요민속자료 제188호다. 이 마을은 세종 5년(1423년)부터 1941년까지 500여 년 동안 제주의 현청 소재지였기 때문에 전형적인 읍성의 형태를 띠고 있다. 한국의 읍성에 많은 '우'자 모양을 골격으로 남북 자오축 머리에 동헌을 세우고, 가운데는 객사, 남쪽에는 남대문을 세웠다. 마을 한복판에는 천년수로 알려진 아름드리 느티나무가 서 있다.

제주도 특유의 민가에는 지금도 주민들이 살고 있으며 향교 · 일관헌(동헌) · 돌하르방 · 성지 · 연자마 · 옛 관서지 등이 있다. 제주도 중산간지대 특유의 민요 · 민속놀이 · 향토음식 · 민속공예 · 방언도 풍부하게 남아 있다. 전통 체험장에서 갈옷 등을 만들고 민박집에서 하룻밤 묵을 수도 있다.

주소 : 서귀포시 표선면 성읍정의현로 104(성읍리 1620)
전화 : (064) 787-1179
홈페이지 : www.seongeup.net
요금 : 무료
대중교통 : 제주시외버스터미널에서 표선 방면 번영로 노선버스를 타고 성읍민속마을 버스정류장에서 하차

도깨비공원

동화 속에 나오는 도깨비를 만나볼 수 있는 이색적인 공간으로 2005년에 개장했다. 제주대학교 산업디자인학부 교수와 강사, 연구조교, 학생들이 참여하여 민속적이고 해학적인 도깨비를 소재로 2천 300여 점의 조형물을 제작, 전시하고 있다.

도깨비공원의 건물들은 깨비아트관, 깨뽀영상관, 이뽀디자인체험관, 캐릭터숍, 성도깨비화장실, 깨비마트, 징가·타워, 깨슈타인타워, 원만부타워 등 재미있는 이름을 달고 있다. 무섭고 조금 엉성한 전통적인 도깨비의 특징을 약화시킨 대신 디자인과 동화적인 요소를 강조하여 흥미로운 도깨비의 세계를 창조해냈다.

도깨비공원은 현재 동물원과 놀이공원, 3D영상관, 트릭요술아트, 허브동산, 갤러리를 포함한 어린이체험놀이동산으로 확대 개장했다.

주소 : 제주시 조천읍 번영로 1488(선흘리 4089-1) / **전화** : (064) 783-3013
홈페이지 : www.dokkebipark.com
요금 : 성인 7천 원, 청소년 6천 원, 어린이 5천 원
개장시간 : 09:00~19:00(동절기 18:00까지)
대중교통 : 제주시외버스터미널에서 표선 방면 번영로 노선버스를 타고 도깨비공원 버스정류장에서 하차

비엘바이크파크

　입구부터 오토바이의 부품을 재활용해 만든 트랜스포머 로봇들이 눈길을 끄는 이곳은 커스텀 차퍼(chopper)를 만드는 비엘차퍼스에서 운영하는 박물관이다. 커스텀 차퍼는 댐퍼(앞바퀴와 손잡이를 연결하는 충격 흡수장치)를 길게 만들고 외관을 화려하게 꾸민 주문식 수제 오토바이를 말한다. 비엘차퍼스는 웬만한 바이크 마니아라면 한번쯤 갖고 싶고 타보고 싶어 하는 수제 바이크 업체로 유명하며, 영화배우 최민수도 비엘차퍼스의 커스텀 바이크를 탄다.

　비엘바이크파크는 자사의 커스텀 차퍼 외에도 희귀한 클래식 자전거와 오토바이를 전시하고 있다. 자전거의 할리데이비슨이라 불리는 비치크루저를 비롯해 프랑스에서 만든 초경량 오토바이인 모빌렛, 독일제 오토바이 사체스도 눈길을 끈다.

주소 : 서귀포시 표선면 세성로 474(세화리 847) / **전화 :** (064) 787-7667
홈페이지 : www.bikemuseum.co.kr
요금 : 성인 9천 원, 청소년 7천 원, 어린이 6천 원 / **개장시간 :** 09:00~18:00
대중교통 : 제주시외버스터미널에서 표선 방면 번영로 노선버스를 탄 후 표선리에서 하차. 가시리 방면 읍면순환버스로 갈아타고 역지동 버스정류장에서 하차. 박물관 입구까지 걷거나(20분) 택시 이용

골프장

상호	더클래식	부영 컨트리클럽	사이프러스 골프클럽

주소	서귀포시 남원읍 남조로 1105(수망리 산191)	서귀포시 남원읍 남조로 960(수망리 628-11)	서귀포시 표선면 번영로 2300(성읍리 3129)
전화	(064)766-7100	(064) 766-5500	(064) 787-8888
홈페이지	www.theclassicresort.com	www.booyoungcc.co.kr	www.cypress.co.kr
이용요금	그린피 주중 10만8천 원/주말 14만1천 원, 캐디피 10만 원, 카트비 8만 원	그린피 주중 10만2천 원/주말 13만6천 원, 캐디피 9만 원, 카트비 6만 원	그린피 주중 10만8천 원/ 주말 14만 원, 캐디피 10만 원, 카트비 8만 원
잔디품종	크리핑벤트 / 코스 18홀	켄터키블루 / 코스 27홀	켄터키블루 / 코스 36홀

상호	세인트포	에코랜드 컨트리클럽	제주 컨트리클럽

주소	제주시 구좌읍 선우로 445-55(김녕리 5160-2)	제주시 조천읍 번영로 1278-169(대흘리 1221-1)	제주시 516로 2695(영평동 2238-2)
전화	(064) 786-3838~40	(064) 802-8000	(064) 702-0055
홈페이지	www.stfour.com	www.ecolandjeju.co.kr	www.chejucc.co.kr
이용요금	그린피 주중 10만9천 원/주말 14만2천 원, 캐디피 10만 원, 카트비 8만 원	그린피 주중 10만3천 원/주말 13만7천 원, 캐디피 10만 원, 카트비(2인승) 3만 원	그린피 주중 10만1천 원/주말 13만8천 원, 캐디피 8만 원, 카트비 8만 원
잔디품종	크리핑벤트 / 코스 36홀	한국 들잔디 / 코스 18홀	크리핑벤트 / 코스 18홀

상호	제피로스 골프클럽	크라운 컨트리클럽	해비치 컨트리클럽

주소	제주시 조천읍 번영로 1040-70(와흘리 2927-4)	제주시 조천읍 북선로 125(북촌리 산65)	서귀포시 남원읍 원님로399번길 319(신흥리 산30)
전화	(064) 720-7000	(064) 784-4811	(064) 780-8000
홈페이지	www.zephyrosgc.co.kr	www.jejucrownc.co.kr	golf.haevichi.com/kor
이용요금	그린피 주중 10만3천 원/주말 13만8천 원, 캐디피 10만 원, 카트비 8만 원	그린피 주중 9만8천 원/주말 13만4천 원, 캐디피 9만 원, 카트비 6만 원	그린피 주중 10만2천 원/주말 13만6천 원, 캐디피 10만 원, 카트비 8만 원
잔디품종	크리핑벤트 / 코스 18홀	크리핑벤트 / 코스 18홀	켄터키블루 / 코스 27홀

제주도 동부권
체험+관광 여행 추천 일정표

<table>
<tr><th colspan="2">2박3일</th><th>시간</th><th>일정</th><th>비고</th></tr>
<tr><td rowspan="3">첫날</td><td></td><td>12:00</td><td>점심식사</td><td></td></tr>
<tr><td></td><td>13:30</td><td>용눈이오름</td><td></td></tr>
<tr><td></td><td>16:00</td><td>우도 잠수함</td><td>잠수함 체험</td></tr>
<tr><td rowspan="5">둘째 날</td><td></td><td>9:30</td><td>김녕요트</td><td>요트 체험</td></tr>
<tr><td></td><td>12:00</td><td>점심식사</td><td></td></tr>
<tr><td></td><td>13:00</td><td>만장굴</td><td>동굴 관람</td></tr>
<tr><td></td><td>14:30</td><td>비자림</td><td>또는 노루생태관찰원</td></tr>
<tr><td></td><td>16:00</td><td>트릭아트뮤지엄</td><td></td></tr>
<tr><td rowspan="4">셋째 날</td><td></td><td>10:00</td><td>신양섭지코지해변</td><td>윈드서핑 체험</td></tr>
<tr><td></td><td>13:00</td><td>점심식사</td><td></td></tr>
<tr><td></td><td>15:00</td><td>성산일출봉</td><td></td></tr>
<tr><td></td><td>17:00</td><td>면세점 쇼핑</td><td></td></tr>
</table>

<table>
<tr><th colspan="2">3박4일</th><th>시간</th><th>일정</th><th>비고</th></tr>
<tr><td rowspan="3">첫날</td><td></td><td>12:00</td><td>점심식사</td><td></td></tr>
<tr><td></td><td>13:30</td><td>용눈이오름</td><td></td></tr>
<tr><td></td><td>16:00</td><td>우도 잠수함</td><td>잠수함 체험</td></tr>
<tr><td rowspan="5">둘째 날</td><td></td><td>9:30</td><td>김녕요트</td><td>요트 체험</td></tr>
<tr><td></td><td>12:00</td><td>점심식사</td><td></td></tr>
<tr><td></td><td>13:00</td><td>만장굴</td><td>동굴 관람</td></tr>
<tr><td></td><td>14:30</td><td>비자림</td><td>또는 노루생태관찰원</td></tr>
<tr><td></td><td>16:00</td><td>제주아트랜드</td><td></td></tr>
<tr><td rowspan="4">셋째 날</td><td></td><td>10:00</td><td>신양섭지코지해변</td><td>윈드서핑 체험</td></tr>
<tr><td></td><td>13:00</td><td>점심식사</td><td></td></tr>
<tr><td></td><td>15:00</td><td>김녕미로공원</td><td>또는 도깨비공원</td></tr>
<tr><td></td><td>17:00</td><td>성산일출봉</td><td></td></tr>
<tr><td rowspan="2">넷째 날</td><td></td><td>9:00</td><td>산굼부리</td><td>연풍연가 촬영지</td></tr>
<tr><td></td><td>12:00</td><td>점심식사, 면세점 쇼핑</td><td></td></tr>
</table>

4박5일	시간	일정	비고
첫날	12:00	점심식사	
	13:30	용눈이오름	
	16:00	우도 잠수함	잠수함 체험
둘째 날	9:30	김녕요트	요트 체험
	12:00	점심식사	
	13:00	만장굴	동굴 관람
	14:30	비자림	또는 노루생태관찰원
	16:00	트릭아트뮤지엄	또는 제주아트랜드
셋째 날	10:00	신양섭지코지해변	윈드서핑 체험
	13:00	점심식사	
	15:00	김녕미로공원	또는 도깨비공원
	17:00	성산일출봉	
넷째 날	9:00	우도	우도 여행 또는 우도 올레 걷기 성산항→천진항
다섯째 날	10:00	성읍민속마을	
	12:00	점심식사, 면세점 쇼핑	

숙박 정보

호텔 & 리조트

메이플하우스

샤인빌리조트

해비치호텔

휘닉스아일랜드

	상호	주소	연락처
호텔	메이더호텔	제주시 구좌읍 일주동로 1626(동복리 1652-2)	(064) 766-8888
	선샤인호텔	제주시 조천읍 신북로 481-9(함덕리 1040)	(064) 780-4100
	오션그랜드호텔	제주시 조천읍 조함해안로 490(함덕리 1252-55)	(064) 783-0007
리조트	금호제주리조트	서귀포시 남원읍 남원리 2384-1	(064) 766-8000
	대명리조트제주	제주시 조천읍 신북로 577(함덕리 274)	(064) 1588-4888
	메이플하우스	제주시 조천읍 곱은달서길 165(대흘리 1728-2)	(064) 784-7823
	보라보라리조트	제주시 구좌읍 해맞이해안로 1651(하도리 1810)	(064) 783-2232
	보라카이인제주	제주시 구좌읍 해맞이해안로 2478(종달리 722)	(064) 782-5117
	샤인빌럭셔리리조트	서귀포시 표선면 일주동로 6347-17(토산리 17)	(064) 780-7000
	아름다운리조트	서귀포시 성산읍 해맞이해안로 2644(시흥리 5)	(064) 782-1300
	에코랜드리조트	제주시 조천읍 번영로 1278-169(대흘리 1221-1)	(064) 802-8000
	우도리조트	제주시 우도면 전흘길 40(연평리 781-6)	(064) 784-8532
	제주마린리조트	서귀포시 성산읍 성산등용로 112-7(성산리 347-9)	(064) 784-6161
	제주태흥리조트	서귀포시 남원읍 태위로 988-6(태흥리 372-2)	(064) 764-8118
	조이빌리조트	제주시 조천읍 와산남길 37(와산리 1398-6)	(064) 784-7866
	팜비치리조트	제주시 조천읍 조함해안로 329-1(신흥리 1)	(064) 784-5570
	해비치리조트	서귀포시 표선면 민속해안로 537(표선리 40-69)	(064) 780-8000
	휘닉스아일랜드	서귀포시 성산읍 섭지코지로 107(고성리 127-2)	(064) 731-7000
	힐링리조트	제주시 조천읍 북촌북길 17-1(북촌리 1199)	(064) 784-9778

펜션

너랑나랑하우스
돔그라미펜션
해와달펜션
로즈비치
제니빌펜션

상호	주소	연락처
가원비치	서귀포시 표선면 표선백사로 127(표선리 879)	(064) 787-0063
너랑나랑하우스	제주시 구좌읍 송당4길 7(송당리 1469-6)	(064) 783-5089
돔그라미펜션	서귀포시 표선면 가시로 137(표선리 2755-4)	(064) 787-9000
드림캐슬	서귀포시 남원읍 남태해안로 364(태흥리 1082)	(064) 764-0871
로즈비치	제주시 조천읍 조함해안로 162(신흥리 874)	(064) 782-1667
루마인	제주시 구좌읍 해맞이해안로 2498(종달리 624)	(064) 782-5239
보물섬펜션	서귀포시 성산읍 한도로242번길 10-11(성산리 252-1)	(064) 784-0039
산과바다사이	제주시 조천읍 대흘6길 64(대흘리 1131)	(064) 782-6002
서퍼빌펜션	서귀포시 성산읍 온평상하로 85(온평리 981)	(064) 784-6916
씨에코비치	제주시 조천읍 신흥관전길 89-5(신흥리 639-2)	(064) 782-4888
우도올레펜션	제주시 우도면 전흘길 40(연평리 781-5)	(064) 784-5333
제니빌펜션	서귀포시 남원읍 태위로 604-15(남원리 1373)	(063) 764-6777
제주티롤	서귀포시 표선면 민속해안로 22(세화리 199-1)	(064) 787-7804
테우펜션	서귀포시 남원읍 태위로 551-3(남원리 2355-2)	(064) 764-1855
푸른제주	서귀포시 성산읍 한도로 256(성산리 260-2)	(064) 783-4830
하얀성펜션	제주시 우도면 우도해안길 254(연평리 2512-1)	(064) 784-4487
해뜨는성	서귀포시 성산읍 한도로 269(성산리 298-21)	(064) 784-3380
해와달	서귀포시 성산읍 난산온평로 12-129(온평리 2586-8)	(064) 784-1442
해피휴펜션	제주시 구좌읍 해맞이해안로 2200-4(종달리 451)	(064) 784-8020

펜션

게스트 하우스 & 민박

리본

까사보니따

안녕프로젝트

미쓰홍당무

스마일

	상호	주소	연락처
게스트 하우스	까사보니따 게스트하우스	제주시 조천읍 대흘9길 12-1(대흘리 1075-25)	010-9699-1478
	도로시 게스트하우스	서귀포시 성산읍 시흥상동로68번길 26-1(시흥리 1011-1)	(064) 782-7977
	미쓰홍당무 게스트하우스	제주시 구좌읍 평대4길 20-1(평대리 1753-1)	070-7715-7035
	락 게스트하우스	서귀포시 성산읍 한도로242번길 8(성산리 264)	070-4402-2238
	리본 게스트하우스	서귀포시 표선면 번영로 3100(하천리 2004-1)	010-7349-2525
	성산 게스트하우스	서귀포시 성산읍 성산중앙로 56-1(성산리 224-2)	(064) 784-5777
	소낭 게스트하우스	제주시 구좌읍 월정1길 1(월정리 891-7)	(064) 782-7676
	스마일 게스트하우스	제주시 구좌읍 김녕로 85(김녕리 3610)	010-2722-6923
	시드 게스트하우스	서귀포시 성산읍 한도로 80(오조리 338-1)	(064) 784-7842
	안녕프로젝트 게스트하우스	제주시 구좌읍 동복로2길 12(동복리 1418-2)	010-2558-1418
	오름 게스트하우스	제주시 구좌읍 충렬로 147-19(세화리 1758-41)	070-8900-2701
	이모와삼촌네 게스트하우스	제주시 구좌읍 김녕로19길 44(김녕리 1421-1)	010-9081-4181
	제주숲 게스트하우스	서귀포시 남원읍 남조로 573-16(수망리 335-3)	070-4147-1793
	제주JJ 게스트하우스	서귀포시 표선면 일주동로5645번길 33(하천리 33-1)	(064) 787-6003
민박	달나비민박	제주시 구좌읍 월정1길 54-17(월정리 586)	010-9470-0915
	옥빛바다민박	제주시 구좌읍 김녕로17길 28-1(김녕리 1262)	(064) 782-3336
	예촌민박	서귀포시 남원읍 중산간동로 7126(신례리 828-8)	070-4400-3497
	초롱민박	서귀포시 성산읍 한도로242번길 10-19(성산리 254-2)	(064) 782-4589
	해룡민박	서귀포시 성산읍 성산중앙로 70-2(성산리 285-1)	(064) 782-8228

괸당네식당

주소	제주시 성읍정의현로22번길 18-8(성읍리 987-1)
전화	(064) 787-1055
주메뉴	2인 상차림 3만5천 원, 3인 상차림 5만 원
영업시간	08:00~19:00

시흥해녀의 집

주소	서귀포시 성산읍 시흥하동로 114(시흥리 12-64)
전화	(064) 782-9230
주메뉴	전복죽 1만 원, 조개죽 7천 원
영업시간	07:00~21:00

등경돌식당

주소	서귀포시 성산읍 일출로 279 (성산리 187)
전화	(064) 782-0707
주메뉴	갈치조림(소) 3만5천 원, 전복 뚝배기 1만5천 원
영업시간	09:00~22:00

상호 공천포식당

주소	서귀포시 남원읍 공천포로 89 (신례리 27-5)
전화	(064) 767-2425
주메뉴	한치물회 6천 원 소라물회 8천 원
영업시간	11:00~19:00

소섬반점

주소	제주시 우도면 우도로 168 (소광리 1458-8)
전화	(064) 782-5683
주메뉴	해물자장 6천 원 해물짬뽕 8천 원
영업시간	11:00~19:00

성미가든

주소	제주시 조천읍 교래1길 2 (교래리 533)
전화	(064) 783-7092
주메뉴	토종닭백숙샤브샤브 5만5천 원
영업시간	11:00~20:00

상호 선흘방주할머니식당

주소	제주시 조천읍 와선로 254 (선흘리 2040-1)
전화	(064) 783-1253
주메뉴	도토리묵밥 7천 원 단호박칼국수(소) 1만4천 원
영업시간	10:00~20:00

가시식당

주소	서귀포시 표선면 중산간동로 5219(가시리 1898-1)
전화	(064) 787-1035
주메뉴	수육 1만5천 원, 몸국 6천 원 돼지두루치기 6천 원
영업시간	08:00~20:00

나목도식당

주소	서귀포시 표선면 가시로613번 길 60(가시리 1877-6)
전화	(064) 787-1202
주메뉴	삼겹살 8천 원(1인분) 순대백반 5천 원
영업시간	08:00~20:00

Section 5

정보여행

인사이드 제주

여행 전에 알아두면 좋은
제주에 관한 상식과 정보

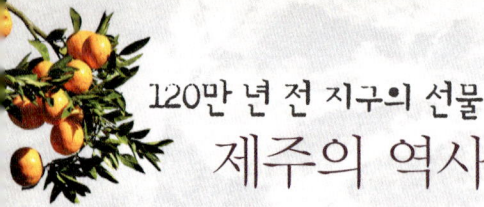

120만 년 전 지구의 선물
제주의 역사

지질학자들에 따르면 해저화산활동으로 제주가 생성되기 시작한 건 약 120만 년 전이다. 그 뒤 크고 작은 화산활동과 침식, 풍화를 겪으며 지금의 제주도가 되었다. 제주는 도이 또는 동영주, 섭라, 탐모라, 탁라 등 여러 가지 이름으로 불렸다.

'제주도' 하면 관광지와 밀감 이미지를 떠올리는 사람이 대부분이지만 제주도가 우리나라를 대표하는 관광지로 이름을 알리기 시작한 건 소득수준이 높아지고 관광 수요가 조금씩 늘기 시작하던 1980년대부터다. 즉, '제주=관광'이란 등식이 성립된 지 불과 30년 정도밖에 지나지 않았다는 말이다. 지금은 우리나라를 대표하는 천혜의 관광지로 각광받고 있지만 지난 30년을 제외한 제주의 역사는 생각만큼 평화롭지도 찬란하지도 않았다.

탐라국에서 제주도로

제주를 대표하는 밀감 또한 1960년대 재배 붐이 일기 전까지는 아무나 흔히 접할 수 있는 과일이 아니었으니, 우리가 알고 있는 관광과 밀감의 제주 이미지는 비교적 근래에 만들어진 것이다. 그렇다면 제주는 과거 어떤 섬이었을까.

제주는 고려 중엽까지만 해도 수백 년 동안 주변국과 교류하던 별개의 나라로 인식되었는데, 많은 역사서와 지리서에 기록된 '탐라국'이라는 지명이 그 같은 사실을 뒷받침한다. 고대국가들과 마찬가지로 탐라국에도 역사의 처음을 나타내는 그들만의 개국설화가 존재한다.

전해져 내려오는 역사서 중 제주에 관한 기록이 발견되는 가장 오래된 책인 〈영주지〉와 조선시대 편찬된 역사서 〈고려사〉 중 한 권인 〈지리지〉에는 제주의 개벽설화 이야기가 남아있다.

아주 먼 옛날 한라산 북쪽에 있는 삼성혈에서 '고을나'와 '양을나', '부을나'라는 세 명의 신이 솟아나와 사냥을 하며 살았다. 그러던 어느 날 나무배에 오곡의 씨앗과 송아지, 망아지를 싣고 온 벽랑국의 세 공주와 혼인해 섬 곳곳에 자손을 퍼뜨렸는데 이들이 바로 제주를 대표하는 3개의 성씨인 고 씨와 양 씨, 부 씨의 선조다. 세 공주의 출신지로 기록된 벽랑국은 그동안 신화 속의 나라로 인식되어 왔는데, 근래 일부 역사·지리학자들에 의해 대동여지

도와 동국여지승람에 나오는 벽랑도(현재 전남 완도군에 속한 소랑도)일 것이라는 주장이 새롭게 제기되어 관심을 모으고 있다.

세월이 흘러 고을나의 15대 자손인 고후와 고청, 고계 삼형제가 신라의 벼슬에 오르면서 국호를 받아 탐라국을 연다. 498년부터 백제와 교류를 시작하지만 서기 662년에는 신라, 938년에는 고려의 속국이 된다. 1105년 국호를 없애고 고려의 행정구역으로 편입되어 탐라군과 탐라현으로 불리다가 1211년 제주로 이름이 바뀐다. 이후 고려 말 몽고의 침입으로 1273년 원나라에 편입되었다가 우여곡절 끝에 공민왕 16년인 1367년에야 비로소 완전한 고려의 영토로 복권되고 조선시대와 구한말을 맞이한다. 일제강점기인 1919년에는 조천독립만세운동을 시작으로 항일운동이 거세게 일어나기도 했다.

제주는 행정구역상 전라남도 제주군으로 편입되었다가 1946년 도제(道制) 실시로 전남 관할에서 벗어났고 1955년 제주읍에서 시로 승격했다. 이후 서귀와 대정, 한림, 애월, 구좌, 성산, 남원 등이 면에서 읍으로 변경됐고 1981년 서귀읍과 중문면을 합해 서귀포시가 되었다. 2006년 7월 특별자치도로 승격하면서 북제주군이 제주시로 통합되고 남제주군이 서귀포시로 통합되어 현재의 2행정시 7읍 5면 체제를 갖추게 되었다.

1. 항일기념관 입구 2. 항일기념관에 있는 '평화의 기둥'
3. 제주4·3평화기념관

제주4·3사건

'1947년 3월 1일을 기점으로 하여 1948년 4월 3일 발생한 소요사태 및 1954년 9월 21일까지 제주도에서 발생한 무력충돌과 진압과정에서 주민들이 희생당한 사건을 말함('4·3특별법' 제2조).'

'1947년 3월 1일 경찰의 발포사건을 기점으로 하여, 경찰서·청의 탄압에 대한 저항과 단선 단정 반대를 기치로 1948년 4월 3일 남로당 제주도당 무장대가 무장봉기한 이래 1954년 9월 21일 한라산 금족지역이 전면 개방될 때까지 제주도에서 발생한 무장대와 토벌대간의 무력충돌과 토벌대의 진압과정에서 수많은 주민들이 희생당한 사건을 말함(《제주4·3사건진상조사보고서》, 536쪽).'

한국에서 가장 아름다운 섬 제주도는 냉전시대의 최대 희생지이기도 했다. 미군정기에 제주도에서 발생한 제주4·3사건은 한국현대사에서 한국전쟁 다음으로 인명피해가 컸던 비극적인 사건이었다. 이 사건으로 6년 동안 약 2만5천~3만 명에 이르는 주민들이 목숨을 잃었다.

그럼에도 사건 발생 50년이 지나도록 구체적이고 종합적인 진상규명이 이뤄지지 않아 민원이 그치지 않다가, 2000년 1월 12일 제주4·3특별법이 제정 공포되면서 비로소 정부 차원의 진상조사에 들어가게 되었다. 조사위원회의 의견에 따라 2003년 10월 31일 정부는 국가권력에 의해 대규모 희생이 이뤄졌음을 인정하고 제주도민에게 공식 사과했다.

제주의 자연

제주도는 약 120만 년 동안 독특한 자연환경을 이루어왔다. 섬이라는 특성에 따른 해양성 기후와 난대성 기후의 영향으로, 해발 1천950m의 한라산을 중심으로 난대식물에서 한대식물까지 다양하게 분포되어 있다. 제일 낮은 고도부터 위로 올라가면서 해안식물대, 초지대, 상록활엽수림대, 낙엽활엽수림대, 침엽수림대가 자리하는데, 이와 구분되는 또 하나의 식생이 화산섬 제주에서만 볼 수 있는 곶자왈이다.

해안식물대에 속하는 수종 중 갯매꽃, 갯씀바귀 등은 올레를 걷다가 담장이나 바위틈에서 자주 볼 수 있다. 초지대는 잔디와 억새 등이 무성하게 자란 곳으로 대부분 방목지로 활용되는 땅이 이에 속한다고 보면 된다. 조금 더 높은 고도에서는 상록활엽수림대와 낙엽활엽수림대가 나타난다. 구실잣밤나무, 종가시나무, 졸참나무, 신갈나무 등이 군락을 이루고 있다. 침엽수림대는 한라산의 고유 식물이 밀집되어 있는 지역이다. 백록담에 오르기 전 군락을 이루고 있는 구상나무가 대표적이다.

제주도 특유의 자연환경을 보여주는 곶자왈은 최근 관심이 쏠리면서 탐방객들의 발길이 늘고 있다. 곶자왈에는 요철이 심하고 급격하게 함몰되거나 돌출된 곳이 많아 좁은 지역 내에서도 다양한 기온이 형성된다. 이러한 이유로 남방한계 식물과 북방한계 식물이 공존하며, 원시림 같은 독특한 자연생태를 유지하고 있다.

한라산 등 세계지질공원 선정

21세기 들어 제주도에는 경사가 잇따랐다. 한라산과 서귀포 앞바다 일대가 2002년에 생물권보전지역으로, 한라산 천연보호구역과 거문오름 용암동굴계, 성산일출봉 응회구가 2007년에 세계자연유산으로, 그리고 2010년에 한라산, 천지연폭포, 만장굴 등 9개의 명소가 세계지질공원으로 선정돼 유네스코 자연과학분야의 '트리플크라운'을 달성한 것.

세 개의 분야에서 한라산이 빠지지 않고 선정된 것이 눈길을 끈다. 화산활동 흔적과 식생이 잘 보존돼 그만큼 귀한 가치를 인정 받았다는 뜻이다. 조천읍 선흘리부터 구좌읍 행원리까지 약 13km에 걸쳐 분포한 거문오름 용암동굴계가 선정된 것도 의미가 크다. 용암동굴 무리의 어머니 격인 거문오름(탐방 예약 064-784-0456)을 시작으로 벵뒤굴, 북오름동굴, 만장굴, 김녕굴, 당처물동굴 등이 모두 포함되었다.

'해 뜨는 오름' 성산일출봉은 약 5천 년 전 해저에서 화산분출에 의해 형성된 전형적인 응회구다. 사발 모양의 거대한 분화구를 잘 간직하고 있고 생성과정을 알 수 있는 내부구조가 해안절벽을 따라 잘 드러나 있어 학술적으로도 큰 주목을 받고 있다.

항공사진 제공_함영민

1 다랑쉬오름
2 억새밭
3 협재굴
4 이호테우해변
5 한라산 관음사 코스
6 한라산 일몰
7 대포주상절리
8 큰사슴이오름 유채밭
9 저지 곶자왈

아름답지만 척박한 자연환경의 산물
제주의 전통문화

제주의 자연은 보기에 정말 아름답지만 정작 사람이 살아갈 환경으로는 척박했다. 구멍이 숭숭 뚫려 물을 붙잡아 두지 못하는 현무암질 토양에서는 논농사가 불가능했고 식수로 사용할 물은 부족했다. 바다로 고기를 잡으러 나간 남자들의 목숨은 늘 위태로웠다. 아낙들은 가까운 바다로 나가 해산물을 땄고 '해녀'라 불렸다. 늘 바람이 거세 집을 높게 올릴 수도 없었다. 제주의 독특한 문화는, 맞서지 않으면 쉽게 먹을 수도 입을 수도 살아갈 수도 없을 만큼 고단한 자연환경의 산물이기도 했다.

현무암

의식주

제주의 전통의복은 남녀노소 구분 없이 입던 갈옷. 해녀들이 입던 물옷, 비와 바람을 막기 위해 입던 우장, 방한용으로 사용한 감티가 대표적이다. '갈옷'은 멋보다는 기능에 중점을 둔 제주의복이 특성이 잘 나타난 옷으로 감즙을 짜내 무명이나 삼베에 염색한 것이다. 감즙으로 염색하면 통기성이 좋아지고 원래의 직물보다 내구성이 두 배쯤 높아지는 효과를 낸다.

물옷은 고무옷이 들어오기 전에 해녀들이 입던 일종의 잠수복으로 삼베나 무명을 몸에 꼭 맞게 재단한 것이다. 우장은 중산간 지역에 자라는 '띠'로 만든 우의다. 갈옷 위에 덧입어 제주의 비바람을 막는 데 사용했다. 감티는 노루·오소리·토끼의 가죽을 이용해 만든 방한모로 목자들이 주로 썼다.

제주의 식문화는 양념을 많이 쓰지 않은 국과 조·콩·팥을 섞은 보리밥으로 대표된다. 이는 양념으로 사용할 만한 작물을 다양하게 길러낼 수 없고 논농사가 어려운 제주의 농경 환경에서 비롯되었다. 양념이 풍부하지 않으니 음식 조리과정이 단순해졌고, 김치나 젓갈 같은 저장음식이 발달하지 못했다. 제주의 향토음식에 많이 들어가는 된장도 육지의 것에 비해 숙성이 덜 된 편. 잡곡이 많이 섞인 밥은 껄끄러웠기 때문에 함께 먹을 국류가 발달

제주도 전통 민가

했다. 바다에서 비교적 쉽게 얻을 수 있는 해산물과 해초를 넣어 끓인 것이 많다.

제주의 주거문화는 기후뿐 아니라 제주만의 특이한 가족제도에 영향을 받았다. 바람이 강해 집을 낮게 짓고 굴뚝은 세울 수 없었다. 지붕은 중산간 지역에 많이 자라는 띠를 채취해서 덮었다. 흙 대신 제주에 많은 돌로 담을 쌓았고 정낭과 정주석으로 불리는 나무기둥과 돌로 대문을 만들었다. 특이한 것은 담 안에 여러 채의 집이 있다는 사실. 부모세대가 사는 안거리라는 집과 아들세대가 사는 밖거리라는 집이 있는데 일정기간이 지나면 두세대가 집을 옮겨 산다. 이는 집안을 주도하는 세대가 바뀌었음을 의미한다. 꽤 알려진 똥돼지는 마당 한 쪽의 뒷간에서 사람의 인분을 먹여 키운다.

제주사투리

언어는 한 집단의 정체성을 나타내는 아주 기본적인 문화. 제주도가 본토에 비해 얼마나 독자적이고 이질적인 문화를 가졌는지는 제주사투리를 통해 가늠할 수 있다. 남자를 '소나이', 개구리를 '골개비'라고 표현하는 것처럼 원래 뜻을 유추하기 힘든 단어부터 수많은 줄임말 사용, 말끝에 '시'가 붙는 특징, 현대국어에서는 쓰이지 않는 아래아(ㆍ) 발음 등이 육지의 언어와 확연히 다르다. 육지 사람들과는 의사소통이 불가능할 정도였다. 지금이야 제주사투리를 고유한 문화로 여겨 보존하려고 노력 중이지만 몇 십 년 전 제주도의 초ㆍ중ㆍ고교에서 시행한 주요 교육은 제주사투리 대신 표준어를 쓰게 하는 것이었다.

2010년 12월, 유네스코는 제주사투리를 '소멸위기언어'로 규정했다.

1. 뒷간
2. 흑돼지
3. 물동이
4. 해녀들

제주의 축제

산지천등축제

제주마축제

서사라문화거리축제

제주왕벚꽃축제

우도소라축제

서귀포칠십리축제

정월대보름들불축제

제주레저스포츠대축제

제주유채꽃잔치

축제명	일시	장소	주요 행사	문의(064)
탐라입춘굿놀이	입춘	제주목관아	낭쉐몰이, 입춘굿, 탈굿놀이	728-2714
정월대보름들불축제	정월대보름	새별오름	풍년기원제, 횃불대행진, 오름 불 놓기, 마상무예공연	728-2751
제주왕벚꽃축제	4월 초	시민복지타운	왕벚꽃 의상퍼포먼스, 읍면동 문화잔치, 록페스티벌	728-2753
서사라문화거리축제	4월 초	제주시 전농로	청사초롱 달기	728-4531
가파도청보리축제	4월 초	가파도	청보리밭 걷기, 농촌체험, 특산물 전시판매	794-7130
제주유채꽃큰잔치	4월 중순	가시리, 대록산	유채꽃길 걷기, 잣성 및 목장길 트레킹	728-2782
우도소라축제	4월 중순	우도	소라 잡기, 우도사랑 건강걷기, 자전거 대행진	728-4321
한라산청정 고사리축제	4월 중순	남원읍 수망리	고사리꺾기, 고사리 요리경연, 고사리 족구대회	760-4115
수산보목자리돔 큰잔치	5월 초	보목항	테우 모형제작, 자리돔 맨손잡기, 테우 타고 낚시하기	733-3508
산지천축제	5월 말	산지천광장	희망 메시지 쓰기, 길거리 문화축제	728-4651
제주레저스포츠 대축제	6월 초	제주시 일원	자전거, 인라인스케이트, 낚시, 윈드서핑, 철인3종경기	728-2754
삼양검은모래 해변축제	7월 말	삼양검은모래 해변	검은 모래 찜질, 바닷게 잡기, 윈드서핑 체험, 해변음악회	728-4711
추자도참굴비축제	7월 말	추자도	참굴비 엮기, 추자도 특산물대전, 젓갈무침 체험, 낚시 대회	728-4311
쇠소깍해변축제	8월 초	쇠소깍	민요공연, 가요제, 마술공연, 모래성 쌓기, 테우 체험	760-4625
표선해변백사 대축제	8월 초	표선해비치 해변	광어 맨손 잡기, 해변마라톤, 비치축구대회, 해변승마대회	787-0024
이호테우축제	8월 초	이호테우해변	테우 체험, 맨손 고기 잡기, 멸치잡이 재현	728-4921
도두오래물수산물 큰잔치	8월 중순	도두항	보물찾기, 민물장어 맨손 잡기, 선상낚시체험	728-4965
서귀포칠십리축제	10월 중순	천지연폭포	칠십리 대행진, 불로초 장생건강체험, 수영대회	760-2662
제주마축제	10월 초	제주경마공원	마상무예공연, 예쁜 말 선발대회, 제주마 문화탐방	786-8250
최남단방어축제	11월 초	모슬포항	방어 맨손잡기, 방어 경매, 민속공연	794-8032
제주감귤사랑축제	11월 중순	월드컵경기장	노래자랑대회, 감귤 체험, 감귤요리 경연대회	749-2015
산지천등축제	12월 초	산지천광장	소망지 쓰기, 소망등 달기, 풍물공연	728-4411
성산일출축제	12월 31일 ~1월 1일	성산일출봉	일출기원제, 축하공연, 세계자연유산탐방, 소원 빌기	760-4281

사진 제공_문성필, 제주유채꽃잔치 축제위원회

혀로 맛보는 제주도
제주의 토속음식

꿩요리

겨울철 보양식으로 인기다. 살이 통통
하고 육질이 좋아지는 겨울 무렵에 잡
은 꿩으로 요리한 것을 최고로 친다.
제주에서 '꿩토렴'이라 부르는 꿩샤브
샤브를 비롯해 꿩 특유의 육질과 진한
국물이 일품인 꿩메밀국수, 꿩칼국수
도 별미다.
꿩샤브샤브 1인분 1만5천 원. 꿩메밀
국수 · 꿩칼국수 6천~9천 원

갈치국

예로부터 귀한 손님에게 대접했다는
전통음식이다. 은갈치를 넣어 뽀얗게
국물이 우러나면 늙은 호박, 배추, 파
등을 넣어 끓여 낸다. 의외로 비린내
가 없어 부담 없이 맛볼 수 있다.
8천~1만 원

고기국수

라면만큼 서민들에게 사랑받는 음식
이다. 두툼한 돼지 오겹살을 고명으로
얹은 국수로, 김과 깨, 다진 고추 등을
넣어 먹으면 더 맛있다. 4천~6천 원

고등어회

성질이 급해 낚자마자 바로 죽는 고등어는 내륙에서 회로 먹기 어렵다. 그러나 제주도에서는 고소하고 신선한 고등어를 날 것 그대로 맛볼 수 있다. 2만~3만 원

돔베고기

'돔베'란 도마를 뜻하는 제주도 방언. 돔베 위에 돼지 수육을 얹어 돔베고기다. 수육은 더 오래 삶아 기름기가 적고 쫄깃하다. 갓김치와 곁들여 먹으면 맛이 기막히다. 2인 기준 2만~3만 원

몸국

제주에서 결혼식 등 큰 잔치를 치를 때 내놓는 국이다. 돼지고기와 돼지뼈로 우려낸 국물에 해조류인 모자반과 돼지 내장 등을 넣어 끓인다. 몸국은 뜨거울 때 먹어야 제 맛. 5천~6천 원

빙떡

700년 전통의 제주 토속음식이다. 강원도의 메밀전병과 비슷하게 생겼지만 맛은 많이 다르다. 메밀 반죽을 얇게 부친 후 그 위에 간을 한 무를 넣어 빙빙 말아서 만든다. 재래시장에 가면 맛볼 수 있다. 1개 500~1천 원

성게국

제주 자연산 성게알을 넣어 끓인 미역국. 예전부터 제주에서는 숙취해소로 성게국을 먹었다고 한다. 성게죽이나 성게비빔밥도 별미다. 6천~1만 원

옥돔

우리나라에서는 제주도 연안에서만 잡히는 어종이다. 햇빛에 꼬들꼬들하게 말린 다음 참기름을 발라서 구워 먹는다. 1만~2만 원

전복죽

영양식 하면 빠놓지 않고 등장하는 재료, 전복으로 만든 죽이다. 신선한 전복을 내장과 함께 끓이면 연둣빛의 죽이 되는데, 고소한 맛이 일품이다. 8천~1만2천 원

해물뚝배기

전복, 오분자기, 조개, 새우, 소라 등 신선한 해산물을 넣고 된장으로 간을 한 찌개. 오래 끓일수록 깊은 맛이 우러난다. 1만~1만5천 원

흑돼지

흑돼지 구이는 관광객들이 즐겨 찾는 제주의 대표음식이다. 독특한 맛을 즐기고 싶다면 음식점에서 내놓는 자리젓이나 멸치젓에 찍어 먹어보자. 1인분(180~200g) 1만~1만5천 원

사진 제공_아이러브제주

그 장면도 제주도에서 찍었어?

TV 드라마 · 영화 촬영지

올인, 대장금, 쉬리, 태왕사신기, 시월애, 내 이름은 김삼순, 연풍연가, 아이리스, 추노, 시크릿 가든…. 제주도를 배경으로 삼은 영화나 TV 드라마는 셀 수 없을 만큼 많다. 아름다운 섬답게 드라마나 영화의 배경으로 일찌감치 주목받았기 때문이다.

한라산과 섭지코지, 성산일출봉, 송악산 등 기존에 알려진 관광지는 물론 쇠소깍이라든가 용머리해안, 산굼부리, 아부오름, 안덕계곡 등 널리 알려지지 않은 곳들까지 영화와 TV 드라마의 세트장이 들어서고 촬영지가 되면서 관광객의 발길이 늘었다.

'쉬리'부터 '시크릿 가든'까지

영화 촬영지로서 제주도를 대중의 뇌리에 각인시킨 건 한석규와 김윤진, 송강호 등이 주연한 강재규 감독의 첩보스릴러물 〈쉬리〉였다. 60~70년대 한국 영화가 꽃을 피우고 80~90년대 홍콩과 할리우드 영화가 인기를 얻던 시대를 지나 다시 한국영화가 중흥기를 맞이한 게 90년대 중후반이다. 그 시작점

에 위치한 영화의 하나가 바로 580만 명의 국내 관객들로부터 사랑받은 〈쉬리〉다. 극 마지막 장면에서 김윤진과 한석규가 앉아 하염없이 바다를 바라보던 벤치가 있는 곳이 바로 서귀포 신라호텔과 하얏트호텔 사이에 있는 숨비정원 '쉬리의 언덕'. 예전엔 호텔 투숙객만 접근할 수 있는 장소였지만 지금은 올레 8코스가 지나면서 누구나 들를 수 있는 명소가 되었다.

쉬리의 언덕

남한에서 가장 높은 한라산은 원래부터 이름난 곳이지만, TV 드라마 〈내 이름은 김삼순〉으로 한층 더 유명세를 치렀다. 좋아했던 진헌(현빈 분)을 잊고

TV 드라마 〈내 이름은 김삼순〉

마음을 정리하기 위해 삼순(김선아)이 비바람 몰아치는 가운데 힘들게 올랐던 곳이 바로 한라산이다. 영실 코스를 배경으로 이뤄진 촬영 당일의 우중충한 날씨가 화면에 고스란히 담겼다. 이전에는 대부분 기피하던 '궂은 날의 산행'을 오히려 즐거운 경험으로 받아들이는 이들이 〈내 이름은 김삼순〉 이후 크게 늘었다는데, 다 삼순이 덕분이다.

〈내 이름은 김삼순〉 속 희진(정려원)과 헨리(다니엘 헤니)의 데이트 장면은 제주도 10경 중 첫째로 꼽히는 성산일출봉에서 이루어졌다. 성산일출봉은 이병헌 · 송혜교 주연의 TV 드라마 〈올인〉과 지성 · 성유리가 열연한 〈태양을 삼켜라〉, 이영애 주연의 〈대장금〉의 배경 무대이기도 하다.

파크써던랜드

'욘사마' 배용준 주연의 TV 드라마 〈태왕사신기〉는 제주시 구좌읍에 세운 세트장에서 상당부분의 촬영을 진행했다. 기획 단계부터 관광객 유치를 염두에 두고 완성도 높게 건설해 드라마가 끝난 후 '파크써던랜드'라는 이름의 테마공원으로 운영 중이다.

고대의 마을 하나를 그대로 옮겨 놓은 듯한 태왕사신기 세트장은 특히 일본인 관광객들이 많이 찾는 곳 가운데 하나다.

제주도가 등장하는 영화와 드라마 중 가장 최근 히트한 작품은 현빈과 하지원, 윤상현, 김사랑이 주연한 〈시크릿 가든〉이다. 서귀포 씨에스호텔과 사려니 숲길, 신창—용수 해안도로가 현빈과 하지원, 윤상현의 제주도 여행, 시원한 MTB 경주 장면 등을 촬영한 곳이다. 참, 극중 현빈과 하지원의 영혼이 바뀌는 계기를 제공한 신비가든 식당은 사실 제주도가 아닌 경기도 송추계곡 기슭의 유명산장에서 촬영한 것이니 엄한 제주도에서 신비가든을 찾아 헤매지는 말 것.

이밖에도 제주박물관과 민속촌, 쇠소깍은 TV 드라마 〈대장금〉과 〈거상 김만덕〉 등에 등장한 인연으로 지금도 국내외 관광객의 발길이 끊이지 않는다. 쇠소깍은 장혁 · 오지호 · 이다해 주연의 TV 드라마 〈추노〉와 송승헌 · 권상우가 주인공을 맡은 영화 〈숙명〉의 무대가 되기도 했다. 아울러 고수와 김현주의 달달한 로맨스가 볼거리였던 드라마 〈백만장자와 결혼하기〉, 이정재 · 전지현 주연의 영화 〈시월애〉, 전도연과 박해일이 열연한 〈인어공주〉 등의 배경이 된 우도는 지금도 아련한 감동을 잊지 못하는 영화팬들의 성지로 자리매김하고 있다.

제주도와 부속 섬 TV 드라마・영화촬영지

제목	주연	장르	촬영지	개봉/방영(년)
각설탕	임수정, 박은수	영화	천아오름목장, 제주경마공원	2006
거상 김만덕	이미연, 한재석	TV 드라마	절물자연휴양림, 쇠소깍, 제주민속촌	2010
궁	윤은혜, 주지훈	TV 드라마	테디베어뮤지엄, 씨에스호텔	2006
김수로	지성, 유오성	TV 드라마	절물자연휴양림	2010
꽃보다 남자	구혜선, 이민호	TV 드라마	씨에스호텔, 하얏트호텔, 더마파크, 퍼시픽랜드	2009
내 이름은 김삼순	김선아, 현빈	TV 드라마	성산일출봉, 한라산	2005
달콤한 나의 도시	최강희, 이선균	TV 드라마	우도, 설록다원	2008
대장금	이영애, 지진희	TV 드라마	성산일출봉, 외돌개, 제주민속촌, 송악산	2003
디워	제이슨 베어	영화	안덕계곡, 섭지코지, 정방폭포, 외돌개	2007
러빙유	박용하, 유진	TV 드라마	협재해수욕장, 함덕서우봉해변, 차귀도	2002
마이걸	이다해, 이동욱	TV 드라마	성산일출봉, 중문관광단지, 천제연	2005
미안하다 사랑한다	소지섭, 임수정	TV 드라마	중문색달해변, 씨에스호텔	2004
백만장자와 결혼하기	고수, 김현수	TV 드라마	우도, 제주민속촌	2005
봄날	고현정, 조인성	TV 드라마	비양도, 한림항	2005
불새	이서진, 이은주	TV 드라마	중문색달해변, 표선해비치해변, 신라호텔	2004
숙명	송승헌, 권상우	영화	김녕해안, 섭지코지, 쇠소깍	2008
쉬리	한석규, 김윤진	영화	신라호텔	1999
시크릿 가든	하지원, 현빈	TV 드라마	씨에스호텔, 사려니 숲길, 신창-용수해안도로	2010
아이리스	이병헌, 김태희	TV 드라마	가마리 해안도로	2009
어린신부	김래원, 문근영	영화	용두암	2004
연리지	최지우, 조한선	영화	우도	2006
연풍연가	장동건, 고소영	영화	산굼부리, 송악산, 신비의 도로, 종달리해수욕장	1999
올인	이병헌, 송혜교	TV 드라마	성산일출봉, 섭지코지, 롯데호텔, 컨벤션센터	2003
이재수의 난	이정재, 심은하	영화	아부오름(앞오름)	1999
인생은 아름다워	우희진, 송창의	TV 드라마	문섬, 용담해안도로	2010
인어공주	전도연, 박해일	영화	우도	2004
천년학	조재현, 오정해	영화	용눈이오름	2007
추노	장혁, 오지호	TV 드라마	쇠소깍, 갯깍주상절리, 용머리해안, 안덕계곡	2010
탐나는도다	서우, 임주환	TV 드라마	우도, 제주민속촌	2009
태양을 삼켜라	지성, 성유리	TV 드라마	성산일출봉, 귀덕리 거북등대, 성읍민속마을	2009
태왕사신기	배용준, 문소리	TV 드라마	파크써던랜드	2007
하녀	전도연, 이정재	영화	절물자연휴양림	2010

렌터카 말고 또 뭐가 있나
교통 정보

PHOTOGRAPHERS.

대중교통 이용하기

제주에서는 렌터카 없이도 대중교통을 이용해 편리하게 여행할 수 있는 곳이 많다. 무엇보다 대중교통의 장점은 저렴하다는 것. 적게는 1천 원, 가장 먼 지역도 3천 원이면 해결된다. 참고로 서울 교통카드 발행사인 한국스마트카드의 티머니(T-money) 교통카드를 제주에서 쓸 수 있고 환승할인도 받을 수 있다.

제주도 버스정보시스템을 이용하면 가고자 하는 곳의 버스 노선을 쉽게 찾을 수 있다. 홈페이지에 접속하면 왼쪽 메뉴 상단 관광가이드란에 '교통정보' 화면이 보이고, 클릭하면 왼쪽 카테고리 중간쯤에 '버스정보시스템'이 나온다. 그곳으로 들어가 정류장 검색란에 가고자 하는 곳의 명칭을 입력하면 목적지에 맞는 버스 노선이 죽 나열된다. 예를 들어 '제주국제공항'을 입력한 후 경유노선을 클릭하면 팝업창이 뜨면서 자세하게 버스 운행정보를 알려준다. 상단 메뉴의 노선검색과 경로검색을 이용하면 시내 · 시외버스 노선목록, 첫차와 막차 시간, 환승 정보와 정류장 위치 등을 쉽게 찾을 수 있다.

제주도 버스정보시스템
문의 (064) 710-6421 bus.jeju.go.kr

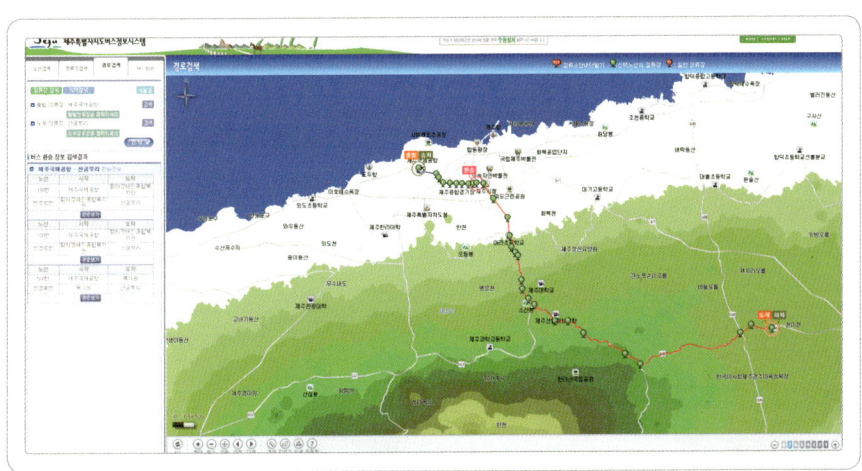

택시로 관광하기

운전을 못해도 편안하게 제주를 둘러보는 방법, 바로 관광택시다. 대부분의 콜택시들이 관광을 겸하고 있지만 조금 더 저렴하게 이용하려면 관광택시를 전문으로 하는 업체를 이용하는 게 유리하다. 이용요금은 중형차 기준 하루에 7만~10만 원으로 여행가이드, 연료비, 사진촬영(관광객의 카메라 이용) 등이 포함된 가격이다.

관광택시 연락처 (지역번호 064)

제주개인택시가이드 702-6476 www.kktaxi.com
제주JJ택시투어 756-0213 www.jjtaxi.net
스타택시 010-3691-6339 www.newstarair.co.kr

콜택시 연락처 (지역번호 064)

제주 콜택시   727-2128
서귀포 콜택시   732-0082
중문 콜택시   738-1700
성산 콜택시   784-0010
표선 콜택시   787-7733
안덕 콜택시   794-1400
한림 콜택시   796-4242
남원 콜택시   764-9191
모슬포 콜택시   794-5200

대리운전이 필요할 때는?

즐거운 술자리 후 렌터카 운전은 누가 할까? 술을 마셨다면 당연히 대리운전기사를 불러야 한다. 희소식이라면 제주도의 대리운전 요금이 그리 비싸지 않다는 사실. 제주 시내권, 서귀포 시내권, 중문 관광단지 등 지역 중심지 내에서만 이동할 경우 5천~1만 원이면 해결된다. 제주 시내권이지만 거리가 조금 먼 경우는 1만~1만5천 원, 제주 시내에서 한림, 김녕, 금능, 협재 등 외곽으로 이동할 경우 2만~2만5천 원, 서귀포나 중문으로 이동할 경우 3만~3만5천 원 선이다.

대리운전 연락처

상호	연락처	상호	연락처
제주	(064) 755-7799	친구친구	(064) 7979-7979
해피	1688-0648	탐라	080-989-9888
스마일	(064) 747-8233	친절한	(064) 732-9008
오일육	(064) 732-0516	동부킹	(064) 784-8889